KB183109

불친절한 과학쌤의 불편한 과학 수업

© 곽쌤 2025

초판 1쇄	2025년 1월 17일			
지은이	곽쌤			
출판책임	박성규	**펴낸이**	이정원	
편집주간	선우미정	**펴낸곳**	도서출판 들녘	
기획이사	이지윤	**등록일자**	1987년 12월 12일	
디자인진행	유예지	**등록번호**	10-156	
디자인	하민우	**주소**	경기도 파주시 회동길 198	
편집	이동하·이수연·김혜민	**전화**	031-955-7374 (대표)	
마케팅	전병우		031-955-7381 (편집)	
경영지원	김은주·나수정	**팩스**	031-955-7393	
제작관리	구법모	**이메일**	dulnyouk@dulnyouk.co.kr	
물류관리	엄철용			

ISBN   979-11-5925-919-7 (03400)

Uncomfortable Science Class

불친절한 과학쌤의

불편한 과학수업

곽쌤 지음

푸른들녘

of Unkind Science Teacher

<u>저자의 말</u>

어렵고 복잡한 있어 보이는 과학책? 그딴 건 딴 데 가서 찾아봐!

이 책은 중학교 남학생들 눈높이에 딱 맞추어 쉽고 간단하게, 이해하기 쉽게 썼다.

딱딱한 교과서식 설명은 빼고, 마치 옆에서 툭툭 던지듯 실제로 마주보고 수업하는 스타일로 구성했다.

중학교 남학생들의 특징?

복잡한 건 딱 질색. 대신 간단하고 재미있으면 무조건 OK!

어렵고 복잡하면 절대 안 보는 것도 알고, 책 읽기 싫어하는 것도 알고 있다.

귀찮은 건 싫어하는 것도 알아서 과학 교과서 3권을 중요한 내용만 뽑아 한 권에 다 쓸어 담았다.

특히, 이 책의 그림은 모두 저자가 직접 그렸다.

교과서보다 쉽고 웃긴 설명, 거기다 직접 그린 한방에 이해되는 그림까지.

이 책 한 권이면 과학 시간, 드디어 수업이 즐거워진다.

왜? 무슨 말인지 알아들을 수 있으니까!

부모님들께

25년 동안 학생들과 부대끼며 과학을 가르쳤습니다. 학생들이 무엇을 궁금해하고, 어디에서 막히는지 누구보다 잘 알고 있습니다. 아이들이 이 책을 읽고 과학을 조금이라도 덜 낯설게 느끼게 된다면, 이 책의 목적은 충분히 달성된 겁니다.

"우리 아이도 과학에 흥미를 가질 수 있을까?" 고민이라면, 아이 가방에 살짝 넣어 주세요!

과학이 궁금한 일반인들께

중학생이 이해하는 내용입니다.

옛날에 한 번 배워 봤으니 더 쉬울 겁니다. 용기 내십시오.

몰래 끙끙대지 말고 한 번 읽어 보면 업무할 때, 연인과 데이트할 때, 친구들과 술 한잔할 때 힙한 뇌섹러가 될 수 있습니다.

차례

경고!

욕먹는 게 싫거나 불편한 사람은
읽지 마시오!

시작하기

무조건 읽어! 한글 모르는 사람은 안 읽어도 돼

- 조금만 일찍 나오지. ― 소심한 여중생 김XX
- 아빠! 왜 이제야 이 책을 사 주셨나요? ― 과학이 어려워 헤매던 이XX
- 동생아, 너는 나처럼 후회하지 마라. 형이 처음이자 마지막으로 너에게 사 주는 책이다. ― 초6 남동생이 있는 박XX
- 쌤, 고등학교 과학책도 써 줘요! ― 남동생에게 이 책 사 준 박XX
- 오다 주웠다. ― 아들에게 이 책 사서 툭 던져 주는 아빠 조XX
- 우와~ 울 학교 과학쌤이랑 말투가 똑같아요. ― 대한민국 어느 중학교 학생 최XX
- 쌤! 아직 교직에 계시는군요. 곧 제 아이들 업고 찾아갈게요. ―중학생 때 콱쌤한테서 과학 배운 임XX
- 이거 읽고 중학생 아들에게 아는 척하니 '우리 엄마 쫌 하네!' 소리 들었어요. ― 중학교 때 공부 잘했다고 아무리 말해도 믿어 주지 않는 아들 땜에 속상한 엄마 황XX

- **학생들은 이 책을 몰랐으면 좋겠어요.** — 2년 차 중학교 과학교사 장XX
- **부장님이 과학 전공했냐고 물어 봅니다.** — 문과 졸업한 사무직 회사원 신XX
- **훔쳐 읽고 있는데 음성지원 되는 듯. 어디선가 분필이 날아올 것 같음.** — 윗사람과 발령 동기 회사원 민XX

이게 뭐냐고? 이 책 읽고 나면 이 중 하나 똑같이 말한다.
다 읽고 나서 봐라~. 내 말이 틀릴지.

일루 와~, 일루 와~, 일단 이리 와 봐~!

공부하기 싫지?
그렇지만!
지금 요기를 보고 있다는 것만으로 넌
공부하기는 싫지만 잘하고 싶은 마음은 있는 거야.
칭찬해, 칭찬해!
일단 한 페이지만 읽어 봐.
읽다가 재밌으면 더 읽어도 돼.

쌤이 왜 불친절하냐고?
친절한 과학쌤은 너희 학교에 계시잖아.
친절한 과학쌤이 좋으면 이 책 덮고 학교 수업 열심히 해.

수업 공개 해 봤지?
쌤도 수업 공개할 땐 친절한 쌤이 돼.
그렇지만 너희는 날 것 그대로의 수업을 좋아하잖아, 안 그래?

쌤의 첫 발령지가 남중이었거든.

2000년에 첫 발령을 받았는데 그때는 한 반에 50명 이상 있던 시절이었어.

50명 이상 되는 남중딩들 데리고 과학 수업하는 데 친절하면 될 것 같아?

흐흐… 힘들겠지?

그래서 버릇이 좀 나쁘게 들었지.

근데 이상하게 내가 함부로 수업하면 학생들이 더 좋아하더라구.

이 책에서 쌤은 진짜 수업을 할 거야. 과장 없는 쌩수업.

어쨌든 시간이 흐를수록 교과서 그림보다 칠판에 대충 그리는 내 그림을 더 이해 잘하는 경우가 많아지고, 수업 안 들어가는 반 학생들이 다음 학기에는 자기 반 들어와 달라고 요청하는 일들이 자꾸 벌어지다 보니 내가 몸은 하나인데 못 들어가서 미안해졌지.

편지도 받아보면 수업 요청 내용이 가장 많았고, 중학교 과학만 25년 동안 가르치다 보니 이제 슬슬 그동안의 수업 내용을 정리해야겠다는 생각이 들었지 뭐야. 그래서 이 책을 쓰기로 했어.

25년 미뤘던 글쓰기를 드디어 하게 된 거지.

너희는 할 일 미루지 마. ㅎㅎ

혹시 쌤 자뻑이 너무 심하네~ 하는 사람 있을까 봐 증거를 제시할게.

쌤은 주변에서 MBTI 얘기할 때 대문자 T라는 소리를 들어. 없는 소리 안 해.

쌤이 그동안 학교 생활하면서 받은 편지 중 몇 개 보여 줄게.

혹시 이 책 보는 사람 중에 '어? 이거 내 글씨인데?' 하는 사람 있으면 쌤한테 연락해.

1학년때 선생님의 과학수업이 너무 재미있고 귀에 쏙쏙 들어와서 2학년때도 선생님

께서 수업해주시면 좋겠다 생각하고 선생님이 2학년 수업이 안 들어오실까봐 넘 걱정했었는데.

3학년 수업도 선생님께서 가르쳐주셔서 너무 좋아요.. 방학동안 정말이랬는지 넘 다행이라 긴어요.

좀 무리일줄 알겠지만 내년에도 3학년 수업해주시면 안되나요..?

선생님 수업이 아니면 성적이 이만큼 안 나왔을거야 .ㅠㅠ

제가 과학부에! 들어가지 않았다면 선생님을
뵙지 못 했겠지요 ㅠㅠ
지금 생각하면 진짜 왜 선생님이 1반에 안
들어오는지 슬프네요 ㅠㅠ. 저도 선생님의 수업이
너무 궁금한데 흐어엉 너무 정말 진심 슬퍼요.

쓰는 이유는 선생님이 수업을 재밌게 해주셔서예요. 아무리 잠이
올때라도 선생님이랑 수업을 하면 잠이안오고 수업에 집중하게
되요. 집중해서 공부하다보면 금방 시간이 지나버려요. 아이돌도
시간표에 과학이 없으면 기분이 좋아보여요. 항상 저희를 위해서
열심히 공부를 가르쳐주셔서 감사합니다

선생님이랑 과학수업을 하면 시계를 안보고 수업에 집중하게 됩니다. 과학수업을 하면 오락장도 안오고 다른수업보다 재미 있어서 좋아요.

일단 사실 저는 원래 과학을 싫어 했었어요 그 전에 중학교 가면 과학에서 외울지 많다고 해서 긴장 했었는데 선생님한데 배우니까 외우는게 엄청 쉬웠어요! 하지만 그 무엇보다 선생님의 명창이 제일 커요! 수업을 재미있게 해 주시고 이미 외운것들도 다시 한 번 더 안하게 이 끝에 주셔서 까먹으려해도 까 먹어 지지 않아요! (까먹으려 한건 아닙니다.) 덕분에 중학교 과학이 오히려 재미 있게 느껴지게 되고 하는 활동들마다 마치 학생들의 생각을 읽는것 처럼 하나 같이 모두 재미있었습니다! 앞으로도 재미있는 수업을 해 주셨으라고 길게 읽으면서 편지를 쓰고있지만 슬슬 손이 아파오네요... 그래도!

단 한번도 없어요. 3학년 때도 3학년 과학 "꼭" 해주세요. 태어나서 과학이 이해가 가장 잘 되는 수업은 선생님 수업밖에 없어요. 항상 제 마음을 들어 주셔서 감사합니다. 안녕히 계세요!

선생님은 톨상 영상히 수업하시고 재미있게 수업 하셔서
정말 좋습니다. 감사합니다. 선생님의 수업이 너무 재미
있어서 과학 시간만 기다려집니다. 재미도 있는데
궁음 일이어서 더 좋습니다. 저번에 코로나 길려서
선생님 수업을 못해서 너무 아까워요. 그때 뭐했는지도
몰라서 더 아쉬워요. 선생님 항상 건강하시고 1년 동안
잘부탁드립니다. 감사합니다.

처음 중학교에 와서 어색했는데 과학시간에 너무 재밌게
수업을 진행하셔서 긴장이 풀렸어요. 과학시간이 제일 재밌어요.
과학이 어떻게 느껴졌는데 이제는 안해도 잘되고 재밌어졌어요.
앞으로도 계속 선생님과 과학하고 싶어요. 내년엔 2학년 맡아
주세요! 다시 한번 수업 너무 재밌고, 정말 감사드려요!

이거 다 자작 아니냐고?

다른 쌤이 받은 거 빌려서 올린 거 아니냐고?

때려 쳐! 책 던져 버리고 게임이나 해!

스캔하기 귀찮아서 대충 몇 개만 올렸구만….

지금까지 받은 편지 다 공개해? 해?

귀찮아. 너무 많아.

과학 좋아해?

좋아하는 사람도 있고 싫어하는 사람도 있지?

어른들은 어떨까?

부모님이 맨날 자기는 공부 잘했다고 하면서 나보고 왜 그렇게 공부 안 하냐 하시지?

진짤까?

[ㅓ ㄴ]

쌤이 옛날에 신문 기사에서 봤는데 (어디서 봤는지는 묻지 마. 기억에 없어!)

어른들이 학교 다닐 때 싫어했던 과목 1위가 뭐게?

수학이 아니라 과학이야. 두둥!!

이게 무슨 뜻이냐?

결국, 어른들도 과학을 싫어했단 뜻이지.

자기들도 싫어해 놓고 왜 나보고 열심히 하라는 거야?

그렇지?

근데! 그럼에도 불구하고!! 과학 공부를 시키는 이유가 있겠지? 그게 뭘까?

문제는 우리 주변에 있는 대부분의 물체와 현상들이 과학으로 설명된다는 사실이야.

그래서 과학을 아는 사람과 모르는 사람의 대처 방법은 달라질 수밖에 없어.

예를 들어, 아파트 고층에 사는 아이가 건전지를 들고 놀다가 창밖으로 던졌다는 이야기 가끔 들어봤지?

'과알못'인 아이라면 건전지를 작고 가볍다고만 생각할 거야. 높은 곳에서 던지는 경우 바닥에 도착할 때 속도가 엄청 빨라진다는 건 상상조차 못 하지. 그걸 지나가던 사람이 맞았다고 생각해 봐. 잘못하다 범죄자가 될 수도 있는 거야!

아니면, 겨울에 꽁꽁 언 얼음 위를 지나다가 갑자기 금이 가기 시작한다고 생각해 봐.
얼음에 닿는 부분이 좁을수록 압력이 커져서 빠지기 쉽거든.
그걸 안다면 얼음 위에서 서 있는 것이 위험하다는 걸 알겠지?
모르겠다고? 그럼 계속 모르고 살든지….
실제로 구급대원들도 얼음 위에 엎드려서 사람을 구하는 훈련을 하시더라구.
이렇게 하면 얼음이 덜 깨지는 거지.

친구와 야외에서 배드민턴을 칠 때를 생각해 봐.
바람을 등지고 친다면 셔틀콕의 속도가 더 빨라져 이길 수 있으니 모르는 척 바람을 등지는 방향에 서야겠지.
ㅋㅋ

자! 이제 과학 공부할 마음이 좀 들었냐? 아님 말고!

I-1.

과학과 인류의 지속가능한 삶이 도대체 뭐야?

붴!!

공부 좀 해 보려고 했더니 제목 보자마자 머리가 핑 돌지?

왜 과학 교과서는 어려운 용어를 못 써서 난리인가 싶지?

벌써 과학 공부가 하기 싫어지지?

제목만 들어도 머리에 쥐 나서 책을 확 덮어 버리고 싶지?

제목을 왜 이렇게 어렵게 해 놓은 거야, 막 화가 나지?

어른들은 왜 쓸데없이 과학을 어렵게 만들어서 나를 괴롭히는 거야, 이런 생각이지?

근데 중학교 1학년이면 알아들을 수 있어서 중학교 1학년 책에 있는 거야.

어? 그럼 나만 못 알아듣고 대한민국의 다른 1학년들은 다 알아듣는다고?

아니, 아니!

중학교 1학년이면 이 정도 내용은 공부하면 다 알아들을 수 있다는 뜻이야.

그럼 넌 저 제목을 어떻게 쓰면 가장 이해가 잘될 것 같아?

바꿔 봐.

뭔지 알아야 바꾸지. 그렇지?

지속가능한 삶이 뭐냐고?

쉽게 말해서 사람들이 지구를 파괴하지 않고 우리 후손들까지 깨끗한 지구에서 잘 살 수 있도록 하는 거야.

너희들은 우리가 지금까지 해 온 식으로 계속 살아가도 지구와 지구에 사는 생명체들이 오래오래 행복하게 잘 살 수 있을 거라고 생각해?

아니지? 걱정되지?

그럼, 지속가능한 삶이 가능할 것 같아서 제목으로 적었을까, 안 될 것 같으니까 걱정되어서 제목으로 적었을까?

솔직히~ 쌤이 따로 말 안 해도 이미 다 알고 있을 거야.

지구 걱정이 많이 된다는 걸….

지속가능한 삶을 위해 너희가 할 수 있는 일들도 이미 다 알고 있지? 실천이 어렵고 귀찮을 뿐이지….

지금 나 살기도 힘든데 왜 태어나지도 않은 후손까지 걱정해야 하나 싶지?

근데 만약 너희 할아버지들이 지속가능한 삶을 위해 애쓰지 않으셨다면 너희가 지금 이렇게 살 수 있을까?

태어나 보니 힘들지만 재밌는 일도 많지?

쌤은 우리 후손들에게도 기회를 주는 게 옳다고 생각해.

너무 이기적으로 생각하지 말자, 우리.

그럼 지속가능한 삶을 위해 너희들은 뭘 하고 있니?

일단 쌤은 분리수거를 꽤 부지런히 하는 편이야.

확실하게 잘한다고는 말 못 해. 가끔 귀찮을 땐 그냥 일반 쓰레기봉투에 다 넣어 버리기도 하거든.

너희는 어때?

전기도 아껴 쓰고, 일회용품 줄이기, 대중교통 이용하기는 잘하고 있지?

이 정도만 신경 써도 후손에게 당당하게 말할 수 있어.

"3025년에 지구에 살고 있는 후손들아, 내가 물려준 지구가 마음에 드냐? 하하하!"

I-2.

생물의 구성과 다양성은
또 뭔데?!

생물은 **세포**로 구성되어 있잖아. 당연히 종류가 엄청 다양하고.

제목만 보면 다 아는 것 같지?

천만의 말씀!

그건 "우리 학교는 학생으로 구성되어 있어요~." 하는 말을 이해하는 것과 같은 거야.

"우리 학교는 1학년은 7반, 2학년은 9반, 3학년은 8반까지 있고, 한 반에 평균 25명 정도로 구성되어 있어요~."라고 말해 줘야 정확하지.

생물은 생명이 있는 존재잖아.

그래서 생명 활동을 하지. 이때 가장 작은 기본 단위가 세포야.

분자나 원자는 들어 봤어?

못 들어 봤어? 과학에 관심이 없구만.

분자나 원자는 이 세상 물질을 이루는 가장 작은 알갱이에 붙이는 이름이야.

물론 우리 눈으로는 볼 수 없겠지?

왜? 너무 작아서!

우리 몸을 이루는 많은 물질은 분자나 혹은 더 작은 원자로 이루어져 있다고 해도 틀린 말은 아니야.

하지만 우린 물건이 아니잖아.

너는 네 몸을 연필이나 지우개랑 같은 급으로 취급해도 괜찮아?

아니잖아. 아니라고 해!

네 몸이 연필이랑 지우개랑 같은 급인 사람 책 덮어!

후~~~ 다시 세포로 돌아가서….

연필이나 지우개는 가만히 놔두면 알아서 개수가 늘어나거나 크기가 자라거나 해?

아니잖아~.

근데 세포는 우리가 먹는 밥의 영양분을 쪽쪽 흡수해서 무럭무럭 자라는 존재야.

오해는 하지 마.

무럭무럭 자란다고 세포가 우리 눈에 보이는 크기만큼 자라지는 않아.

물론 우리 눈으로 볼 수 있는 세포도 있어.

현미경뿐만 아니라 돋보기 없이도 볼 수 있는 세포가 있는데

그게~~~ 그게~~~ 새의 알이야.

사실 알의 대부분은 세포가 자라는 데 필요한 영양분이지만.

세포는 너무 커져 버리면 살 수가 없어서 일정 크기가 되면 쪼개지

거든.

쪼개진 꼬마 세포들이 다시 무럭무럭 자라나서 원래 크기만큼 커지면 또 쪼개져.

그러면 세포의 수가 늘어나서 너희가 키도 크고 몸무게도 쭉쭉 늘어나는 거야.

그 세포가 우리 몸에 몇 개쯤 있게?

맞혀 봐~.

일단 현미경이 필요할 만큼 작다고는 말했지?

백 개? 만 개?

아니, 아니, 체격에 따라 다르겠지만 대략 수십조 개 정도래.

장난 아니게 많지?

그 많은 세포가 너희 몸을 이루며 잘 살아가고 있는 거야.

그럼, 지금부터 **생물을 구성하고 있는 가장 기본 단위**인 **세포**에 대해 먼저 알아보자구.

일단 세포를 둘러싸고 있는 **세포막과 세포벽**.

막과 벽 중에 어떤 것이 더 단단하게 느껴져?

막이라고?

넌 집 지을 때 벽을 쌓고 바깥에 비닐 같은 장막을 칠 거야?

네가 슈퍼맨이냐?

바지 위에 팬티 입을 거야?

좀 상식적으로 생각해!

벽이 제일 바깥에 튼튼하게 버티고 있어야 되지 않겠어?

세포는 세포막과 세포벽이 둘러싸고 있는데 애석하게도 동물은 세포벽이 없고 세포막이 끝이야.

그래서 단단한 나무 같은 껍데기를 만들 수 없지.

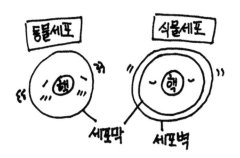

식물은 세포벽이 한 겹 더 있어서 단단한 줄기를 잘라 교실에 있는 많은 도구를 만들기도 해.

교탁, 책상, 의자, 사물함 같은 것들이 다 나무를 이용해서 만든 거 잖아.

그것도 몰랐냐?

주변에 관심을 좀 가져! 관심이 있어야 과학을 잘할 수 있어.

지금 바로 고개 들고 주변을 한 번 둘러봐.

아~ 저건 저렇게 생겼었군, 이게 원래 이 색깔이었던가? 등등…. 그런 것들 열 가지만 관찰하고 다시 책을 봐.

얼른!

결론적으로 세포벽은 식물에만 있고 세포를 단단하게 유지하는 작용을 해.

그럼, 식물과 동물 세포에 다 있는 세포막은 어떤 일을 하느냐?

세포도 살아 있는 존재지?

살기 위해서는 생명을 유지하기 위한 다양한 일을 해야 하는데, 일을 하려면 리모컨 속 건전지 같은 에너지가 필요해.

에너지는 조금 뒤에 다시 설명해 줄게.

이 에너지를 만들기 위해 필요한 재료를 세포 안으로 넣고, 에너지 만들고 남은 찌꺼기는 버려야 해.

이렇게 필요한 물질은 세포 속으로 들어오게 하고, 필요 없는 물질은 세포 밖으로 버리는 역할을 세포막이 해.

이제 더 안쪽으로 들어가 볼까?

세포도 살아 있는 존재이기에 정말 복잡하게 이루어져 있지만 중학생이 그 모든 걸 다 알아야 할까?

그렇게 생각하는 사람 손 들어!

없지?

그럼 우린 가장 기본적인 구조물 몇 가지만 알고 가자고.

이 기본 구조 몇 가지도 하기 싫다고 징징거리면 안 되겠지?

먼저, 살아 있는 세포의 핵심! **핵!**

핵은 세포가 살아가는 데 필요한 모든 활동을 제어하는 역할을 해.

중요한 거 또 하나. 너희가 거울을 보면서 확인하는 바로 그 모습을 만든 유전자라는 것이 들어가 있지.

이미 태어난 이상 유전자를 바꿀 순 없어.

자기 모습이 마음에 안 들면 계속 웃는 연습을 해서 인상을 바꾸든지, 돈 많이 벌어서 성형외과에 가는 방법이 있어. ㅎㅎ

아까 세포가 살아가기 위해 에너지를 만들어야 한다고 했지?

벌써 까먹었다고? 좀!!! 정성을 기울여서 읽어 봐!

쌤이 이것 쓴다고 얼마나 힘들었는지 아냐?

쌤이 지금까지 가르친 너희 선배들도 맨날 "언제요? 그게 뭐예요?" 그랬는데 너희까지 똑같이 하진 말자.

아무튼 너희도 매일 밥을 잘 먹고 에너지를 만들어 내기 때문에 학교
도 가고 친구랑 놀 수도 있고, 게임도 할 수 있는 거야.

에너지가 뭐냐고?

초성 퀴즈!

에너지란 ㅇ ㅇ ㅎ ㅅ ㅇ ㄴ ㄴ ㄹ 이다.

이 에너지를 만들어 내는 곳이 세포 안에 있는 **마이토콘드리아**라고
하는 부분이야.

이름이 어렵지? 너무 길지?

그러게, 네가 좀 빨리 태어나서 마이토콘드리아를 제일 먼저 발견해
서 편하게 이름 짓지 그랬어.

만약 네가 마이토콘드리아를 제일 먼저 발견했다면 뭐라고 이름 짓
고 싶어?

뭐라고?

발견 안 하고 싶다고?

네가 발견하지 않았어도 누군가는 발견하게 되어 있으니 더 어려운
이름으로 지었을 수도 있지.

쌤은 우리나라 과학자들이 뭔가를 제일 먼저 알아내서 한글로 된
과학 용어가 전 세계에 퍼졌으면 좋겠어.

법칙 이름도 마찬가지지.

옴의 법칙, 보일 법칙, 샤를 법칙처럼 외국 과학자 이름을 딴 법칙들
만 과학책에 나오잖아.

김유신 법칙, 이순신 법칙 같은 게 있으면 뿌듯하지 않을까?

근데 그거 알아?

법칙에 나오는 외국 이름이 사실은 이름이 아니라 성(姓)이라는 거.

우리나라에는 김 씨가 제일 많으니까 김의 법칙이 제일 많을 수도 있
겠다.

그치? ㅋㅋ

쌤은 수업하다 자꾸 이렇게 딴 길로 새 버리는 경우가 많아.

그래서 진도를 빨리 못 나가.

다시 정신 차리고 마이토콘드리아로 돌아가자. 마이토콘드리아가 뭐 하는 곳이라고?

그렇지! 에너지 만드는 곳!

그럼, 에너지는 뭐야?

초성 퀴즈 답은?

'할 수 있는 능력'까지는 알겠는데 앞에 있는 이응 두 개를 모르겠다고?

뒤의 이응은 '을'이야.

그럼, 무엇을 할 수 있는 능력이지.

답은… '일을 할 수 있는 능력'이야.

결국 에너지가 없으면 우리는 아무 일도 못 한다는 말이지.

마이토콘드리아가 얼마나 중요한지 알겠지?

세포 내부 구조는 모두가 중요하지만 우린 지금 가장 기본적인 것들만 보고 있어.

사람 같은 동물에게는 없고 식물 세포에만 있는 아주 중요한 구조물을 하나 볼까?

우리는 식물의 도움 없이는 살 수 없지?

일단 식물이 없으면 산소가 없어서 숨을 쉴 수 없어.

우리가 살기 위해서는 에너지가 필요한데, 에너지를 만드는 재료인 영양분은 셀프 공급이 안 돼.

그래서 다른 식물이나 동물을 먹는 거야.

우리 같은 동물은 식물에 정말 고마워해야겠지?

반면에 식물은 혼자서도 잘 살 수 있어.
혼자 먹을 것도 만들 수 있고, 산소도 만들 수 있어.
그 두 가지를 가능하게 해 주는 게 **광합성**이라는 거야.
들어 봤어?
광합성은 한자어야. '광'은 많이 들어봤지?
무슨 광? 미칠 광 아니고! 빛 광(光)!
합성(合成)은 무언가를 합쳐서 만든다는 뜻이야.
그래서 태양 빛을 이용해서 우리에게 도움이 되는 영양분과 산소를 만드는 작용을 광합성이라고 해(광합성에 대해서는 나중에 더 자세히 설명할게).
이 광합성이 일어나는 장소가 바로 식물 세포에만 있는 **엽록체**라는 곳이야.
우리는 세포 안에 엽록체가 없어서 광합성을 못 해.
엽록체에는 엽록소라는 색소가 있는데 무슨 색이게?
그래! 맞아! 초록색이야.
그래서 식물들이 대부분 초록색을 띠는 거야.
우리 몸을 이루는 세포에 엽록체가 있으면 우린 아마 슈렉처럼 되겠지.
초록색 피부. 상상하니 어때? 마음에 들어? ㅎㅎ

자, 읽다 보니 별거 없지?
다 그래.
그런데 너희가 수업에 집중을 안 하니까 못 알아듣고, 어렵다고 하는 거야.

쌤 수업 더 들어 보면 '어? 내가 다 알아듣네? 나 천재인가?' 할 거야.
ㅋㅋ

정리하자.
우린 지금 세포의 구조에 대해서 둘러보고 있지?
그런데 동물과 식물이 조금 달라.
동물 세포는 가운데에 핵이 있고, 주변에 에너지를 만들어 내는 마이토콘드리아가 있고, 세포막으로 둘러싸여 있지.
식물 세포는 동물 세포와 같이 핵과 마이토콘드리아가 있고, 광합성 장소인 엽록체가 있어.
이것들을 세포막으로 싸고, 마지막에 단단한 세포벽이 한 번 더 싸고 있지.
그림으로 한 번 볼까?

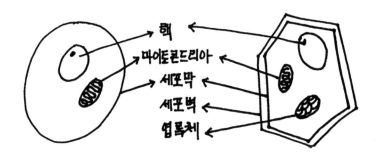

어느 쪽이 식물 세포? 오른쪽? 왼쪽?
딩동댕! 오른쪽이 식물 세포!

지금까지 봤던 이 작은 세포들이 모여서 우리 몸을 이루는데, 세포들이 아무렇게나 모여 있는 게 아니라 아주 체계적으로 모여 있어.

너희 같은 학생들 한 명 한 명이 모여서 반을 이루고, 반이 모여서 학년을 이루고, 학년이 모여서 학교가 되잖아.

우리 몸도 마찬가지로 **세포**가 가장 기본이고, 세포가 모인 반이 **조직**, 조직이 모인 학년이 **기관**, 기관이 모인 학교 전체가 **개체**가 되는 거야.

다시 정리할게.

생물은 **세포 → 조직 → 기관 → 개체**로 구성되어 있어.

이젠 생물의 다양성에 대해 알아볼까?

생물은 당연히 다양하다고?

그럼, 네가 아는 생물 이름 100가지만 말해 봐.

힘들다고?

겨우 100가지도 힘들다고?

그럼, 지구에 있는 생물의 종류가 몇 가지나 될 것 같아?

몇 년 전까지 사람들이 발견한 종류가 170만 가지 이상이었지만, 과학자들은 1,000만 가지 이상이 될 거라고 생각한대.

아직 다 발견한 게 아니라는 뜻이야.

그런데 너희는 100가지도 모른다고? 반성해! 관심을 좀 가져!

이런 수많은 생물의 다양한 정도를 **생물 다양성**이라고 해.

쓸데없이 이름을 붙여서 너희를 괴롭히냐고?

쓸 데가 있으니까 이름을 붙였지!

너희 친구들에게 만일 이름이 없다면 부르기 쉽겠어, 어렵겠어?

네가 좋아하는 친구가 있어서 다른 친구에게 그 친구를 소개해 주려는데 이름이 없어. 그러면 그 친구에 대해 설명하는 데만 시간이 엄청나게 걸릴걸?

근데 이름이 있으면 누구누구를 좋아한다고 말하면 금방이잖아.

너도 이름이 없어서 맨날 쌤이 "야! 야! 거기 너!" 그러면 기분 좋겠냐?

요즘 과학에서 생물 다양성이라는 말이 아주 소중해졌어.

왜 소중해졌을까?

생물 다양성이 늘어나서? 줄어들어서?

생물 다양성이 늘어난다면 사람들이 관심을 가질 이유가 없겠지.

생물 다양성이 줄어드는 게 현재 심각한 문제야.

뭐? 생물 다양성이라는 말조차 처음 들어 본다고?

괜찮아. 여기서 들어 봤으니 이제 처음 들어 보는 말이 아니잖아.

이제부턴 아는 척해.

그럼 다시 생물 다양성을 설명해 볼게.

생물 다양성이 뭐라고?

생물이 다양한 정도야. 그래. 별거 없지?

지구에 있는 모든 생물을 사람들이 다 발견했을까?

아니라고 앞에 말했지? 언제 말했냐고?

31페이지 찾아봐! 바로 앞 페이지!

쌤이 가르치는 학생들도 맨날 설명 다 한 내용을 항상 처음 듣는 것처럼 말하지.

그래서 쌤은 항상 증거를 교과서에 남겨 놔.

그럼 결국 본인들이 그 시간에 졸았다는 사실을 인정하게 되어 있지…. ㅋㅋㅋ

치사하다고?

늬들은 더 치사하잖아!

나의 불행은 너희의 행복이잖아.

수업하다 발이라도 삐끗하면 얼마나 즐거워들 하는지….

그래도 지겨운 수업 시간에 너희가 행복하면 됐지.

난 아파도 너희가 웃으니 됐어.

쌤 좀 멋지지 않아?

아니라고? 아님 말고.

∽[˘ ﻌ ˘]∽

또 딴 얘기하고 있네.

자, 다시 생물 다양성으로 돌아가서….

사람들이 새로운 생물을 발견하는 것보다 사람들에 의해서 멸종하는
생물이 더 많아져서 심각한 상황이야.

멸종하는 게 뭐 별거냐고?

별거지!

생물이 멸종해서 종류가 적어지면 생태계가 단순해져.

예를 들어 니가 뱀이야.

생물이 다양하면 개구리를 먹어도 되고, 새를 먹어도 되잖아.

근데 사람들이 개구리가 건강에 좋다고 잡아먹다가 멸종시켜 버리면
넌 먹을 게 새밖에 없게 되잖아.

그 상황에서 새까지 멸종시켰다고 생각해 봐.

결국 뱀인 너까지 멸종하는 거야.

그럼 나중에 지구엔 인간들만 남겠지.

과연 인간들만 남았을 때 잘 살아갈 수 있을까?

우리 인간들은 여러 생물에게서 필요한 것들을 얻어서 살아가잖아.

우리가 싫어하는 생물들도 다른 생물들에겐 꼭 필요한 존재일 수

있어.

이게 바로 우리가 함부로 생물들을 멸종시키면 안 되는 이유야.

생물 다양성을 보전하려면 먼저 수많은 생물을 분류할 줄 알아야 해.

생물을 분류할 때 가장 기본이 되는 단위는 **종**이라는 거야.

생김새나 생활 방식이 비슷하고, 자연 상태에서 짝짓기하여 생식 능력이 있는 자손을 얻을 수 있으면 같은 종이지. 너무 긴가?

말과 당나귀는 생김새도 비슷하고, 짝짓기해서 새끼도 낳을 수 있는데, 그 새끼를 노새라고 해.

근데 노새는 새끼를 낳을 수 없거든.

그렇다면 말과 당나귀는 같은 종이라고 할 수 있을까?

결론은 다른 종이야.

사자와 호랑이의 합체인 라이거도 새끼를 못 낳는데.

그럼, 둘이 다른 종이란 거 알겠지?

그렇다면 우리나라 사람과 다른 나라 사람은 같은 종일까, 다른 종일까?

그렇지! 같은 종이지.

지구에 있는 수많은 종 중에서 비슷한 종끼리 **속**이라고 묶어 놓고, 비슷한 속을 묶어서 **과**, 비슷한 과를 묶어서 **목**, 목을 묶어서 **강**, 강을 묶어서 **문**, 문을 묶어서 **계**라고 해.

헷갈리지?

정리하면 제일 작은 단위는 '종', 제일 큰 단위는 '계'야.

순서대로 계문강목과속종.

거꾸로 하면 종속과목강문계.

사람을 한 번 분류해 볼게.

계	>	문	>	강	>	목	>	과	>	속	>	종
동물계	>	척삭동물문	>	포유강	>	영장목	>	사람과	>	사람속	>	사람

너희는 생물을 나누어 보라고 하면 일단 동물과 식물로 나누지?

동물과 식물이 바로 '계'에 해당하는 단계야.

좀 더 정확하게 말하면 '동물계', '식물계'.

옛날엔 이 두 가지 계밖에 없다고 생각했는데, 과학이 발달하고, 현미경이 발달하면서 동물도 아니고 식물도 아닌 애들이 자꾸 발견되는 거야.

그래서 현재는 5개의 계로 나누고 있어.

다른 단계는 몰라도 제일 큰 단계인 5개의 계는 알고 가자구.

동물계와 식물계는 대충은 알지?

동물과 식물의 특징 말해 봐.

대충 움직이고 다른 애 잡아먹고 살면 동물이고, 바닥에 콱 박혀서 햇빛이나 보고 자라면 식물이라고 하지?

그렇게 대충대충 알지 말고 정확하게 알아 둬.

동물계는 조직과 기관이 발달한 다세포 생물로 다른 생물을 잡아먹고, 운동 기관이 발달해 있는 경우가 많아.

조직과 기관은 앞에서 말했지?

또 기억 안 나? 헐~~~~~.

동물이 되려면 일단 몸의 구조 단계가 확실하게 잘 구분되어 있어야 해.
우선 다세포는 몸이 세포 여러 개로 구성되어 있다는 소리야.
그럼 몸이 세포 하나로 이루어져 있으면 뭐라고 부르게?
다세포의 '다'는 한자로 '많을 다(多)'거든.
한 개라는 뜻의 한자어는 '홀 단(單)'이라고 해.
그럼 몸이 세포 하나인 생물은? 그렇쥐! 단세포!
단세포 생물은 맨눈으로 보일까?
쪼끄마해서 안 보이겠지?

정리하면 동물은 몸이 체계적으로 잘 만들어져 있고, 덩치가 크며, 다른 애들을 잡아먹고, 잘 돌아다니는 애들이란 말이지.

자, 두 번째로 **식물계**를 시작해 볼까?
식물계는 조직과 기관이 발달한 다세포 생물까지는 동물계와 같지만 아주 다른 점이 하나 있어. 광합성을 하여 스스로 양분을 만들어 살아간다는 점이지.
광합성은 앞에서도 살짝 말했는데, 뭐, 또 모른다고?
식물 세포 속에는 ㅇㄹㅊ라는 기관이 있어서 빛을 이용해 스스로 양분을 만들 수 있지.
우리는 식물에 감사하게 생각해야 한다고 말했지?
위 초성 퀴즈 정답은? 엽록체!

너희가 맛있어하는 애들은 대부분 동물계에 속하고, 맛없어서 골라

내는 애들은 주로 식물계에 해당하지?

그럼, 버섯은 어때?

버섯 좋아하는 사람 별로 없지?

버섯은 동물계에 해당할까, 식물계에 해당할까?

둘 다 아니야.

과학자들이 조사해 보니 버섯은 다세포 생물이지만 몸의 조직과 기관이 발달해 있지 않고, 다른 생물을 잡아먹지도 않고, 광합성도 할 수 없어.

식물계도 아니고 동물계도 아니니까 다른 계를 만들어야겠지?

그래서 버섯이나 곰팡이 같은 애들을 묶어서 **균계**라는 계를 만들었어.

균계의 몸은 균사라고 하는 가느다란 실 모양의 세포로 되어 있어. 이 균사를 다른 생물의 사체나 배설물에 뻗어서 영양분을 흡수해서 살아가지.

화장실 벽이나 천장에 곰팡이 있지?

걔들은 거기 뭐 빨아먹을 게 있다고 붙어살고 있나 싶지만 벽에 붙은 먼지나 너희들 몸에서 떨어져 나온 각질 같은 먹이가 얼마나 많은데?

지금까지 나온 동물계, 식물계, 균계에 해당하지 않는 생물 중에서, 몸을 구성하는 조직이나 기관이 제대로 발달하지 않아 구분하기가 애매한 생물들은 **원생생물계**라고 해.

애들은 몸이 단세포도 있고 다세포도 있고, 먹이를 잡아먹는 애들도 있고 광합성을 하는 애들도 있어.

애매~하지? 뭐 어쩌라고~ 싶지?

주로 물속에 사는 애들인데, 쌤이 말할 테니까 아는 애 있나 찾아봐.

다시마, 김, 아메바, 짚신벌레.

다시마나 김은 식물이라고?

아니야, 다시마나 김이 뿌리, 줄기, 잎 구별이 잘 돼?

어떻게 생겼는지도 모르지? ㅋㅋ

원생생물계 중에서 다시마나 김은 다세포 생물이야.

몸이 커서 우리가 먹을 수도 있지.

근데 아메바나 짚신벌레는 단세포 생물이라서 우리 눈으로는 볼 수가 없어.

애들을 보려면 뭐가 필요할까?

그렇지! 현미경이 있어야 볼 수 있어.

자, 이제 마지막으로 현미경으로만 볼 수 있는 단세포 생물 중에서 세포 내 핵을 찾기 어려운 애들이 누구인지 알려 줄게.

지금까지 나온 생물 중에서 가장 발달이 덜 된 애들이겠지?

얼마나 발달이 덜 되었으면 세포 안에 핵도 없어.

이런 애들을 묶어서 **원핵생물계**라고 해.

대부분의 세균이 원핵생물계에 속해.

아는 세균 있어?

식중독을 일으키는 포도상 구균, 우리 몸의 대장에 살고 있는 대장균 등이 있지.

지금까지 다섯 가지 계에 대해 알아봤는데 조금 헷갈리지?

쌤이 질문 네 개로 다섯 가지 계를 다 맞힐 수 있는 마법의 표를 그려 줄게.

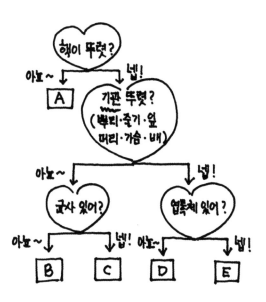

A~E까지 들어갈 말은?

답은 A 원핵생물계, B 원생생물계, C 균계, D 동물계, E 식물계.

생물을 나누는 제일 큰 단위인 '계'만으로 이만큼 많은 내용이 있으니 그 아래 단계로 내려가면 장난 아니겠지?

걱정하지 마.

중학생은 안 해도 돼.

자세히 알고 싶은 사람은 고등학교에 가서 생명과학을 선택해서 수업을 들어도 되고, 대학교 관련 학과에 진학해도 돼.

자세한 건 몇 년 뒤의 나에게 미루고 이제 이 다양한 생물들이 왜 사라지고 있는지 알아보자구.

도도새 들어 봤어? 바바리 사자는? 후이아는?

모두 처음 들어?

그럴 거야.

현재 멸종된 애들이거든.

도도새는 모리셔스라는 섬에 살던 날지 못하는 새인데 배를 타고 항해하던 사람들이 모리셔스섬에 들어가서 마구마구 잡아먹어서 멸종해 버렸어.

선생님도 못 봤어. 동물원에 가도 없어. ㅜㅜ

근데, 빠밤!

도도새가 멸종된 지 300년 정도 되는데 그 섬에 사는 어떤 나무는 300년 동안 새로 태어난 게 없대.

지금 있는 것은 모두 300년 전에 자라나기 시작한 거래.

남아 있는 나무가 멸종하면 끝인 거지.

그래서 과학자들이 조사해 보니 도도새가 그 나무의 열매를 먹고 씨를 배설해야 나무의 싹이 나는 거였어.

이제 그 나무도 멸종하겠지?

그렇지만 다행히 사람들이 똑똑하게도 칠면조에게 도도새처럼 열매를 먹여서 씨앗을 틔우는 데 성공했대.

정말 다행이지?

뭘 봐!
도도새 처음 봐?!

로마 시대, 콜로세움에서 검투사와 싸우던 큰 사자 알지?

걔가 바바리 사자야.

바바리 사자는 그 힘들었던 로마 시대에도 살아남았지만 1900년대에 사람들이 취미로 사냥을 시작하자 멋진 사냥감이 되어 멸종하고 말았어. 황당하지?

더 황당한 건 후이아라는 새의 경우야. 후이아의 깃털이 정말 많이 예뻤나 봐.

깃털이 비싸서 멸종했다는 사실….

요즘엔 더 심해졌어.

멀쩡한 산을 아파트 짓겠다고 밀어버리는 바람에 거기서 살던 생물들이 살아갈 곳을 잃곤 하지. 그뿐인 줄 알아? 우리나라에 없는 생물을 수입해 와서 풀어 놓는 바람에 토종 생명체가 사라지질 않나, 어떤 나라에선 코끼리 상아나 코뿔소 뿔이 멋지다고 몰래 잡아서 팔지를 않나….

사람이 참 못된 존재인 것 맞지?

전 세계 생물 다양성이 1970년부터 2010년까지 11% 감소했고, 지금처럼 간다면 2050년까지 10% 정도 추가로 더 감소할 거래.

그대로 두면 안 되겠지?

우리나라에선 **생태통로**를 만들어 야생동물이 안전하게 이동하게 하고, **멸종 위기종 관리**, **국립 공원**을 지정하는 등의 일을 하고 있고, 세계적으로는 **생물 다양성 협약**을 맺어 지구에 사는 생물의 멸종을 막기 위해 노력하고 있어.

협약은 다 같이 약속하자는 건데, 너희들 25명 정도가 반에서 지켜야할 규칙도 잘 안 지켜지는데 전 세계가 다 같이 지키자는 게 쉽겠어?

I-3.

열~

이열~

여름에 20명 넘는 친구들과 같은 교실에 있을 때를 떠올려 봐. 에어컨 가지고 많이 싸우지?

몸에 열이 많은 사람은 항상 에어컨 틀자고 하고, 열이 적은 사람은 에어컨 끄자고 싸우잖아.

지금부턴 이 열에 대해 알아보자구.

쌤 어릴 때 듣던 농담 중에 도덕 쌤들은 아주 싫어하고, 과학 쌤들은 싫어하면서도 수업에는 도움된다고 생각했던 얘기가 있어.

아빠와 어린 아들이 같이 목욕탕을 갔어.

너희들은 대중탕 잘 안 가지?

쌤 때는(라떼는 말이야~) 일주일에 한 번씩 대중탕에 가서 부모님이 아이들의 때를 미는 게 일반적이었어.

아빠가 탕에 들어가면서 "어이구~ 시원~하다."라고 하니 어린 아들이 아무 생각 없이 따라 들어간 거야.

어떻게 되었게?

다리가 벌겋게 익은 아들이 후다닥 탕에서 나오면서 조용히 한마디 했대.

"세상에 믿을 놈 하나도 없네."

도덕 쌤들이 왜 싫어하는지 알겠지?

그렇지만 나 같은 과학 쌤은 이 농담이 열 관련 수업할 때 정말 좋은 예가 되거든.

탕의 온도가 아빠가 들어갈 때와 아들이 들어갈 때 달랐을까?

아니겠지? 똑같은 온도를 아빠와 아들이 느끼는 정도가 달랐던 거야.

그래서 지금은 대중탕에 가 보면 탕마다 온도가 실시간으로 나타나는 액정들이 있지.

이렇게 물체의 차고 뜨거운 정도를 온도계로 측정해서 나타낸 숫자를 **온도**라고 해.

온도라는 말은 많이 썼지만 정확한 뜻은 몰랐지? 이제 알아 둬.

자 그럼, 온도가 높을 때와 낮을 때의 차이는 뭘까?

물체를 이루는 가장 작은 알갱이를 **분자**나 **원자**라고 한다고 했지?

그 알갱이(이제부터 있어 보이게 **입자**라고 해)들은 눈에 안 보일 만큼 작다고도 했거든!

거짓말인지 앞 단원 가서 다시 한번 읽어 봐!

그 작은 입자들이 온도가 높을 땐 빠르게 운동하고, 온도가 낮을수록 운동이 느려져.

그래서 온도는 어떤 물체의 차고 뜨거운 정도를 나타내기도 하지만, **그 물체를 이루는 입자들이 얼마나 빠르게 움직이는지를 알 수 있게 해주지.**

너희를 교실을 이루는 입자라고 상상해 보자. 수업 시간과 쉬는 시간을 비교하면 어느 때가 온도가 높을 것 같아?

그렇지! 당연히 쉬는 시간이지.

우리 주변 물체들은 다들 온도가 다양하잖아.

그렇다면 온도가 다른 두 물체가 만나면 어떻게 될까?

쉬운 예로, 찬물과 따뜻한 물을 섞으면 어떻게 돼?

너희는 만약 너희가 만 원을 들고 있고 친구가 돈이 하나도 없으면 저절로 친구랑 오천 원씩 나누어 가지게 돼? 아니지?

근데 신기하게도 온도가 다른 두 물체가 만나면 온도가 높은 물체에서 낮은 물체로 열이 이동해.

두 물체의 온도가 같아질 때까지.

열을 돈이라고 생각하면, 따뜻한 물이 만 원을 갖고 있고 찬물이 돈이 없었지?

따뜻한 물이 찬물과 돈이 같아질 때까지 나누어 준다는 거야.

신기하지?

그래서, 열이라는 건 항상 온도가 어떤 물체에서 어떤 물체로 이동한다?

그렇지! 온도가 높은 물체에서 낮은 물체로 열이 이동하는 거야.

열을 많이 가지고 있는 물체가 적게 가지고 있는 물체에 나누어 준다는 거지.

이 그래프를 잘 봐.

온도가 높은 물체와 낮은 물체를 접촉시켰을 때 온도 변화를 나타낸 거야.

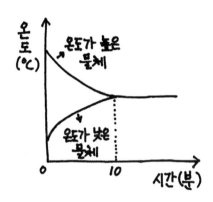

너희들 그래프 엄청 싫어하지?

그렇지만 과학에선 그래프가 너무너무너무너무너무 중요해.

다행히 요즘엔 그래프를 그려 주는 앱들이 많아서 손으로 그리진 않겠지만, 그래프 분석하는 능력은 무지 중요해.

그래프를 볼 때는 항상 가로축과 세로축이 무얼 의미하는지부터 먼저 봐야 해.

위 그래프에선 가로축이 뭐라고 되어 있어?

'시간'이라고 적혀 있지? 그 말은 오른쪽으로 갈수록 시간이 늘어난다는 뜻이야.

세로축은?

'온도'라고 되어 있지? 위로 올라갈수록 온도가 어떻다?

그렇지! 높아진다는 뜻이야.

일단 이것만 알아도 그래프 반은 먹고 들어가는 거야.

그럼 이제 그래프 분석해 볼까?

온도가 높은 물체는 시간이 지날수록(오른쪽으로 갈수록) 점점 내려오지? 그건 무슨 뜻이야?

그렇지! 온도가 낮아진다는 뜻이지. 즉, 식어간다는 뜻이야.

온도가 낮은 물체는 어때?

시간이 지날수록 점점 위로 올라가지? 무슨 뜻?

그렇지! 온도가 올라간다는 뜻이야.

그러다가 10분이 되었을 때 두 그래프가 만나고 그 이후로는 온도가 안 변하지? 온도가 같아졌다는 뜻이야. 이때를 **열평형**이 되었다고 해.

평형은 무언가가 같아졌다는 뜻이지?

열이 같아졌다는 거야.

그렇다면 두 물체의 입자 운동도 같아졌다는 거지.

뜨거운 물 입자는 운동이 점점 느려졌고, 차가운 물 입자는 운동이 점점 빨라지다가 10분이 지났을 땐 두 물의 입자 운동이 같아졌다는 거지.

지금까지를 정리하면, 온도가 높은 물체에서 낮은 물체로 이동하는 에너지를 **열**이라고 하고, 온도가 다른 두 물체가 접촉하면 온도가 높은 물체는 입자 운동이 느려지고, 온도가 낮은 물체는 입자 운동이 빨라지다가 열평형 상태가 되면 두 물체의 온도가 일정해지고, 입자 운동도 같아진다.

너무 길지? ㅎㅎ

겨울에 학교에 와서 의자에 앉으면 엉덩이가 시리지?

의자는 온도가 낮고 너희 엉덩이는 온도가 높아.

계속 앉아 있으면 열이 어디서 어디로 이동할까?

그렇지! 온도가 높은 너희 엉덩이에서 온도가 낮은 의자로 이동하겠지.

언제까지? 온도가 같아질 때까지.

그러면 너희는 의자에 계속 열을 뺏기겠지.

지금 쌤은 여름에 이 글을 쓰고 있거든.

그래서 쓰다가 잠깐씩 자꾸 일어나.

왜 그러게?

그래. 의자가 더워져서 잠시 일어나 식히고, 다시 앉고 그러고 있어. ㅎㅎ

지금까지 열이 온도가 높은 물체에서 낮은 물체로 이동한다고 배웠지?

그럼 열이 이동하는 방법으로 어떤 게 있는지 볼까?

세 가지 방법을 이용해서 이동해.

전도, 대류, 복사.

첫 번째로 **전도**는 주로 고체에서 일어나. 입자에서 입자로 차례로 전달되어 열이 이동하는 현상이야.

뜨거운 국에 쇠로 된 숟가락을 담그고 시간이 지난 뒤 숟가락을 쥐면 뜨거웠던 경험 있지?

아니면 라면 끓이려고 냄비에 물을 담아 올렸는데 처음엔 맨손으로 잡았던 냄비 손잡이가 뜨거워서 행주가 필요할 때.

그건 온도가 높은 국물에서 차가운 숟가락으로 열이 이동하는데 숟가락의 앞부분에서 끝부분까지 열이 계속 이동하는 거거든.

숟가락을 이루는 입자들이 차례차례 옆으로 열을 이동시켜 주는 거야.

두 번째로 대류는 액체나 기체처럼 입자가 제자리에 있지 않고 마구 마구 잘 돌아다니는 물체에서 일어나는 방법이야.

뜨거운 물체 옆에 있다가 열을 얻은 입자가 직접 움직여서 다른 입자들에 열을 나누어 주는 방법이야.

지구처럼 중력이 있는 곳에서 입자가 열을 받으면 가벼워져서 위로 올라가려 하거든.

당연히 온도가 낮은 입자는 상대적으로 무거워지니까 아래로 내려오고.

라면 끓일 때를 떠올려 봐. 면을 넣기 전 물이 끓을 때 보면 막 부글부글 물이 움직이지?

냄비 아래쪽 물들이 열을 받아서 뜨거워져서 가벼워지면서 위로 올라오는 거야.

상대적으로 차가운 위쪽 물은 무거우니까 아래로 내려오고.

그럼 냄비 속 물들이 모두 같은 온도가 될 때까지 그 현상이 유지되다가 결국 모든 물이 다 100℃가 되어 끓을 수 있는 거지.

그럼 기다렸다 면과 수프를 풍덩! 쓰읍~~!

쌤 잠시 라면 하나 끓여 먹고 올게~.

쌤은 너희 나이에 라면 두 개에, 국물에 밥까지 말아 먹었는데 너희는 몇 개?

대류는 입자가 직접 이동하여 열을 전달하는 거야.

이때 뜨거워진 입자는 어디로 이동? 그래, 위로.

차가운 입자는? 아래로.

이걸 알면 너희 집 냉난방기를 어디에 설치해야 할지 알겠지?

이거 모르고 설치하면 "왜 에어컨을 틀었는데 안 시원하지?", "히터를 틀었는데 왜 안 따뜻하지?" 할 거야.

에어컨이 시원한 공기를 토해 내면 위로 갈까, 아래로 내려갈까?

그렇지! 내려가겠지?

그럼 에어컨을 바닥에 설치해 놓으면 어떻게 될까?

그래, 바닥만 시원하고 위쪽은 여전히 덥겠지?

그럼 에어컨은 어디에 설치한다? 딩동댕! 위쪽!

히터는? 히터가 따뜻한 공기를 토해 내면 위로 가겠지?

히터를 위쪽에 설치하면 위만 따뜻하고 아래쪽은 계속 차갑겠지?

그래서 집 안에 에어컨은 되도록 위, 히터는 되도록 아래쪽에 설치하는 게 좋아.

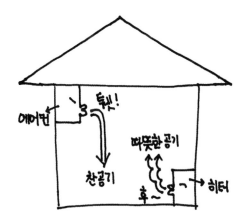

마지막으로 복사로 가 볼까?

복사는 열을 이동시켜 줄 입자가 없을 때 유용한 방법이야.

열이 이동할 때 전도나 대류는 입자들이 대신 전달해 주는 거야.

그런데 태양과 지구 사이의 우주 공간처럼 태양의 열을 지구까지 전달해 줄 물질이 없을 때는 어떻게 할까?

다행히도 열이 혼자서도 이동할 수 있다는 걸 알았어.

열이 입자의 운동 없이 직접 이동하는 걸 복사라고 해.

전도, 대류, 복사 헷갈리지?

간단하게 너희를 입자라고 하고, 공을 열이라고 해 볼게.

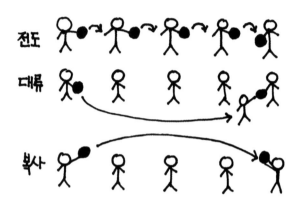

전도는 너희는 가만히 있고 공을 바로 옆 친구에게 차례로 전달하는 방법, 대류는 공을 가진 사람이 들고 마지막 사람에게 직접 가져다 주는 방법, 복사는 사람이 가만있고 공만 던져서 마지막 사람에게 전해 주는 방법이야.

어때? 좀 이해가 돼?

이렇게 여러 가지 방법으로 물체 사이에서 열이 이동하는데, 그때 이동한 열의 양을 **열량**이라고 해.

처음 온도가 똑같은 두 물체가 있는데 똑같은 양의 열을 주면 온도가 똑같이 올라갈 것 같지?

그런데, 그게 아닌 거야.

어떤 물체는 열을 조금만 줘도 온도가 잘 올라가고 어떤 물체는 아무리 열을 많이 줘도 온도가 조금밖에 안 올라가는 현상을 발견했거든.

여름에 바닷가에서 놀아 봤지?

아침엔 모래사장을 맨발로 밟으면 차갑고, 낮엔 뜨거워서 신발을 신지 않으면 잘 못 걷지?

바닷물은 어때?

아침에도 미지근하고, 한낮에도 미지근하지?

태양이 모래사장엔 열을 많이 보내 주고, 바다엔 적게 보내 줄까?

아니거든. 똑같은 양을 주거든.

그런데 모래는 온도가 많이 올라갔다 많이 내려가고, 물은 온도 변화가 별로 없잖아.

그 이유를 알아보니 물질의 종류에 따라 온도를 높이는 데 필요한 열량이 각각 다르지 뭐야.

대표적으로 똑같은 양의 물과 식용유를 준비해서 똑같은 양의 열을 주면 누가 더 빨리 온도가 올라갈까?

실험 결과 식용유가 빨리 온도가 올라간다는 걸 알아냈어.

기억해, 물이 정말 정말 온도를 올리기 어려운 물질이야.

물이 열량에 따라 온도가 빨리빨리 잘 변한다고 생각해 봐.

으~~ 끔찍해.

왜냐고? 우리 몸에 물이 몇 %야? 70% 이상이지?

여름에 운동장에서 축구라도 한 번 하면 우리 몸의 온도가 어떻게 될 것 같아?

겨울에 멋을 부린다고 패딩도 없이 밖에 나왔는데 친구가 늦어서 1시간 넘게 길에서 기다린다고 생각해 봐.

아니면, 물고기들을 생각해 봐.

여름엔 매운탕이 될 거고, 겨울엔 냉동 고기가 되겠지?

신기하게도 물은 온도 변화가 거의 없는 정말 고마운 물질이야.

과학자들이 이렇게 물질마다 온도를 올리는 데 드는 열량이 다른 것을 보고 정리를 했어.

일단 물질마다 양을 똑같이 해 놓고 정리해야겠지?

그래서 모든 물질을 1kg씩 가져와서 온도를 1℃ 올리는 데 열량이 얼마나 필요한지를 실험한 거야.

그 값을 비열이라고 해. 어려운 용어지?

'비(比)'는 비교한다는 뜻의 한자어야. 좀 낫지?

그럼, 물의 비열은 큰 것 같아, 작은 것 같아?

비열이 크다는 건 그 물질의 온도를 1℃ 올리는 데 열이 많이 필요하다는 뜻이야.

그럼 비열이 큰 물질일수록 온도가 쉽게 변할까, 잘 변하지 않을까?

그렇지! 비열이 클수록 온도가 잘 안 변한다는 뜻이야.

예를 들어 화를 잘 내는 친구와 웬만하면 화를 안 내는 친구가 있지?

화를 잘 내는 친구는 비열이 클까, 작을까?

그래, 비열이 작아. 그래서 화도 잘 내지만 금방 식잖아.

그렇지만 비열이 큰 친구는 화를 잘 안 내지만 화를 한 번 내면 잘 식지도 않잖아.

화를 잘 안 내는 친구일수록 잘 참아 주기 때문에 그 친구들이 화를 낸 경우라면 네가 정말 잘못한 거야.

그런 친구와 화해하려면 엄청나게 어렵겠지.

친구가 잘 대해줄 때 더 잘해 줘.

다시 물로 돌아와. 물은 온도가 잘 변하지 않지?

그 말은 물의 온도를 변화시키려면 많은 열이 필요하다는 뜻이야.

다시 말하면 비열이 어떻다? 그래. 크다는 거야.

물은 비열이 1이야.

너무 작아? ㅋㅋ

참고로 철은 비열이 0.1이고, 금은 0.03, 석유가 0.5야.

비열 개념이 좀 어려우니까 한 가지 예를 더 들어 줄게.

라면 끓일 때 쓰는 노란색 냄비 알아? 양은 냄비라고 해.

요즘은 집에서 잘 안 쓰지만 예전엔 많이 사용했어.

그거랑 찌개 끓일 때 쓰는 뚝배기를 비교해 보자.

라면은 높은 온도에서 빨리 끓여야 면이 탱글탱글 맛있어.

그럼 라면은 비열이 어떤 물체를 써야 할까?

그래, 비열이 작은 걸 써야 빨리 끓겠지. 그래서 양은 냄비에 끓이면 맛있어.

대신 빨리 끓지만 금방 식어 버리는 단점이 있지.

찌개는 어때? 빨리 식으면 안 되는 대표적인 음식이잖아.

그래서 찌개 맛집에 가면 끓이는 데는 시간이 걸리지만 일단 보글보글 끓는 상태로 테이블에 가져오면 밥 다 먹을 때까지 따뜻하잖아.

지금까지 온도에 대해 많이 말했지?

이 온도를 재는 장치를 뭐라고 해?

온도계라고 하지? 지금은 디지털 온도계를 많이 쓰는데 혹시 옛날에 많이 쓰던 유리로 된 온도계 알아?

안에 빨간색이나 은색 액체가 있어서 겨드랑이에 끼고 있다가 꺼내서 보면 액체가 쭉 늘어나 있어.

너희 체온이 높은 반면 온도계의 온도는 낮아서 열이 너희 겨드랑이에서 온도계로 이동한 거야.

그런데 온도계 속에 있던 액체가 열을 받게 되니까 액체 입자의 운동이 어떻게 될까?

활발해지겠지. 활발해지다 보면 입자들 사이의 거리가 멀어지고, 입자가 차지하는 공간이 커지겠지.

그래서 결국 길이나 부피가 커져.

이런 현상을 **열팽창**이라고 해.

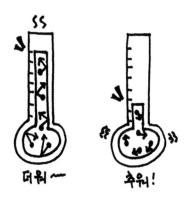

열팽창 정도는 물질마다 어떨까?

그래, 달라.

그래서 문제가 되기도 하지.

쌤은 치과에 정말 가기 싫은데, 너희들은 어때?

쌤은 이가 많이 썩어서 충전재가 종류별로 있어. 거울 보면 재밌지.

충치가 생기면 그 부분을 작은 드릴로 깎아내고, 충전재를 구멍에 넣어 주는데 만약 너희 이와 충전재가 열팽창 정도가 다르면 어떻게 될까?

뜨거운 국물을 먹었는데 이는 조금 팽창하는데 충전재가 많이 팽창하거나, 적게 팽창하면 곤란하겠지?

그래서 충전재는 사람의 이와 열팽창 정도가 비슷한 물질을 사용해.

안전에도 열팽창이 중요한데, 사람이 지나갈 수 있게 다리 공사를 하는 경우 콘크리트로 완벽하게 연결해 버리면 여름에 콘크리트가 팽창하고, 겨울에 수축을 반복하면 다리가 팽창과 수축을 반복하다가 금이 가서 무너져 버릴 수가 있어.

그래서 다리를 자세히 보면 중간에 약간 빈틈 같은 걸 일부러 만들어 놓은 것을 볼 수 있어.

틈을 만들어 놓으면 여름엔 팽창해서 딱 맞고, 겨울에 조금 벌어져 있지.

신기하지?

과학은 알면 알수록 신기한 과목이야.

왜 이렇게 재밌는 과목을 하기 싫어했는지 후회되지?

지금도 안 늦었어.

쌤 책 열심히 읽고, 너희 학교 과학 시간에 집중하면 과학 그거 별거 아냐!

I-4.

물질의 상태 변화보다 내 마음의 변화가 더 무섭다

앞에서 물체를 이루는 입자들이 온도가 높아지면 입자 운동이 활발하고, 온도가 낮으면 입자 운동이 둔해진다고 했지?

아직 알 듯 모를 듯하다고? 쌤이 너희 눈앞에 증거를 보여 줄게.

입자들이 움직인다는 걸 확실히 증명할 수 있는 현상이 있거든. 바로 **증발**과 **확산**이야.

확산은 너희들이 늘 경험하는 거지.

4교시쯤 되면 오늘 급식 메뉴가 뭔지 알 수 있는 날 있지?

급식실에서 퍼져 나오는 음식 냄새들.

그건 바로 그 냄새를 이루는 입자들이 스스로 운동해서 퍼져 나가는 거야.

친구가 방귀를 뀌어도 알 수 있지?

소리는 없앨 수 있어도 냄새는 없앨 수 없는 거. 크흐~~.

　증발은 액체의 표면에서 입자가 공기 중으로 날아가는 현상인데 이 것도 많이 경험하잖아.

　아침에 머리 감고 시간 없어서 덜 말리고 학교에 오면 어느새 다 말라 있지?

　아니면 아침에 등교할 땐 길에 물웅덩이가 있었는데 하교할 땐 말라 있다든지.

　이런 현상들을 보고 우리는 입자들이 운동하고 있다는 걸 알 수 있어.

　이 입자들의 움직임과 입자 사이의 거리에 따라 물질들은 세 가지 상태를 이루고 있어.

　지금부터 물질의 세 가지 상태에 대해 알아볼 거야.

　초등학교 때 **고체, 액체, 기체**에 대해선 배웠지?

　중학교 땐 세 가지 상태에 대해 더 자세히 배워 볼 거야.

　주변에서 볼 수 있는 고체 상태 물질 중 몇 가지만 말해 봐.

　책상, 책, 필통, 칠판, 숟가락, 운동화 등등.

이런 **고체**들은 모양과 부피가 변하지 않잖아.

물론 너희가 힘을 줘서 변하게 할 수도 있지만 그대로 두면 말이지.

책상에 힘을 준다고 책상이 쪼그라들어? 아니지?

뭐? 된다고? '세상에 이런 일이!' 프로그램에 출연 신청해!

고체는 압력을 가해도 부피가 일정해.

왜 그런가 그 속을 들여다보면 고체를 이루는 입자들은 입자 사이의 거리가 매우 가깝게 규칙적으로 배열되어 있고, 자유롭게 움직이지 못하고 제자리에서 진동 정도만 가능해.

거리가 매우 가깝다는 건 약간은 틈이 있다는 뜻이니 변할 거라구?

너희 눈이 입자를 볼 정도로 현미경 눈이면 가능하겠지.

가능해? 가능하다고? '세상에 이런 일이!' 프로그램에 얼른 출연 신청해!

다음으로 **액체**는 어때?

초등학교 때 액체는 담는 용기에 따라 모양이 변한다고 배웠지?

액체를 이루는 입자들은 입자 사이의 거리가 고체보다는 멀지만 비교적 가깝고 불규칙적으로 배열되어 있으며, 고체보다는 자유롭게 움직일 수 있어.

그래서 모양이 자유롭게 변할 수 있지.

그렇지만 입자 사이의 거리가 비교적 가까운 편이라 액체 역시 압력을 가해도 부피가 거의 변하지 않아.

기체는 입자들 사이의 거리가 매우 멀고 배열이 매우 불규칙적이며, 입자들이 너무나 자유롭게 움직이기 때문에 모양도 일정하지 않고 부피도 막 변해.

기체 입자들의 움직임은 눈으로 따라잡을 수가 없어.

입자 사이의 간격이 너무 멀기 때문에 압력을 조금만 줘도 부피가 막 변할 수 있지.

물질의 세 가지 상태는 어려울 것 없지?
이걸 너희들의 학교 모습으로 비교해 볼까?
수업 시간, 쉬는 시간, 방과 후 시간, 이렇게 각기 다른 세 가지를 물질의 세 가지 상태와 비교해 봐.
수업 시간은 제자리에 앉아 있고, 조금밖에 못 움직이지. 그럼? 고체!
쉬는 시간은 교실 밖에 나가서 돌아다닐 수 있지만 학교 밖으로는 못 나가. 액체!
방과 후 시간에는 집이 멀리 있는 사람은 버스 타고 집에 가고, 학원 가는 사람, 운동장에 공 차러 가는 사람처럼 정말 다양하게 움직이지. 기체!
물질의 세 가지 상태는 별거 없지?

그럼, 물질은 자신의 상태를 계속 유지할까?
얼음은 계속 고체이고, 컵 속의 물은 계속 액체 상태를 유지할까?
아니지? 물질은 상태가 계속 변해. 그래서 지금부터 물질의 상태 변화를 알아볼 거야.

대체로 물질은 온도에 따라 상태가 잘 변해.
고체가 액체가 되었다가 액체가 고체가 될 수도 있겠지.
고체가 열을 받으면 고체 입자들의 운동이 활발해지겠지? 그럼 입자 사이의 간격도 넓어지면서 액체가 되는 거야. 그걸 **융해**라고 해.
반대로 액체가 온도가 낮아지면, 다시 말해 열을 뺏기면 입자들의 운동이 둔해지고, 입자 사이의 간격이 좁아지겠지. 그걸 **응고**라고 해.

아이스크림을 사 오다가 길에서 친구를 만나 수다를 떠느라 시간이 지났다고 생각해 봐.

아이스크림이 주변에 있는 따뜻한 공기에서 열을 받는 거야.

열은 온도가 높은 곳에서 낮은 곳으로 간다고 했었지?

그럼 시간이 지날수록 아이스크림 입자들의 운동이 활발해지면서 녹는 거야.

융해가 시작된 거지.

시간이 지날수록 아이스크림 봉지 속의 아이스크림과 막대기는 분리가 되는 거야.

급하게 집에 와서 다시 냉동실에 아이스크림을 넣어 두면 냉동실 속의 차가운 공기가 아이스크림에서 열을 받겠지.

아이스크림은 점점 다시 고체로 변신하겠지만 모양과 색은 창의적인 새로운 아이스크림이 탄생하겠지. ㅎㅎ

여기서 조심할 것이 있어.

대부분의 물질은 액체가 고체가 될 때, 즉 응고될 때 입자 사이의 간격이 좁아져서 부피가 줄어들어.

근데 물은 이상하게도 응고가 될 때 ― 물이 얼음이 될 때 ― 특이하게도 입자들이 육각형 모양을 만들어서 부피가 늘어나 버려.

그래서 페트병에 물을 얼릴 때 물을 딱 맞게 넣어 얼리면 병이 터져 버리는 거야.

헷갈리니까 조심할 것!

액체와 기체 사이에서도 상태 변화가 일어나지.

액체가 기체로 변하는 걸 **기화**, 기체가 액체로 변하는 걸 **액화**라고 해.

기체와 액체 사이는 부피 변화가 너무 심해.

다시 말해 입자 사이의 간격이 많이 변해.

그래서 기체를 많이 들고 어디로 이동할 때, 기체를 그대로 들고 가려면 양이 엄청나겠지?

이걸 액체로 액화시켜 버리면 어때?

액체가 되면 입자 사이의 거리가 확 줄어 버리니까 조그만 통에 넣어서 들고 다닐 수 있잖아.

캠핑 갈 때 쓰는 작은 가스통 봤지?

그 조그만 가스통에 가스들이 액체 상태로 들어가 있어.

만약 기체 상태로 그만큼 들고 간다면 캠핑 자체를 못 가게 될 정도로 큰 부피의 통이 필요해.

그럼, 기체가 액체가 되려면 온도가 낮아야 할까, 높아야 할까?

기체는 입자 운동이 매우 활발하고, 액체는 비교적 활발하지. 어때?

그렇지! 온도가 낮을수록 입자가 조금 움직이고, 높을수록 잘 움직이잖아.

기체가 액체로, 다시 말해 액화되려면 온도가 낮아져야 해.

반대로 액체가 기체로 기화되려면 온도가 높아져야 하겠지.

물질이 상태 변화할 때 고체에서 액체, 기체로 순서대로 변할 것 같지만 액체를 건너뛰고, 바로 고체에서 기체로, 또는 기체에서 고체로 변할 때도 있어.

두 경우 모두를 승화라고 해.

그래서 쌤은 수업 중에 헷갈리니까 고체에서 기체로의 승화를 고기승화, 기체에서 고체로의 승화를 기고승화라고 해.

정식 명칭은 아니니까 외울 필요 없어. 그냥 수업하기 편하게 하는 용어야.

승화의 대표적인 예가 드라이아이스야.

아이스크림 케이크 사러 가면 통에 드라이아이스 넣어 주지?

집에 와서 한참 있다 보면 드라이아이스가 없지?

고체 드라이아이스가 기체로 승화하는 성질이 있어서 그래.

기체로 변해서 날아가 버리고 없거든.

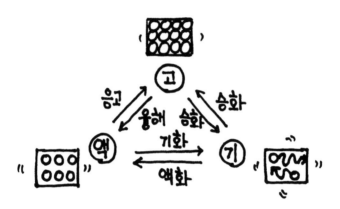

쌤이 간단하게 정리한 그림이야. 어때?

잘 이해했으면 이 질문에 답해 봐.

위 상태 변화 6가지 중에서 온도가 올라갈 때 = 가열할 때 = 열에너지를 흡수할 때 일어나는 변화 3가지 찾아봐.

온도가 올라갈수록 입자 운동이 활발해지지?

고체에서 액체를 거쳐 기체로 가는 변화 3가지, 융해, 기화, 고기승화.

그럼, 온도가 내려갈 때 = 냉각할 때 = 열에너지를 방출할 때 일어나는 변화 3가지는? 응고, 액화, 기고승화.

과학자들이 고체 물질을 가열하면서 온도 변화 그래프를 그렸더니 이런 모습이었대.

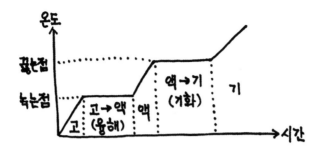

고체일 때 가열하니까 온도가 올라갔지?

그러다가 고체에서 액체로 융해되는 동안은 열을 주는데도 온도가 안 올라가지?

그건 열을 다른 데 썼다는 거야.

어디에 썼느냐? 상태 변화시키는 데 썼다는 거야. 에너지는 일을 할 수 있는 능력이랬지?

가해 준 열에너지를 온도 올리는 데 쓴 게 아니라 고체를 액체로 바꾸는 일에 쓴 거야.

그래서 고체가 액체로 변신하는 동안 온도가 못 올라갔던 거지.

그때의 온도를 그 물질의 녹는점이라고 해.

그럼, 액체가 기체로 변하는 걸 우리는 간단하게 끓는다고 하잖아?

그래서 액체가 기체로 변하는 온도를 끓는점이라고 해.

이제 반대로 냉각시켜 볼까?

기체를 냉각시키면 점점 액체를 거쳐 고체로 변하겠지?

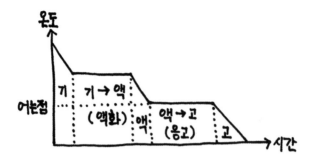

기체를 냉각시키니까 온도가 내려가다가 기체가 액체로 액화되는 시간 동안엔 온도가 안 내려가잖아.

왜 그런지 보니까 아까 기화되는 동안 열에너지를 꿀꺽해서 온도가 안 올라갔었잖아.

반대로 액화하면서 꿀꺽했던 에너지가 나오고 있는 거야.

그래서 열심히 냉각시키지만 물질이 숨겨 놓고 있던 에너지가 나오면서 온도가 안 내려가는 마법이 벌어졌던 거지.

액화하는 온도는 특별히 명칭이 없어.

과학자들이 별로 쓸 일이 없었나 봐.

그렇지만 액체가 고체로 변하는 건 언다고 하지?

그 구간의 온도를 어는점이라고 해.

자, 여기서 퀴즈!

물의 어는점과 얼음의 녹는점은 몇 도일까요?

둘 다 0℃입니다!

헷갈리지? ㅋㅋ

물은 0℃ 이하로 내려가면 얼기 시작하고, 얼음은 0℃ 이상 올라가면 녹기 시작해.

상태변화하는 방향만 반대이지.

이런 상태변화를 우리가 유용하게 쓰고 있거든.

몇 가지 예를 들어 볼까?

아까 아이스크림 케이크 통 속에 드라이아이스 넣는다고 했지?

드라이아이스가 온도가 제일 낮으니까 통 속 공기의 열에너지를 빼앗아 승화하면 드라이아이스의 승화가 끝나기 전까지는 통 속 공기의 온도가 올라갈 수 없어.

그럼 그동안 아이스크림 케이크도 통 속 공기에 열을 받지 않기 때문에 차갑게 유지되는 거지.

우리 조상님들은 겨울에 곡식 창고에 물항아리를 넣어 두었대.

추워지면 물이 얼면서 열을 방출해서 창고 안이 차가워지는 것을 막았다고 하네. 신기하지?

극지방에 사는 이누이트가 사는 이글루 알지?

얼음으로 만든 집이잖아. 이누이트들은 추워지면 이글루 안에 물을 뿌린대.

그러면 물이 얼면서 열을 방출해서 이글루 속이 따뜻해진다는 거야.

예전에 금을 녹여 장신구를 만들던 폐공장을 구입해서 돈을 꽤 많이 번 사람이 있었어.

그는 이사 가고 남은 공장 건물만 사들였지. 깡통 건물로 어떻게 돈을 벌었냐고?

힌트는 융해-기화-액화-응고에 있어. 알겠어?

금은 녹여서 다른 모양의 틀에 넣고 굳히면 다른 장신구가 되잖아. 사람들은 줄곧 융해와 응고만 생각하지만, 융해되어 녹은 금의 표면에서는 기화가 일어나.

그럼 기화되어 날아가던 금이 차가운 공장 천장에 부딪히면 식겠지?

액화와 응고를 거친 금이 천장에 아무도 모르게 붙어 있었던 거야. 그는 이 사실을 알고서 폐공장을 사들여 돈을 벌었던 거지.

과학은 알면 알수록 신기하지?

점점 더 과학 공부를 해야 할 필요성이 느껴져?

I-5.

힘의 작용이
뭐 어떻다고?

지금부터 힘 좀 써 볼까?

지금도 학업에 힘쓰고 있다고?

아니, 아니, 미안하지만 과학에선 그건 힘이 아니야.

일상 용어와 과학 용어의 의미가 다른 경우가 종종 있는데, 대표적으로 힘과 일이 해당하지.

너희는 직업이 학생이니까 너희의 일은 공부지?

그렇지만 과학에선 공부하는 건 일이 아니야.

과학에서 일은 힘을 줘야 하고 힘을 준 방향으로 물체가 움직일 때만 일했다고 하거든.

치사하지? 나중에 일 관련 파트에서 공부하게 남겨 두고.

과학에서 **힘**이란 물체에 가했을 때 물체의 모양이나 운동 방향, 빠르기 중 한 가지 이상에 변화가 일어나야만 해. 그래야 '힘을 줬다.'고 말할 수 있어.

종이를 찢으면 종이의 모양이 변하지?

힘을 준 거야.

굴러가는 축구공을 한 번 더 차면 더 빨라지지?

힘을 줘서 빠르기를 변화시킨 거야.

야구에서 타자가 날아오는 야구공을 방망이로 치면 공이 찌그러지면서 반대 방향으로 빠르게 날아가.

한 가지 힘으로 모양, 빠르기, 방향 세 가지 요소를 다 바꿔 버리지.

물체의 모양과 운동 방향, 빠르기가 동시에 변하는 힘 주기의 예를 하나 더 찾아봐.

힘들면 두 개만이라도 생각해 봐. 이건 숙제야.

근데 이 힘이라는 게 우리 눈에 보일까?

힘을 준 결과는 보이지만 힘 그 자체는 우리 눈에 보이지 않아.

그래서 과학자들이 힘이 보이는 척 그림을 그리기 시작했어.

화살표를 사용해서 힘의 작용점, 크기, 방향 세 가지를 나타내기로 약속했지.

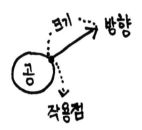

방향은 쉽지? 크기는 화살표의 길이로 나타내면 되고.

작용점은 뭐냐면 내가 물체에 힘을 주는 바로 그 지점을 말해. 내가 손을 대는 바로 그 지점!

작용점은 화살표의 시작점이야.

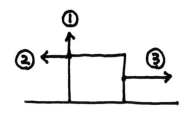

위 그림에서 힘의 크기가 가장 큰 것부터 말해 봐.

그래, ③-②-① 순이지.

그럼 힘의 방향은 어때? 셋 다 제각각이지?

작용점은 어때?

①과 ②는 작용점이 같고, ③만 다르지.

별거 없지?

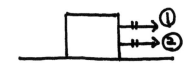

위 그림처럼 크기가 같은 두 힘을 준다고 생각해 봐. 힘을 하나만 줄 때와 두 개를 같이 줄 때 힘을 준 결과가 같을까?

다르겠지? ①번 힘 하나만 줄 때보다 ①번과 ②번 힘을 같이 줄 때 물체의 빠르기는 어떻게 될까?

그래! 더 빨라질 거야. 힘이 더 세어지는 거지.

그렇다면 다음 그림처럼 똑같은 힘을 반대 방향으로 주면 어떻게
될까?

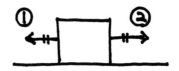

정답은! 물체가 안 움직여.

크기가 같은 두 힘을 동시에 반대 방향으로 작용하면 오른쪽으로 갈
수도 왼쪽으로 갈 수도 없어서 제자리에 멈춰 버리지.

그래서 두 친구가 나의 양팔을 같은 힘으로 반대쪽으로 당기면 난 제
자리에서 팔만 빠지게 되는 거야.

이걸 **힘의 평형**이라고 해.

중학교에선 나란하고 방향이 반대인 두 힘만 다루지만, 이 부분이 재
미있다고 여기는 사람에겐 숙제를 줄게.

한 물체에 힘을 4개 이상 주려고 해. 힘의 평형이 이루어지는 경우를
쌤처럼 화살표로 그려 봐.

자신이 있는 사람은 힘을 10개 이상도 그릴 수 있겠지? ㅎㅎ

실제로 물체들에는 한 번에 힘이 한 가지만 작용하는 경우보다 두 가
지 이상 작용하는 경우가 많아.

복잡한 건 미래의 너희들에게 미루고 패스!

힘을 화살표의 길이로만 표현하려니 답답하지?

너희가 애도 아니고, 그치?

지금부터 다양한 힘에 대해 알아볼 건데 힘은 모두 측정해서 숫자로

나타내.

과학에선 숫자 뒤에 단위라는 게 붙지?

이 단위가 너희를 너무너무 귀찮게 하고 어렵게 하는 거, 다 이해해.

그렇지만 과학에서는 단위가 너무너무너무 중요하니까 잠깐이라도 보고 가자구!

만약에 어떤 과학자가 숫자로 5라고 적어놨다고 해 봐.

단위를 안 적었다면 5cm, 5kg, 5초 등등 다양한 해석이 가능하지?

근데 5가 길이인지, 질량인지, 시간인지 단위에 따라 그 값은 정말 다양하게 해석될 수 있어.

왜 단위를 꼭 써야 하는지 알겠지?

어떤 사람이 키가 6이라고 하면 6cm? 6m?라며 놀라겠지만 미국에서 쓰는 단위를 쓰면 6피트가 되어서 183cm 정도가 되는 거야.

이렇게 중요한 단위 중 힘을 표시할 때는 'N'이라고 쓰고 '뉴턴'이라고 읽어.

어디서 많이 들어 봤지?

그래, 유일하게 너희들이 아는 과학자 아이작 뉴턴의 이름에서 가져온 단위야.

뉴턴이 이름인 줄 알았지? 사실은 성이야.

아인슈타인도 이름은 알버트라고 해. ㅎㅎ

퀴리 부인의 이름은 뭘까? 마리.

컴퓨터 자판 하나 살짝 눌러보면 화면에 글자가 나타나지?

그 정도 힘을 1N이라고 해.

그럼 너희는 몇 N의 힘을 낼 수 있어?

지금부터 중학생이 알아야 할 힘 네 가지를 시작해 볼게. 쌤이 최대한 간단하게 설명해 볼 테니까 끝까지 읽어 봐.

먼저 초성퀴즈! ㅈㄹ, ㅌㅅㄹ, ㅁㅊㄹ, ㅂㄹ.

설마, 지랄로 시작한 건 아니겠지?

정답은 중력, 탄성력, 마찰력, 부력이야.

먼저 **중력**에 대해 알아보자. 중력은 웬만큼은 알고 있지?

뉴턴이 세상 모든 물체 사이에는 서로 끌어당기는 힘이 있다는 걸 발견했어.

무슨 과일로?

그렇지! 사과!

사과가 오른쪽으로 떨어질 수도, 위로 떨어질 수도 있지만, 사과가 늘 지구를 향해서만 떨어지는 걸 보고 알아낸 거야.

우린 사과가 떨어지면 오예~ 하면서 집어 먹겠지만 과학자는 역시 다르지?

사과와 지구 사이에 서로 끌어당기는 힘이 작용해서 사과가 아래로만 떨어지는데, 만약 사과가 질량이 지구만큼 크고 지구가 작다면 지구가 사과 쪽으로 간다고 해. 재밌겠지?

아무튼 지구가 물체를 당기는 힘을 중력이라고 해.

달조차도 지구보다 질량이 작아서 달이 지구의 중력에 끌려다니니까 우주로 안 떠나고 아직 붙어 있는 거래.

초등학교 땐 중력이 아래로 작용한다고 배웠겠지만 이제 중학생이니까 정확하게 표현하자구.

중력의 방향은 지구 중심 방향이야.

중력을 모를 땐 지구 반대편에 사는 사람은 우주로 떨어질 거라고 생각했는데 이젠 아닌 거 알지?

다음 그림처럼 각자의 나라에서 지구 중심을 향해 편안하게 살아가고 있어.

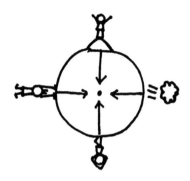

지구는 질량이 큰 물체일수록 센 힘으로 당기고 있는데, 질량이 정확하게 뭔지 먼저 알고 가볼까?

질량은 물체가 가지고 있는 고유한 양이야. 감이 안 오지?

축구공과 탁구공을 비교해 봐.

양손에 하나씩 들고 비교해 보면 어느 쪽이 더 팔이 아파?

축구공이지?

그때 축구공이 더 질량이 크다고 하는 거야.

그런데 우주복을 입고 우주에 나가서 축구공과 탁구공을 양손에 들고 있으면 어떻게 될까?

지구에서 멀어지면 중력이 작용하지 않기 때문에 축구공과 탁구공이 모두 내 손에서 떠나 둥둥 떠다녀.

그럼 둘 다 중력이 0이야.

그렇지만 누가 보더라도 축구공이 더 크고 무겁겠지?

그렇게 물체가 가지고 있는 고유한 양을 질량이라고 해.

그럼, 질량은 우주에 간다고 해서 변할까?

아니야, 장소가 달라져도 변하지 않는 값이 질량이지.

질량을 변하게 하려면 축구공 조각을 조금 뜯어서 없애 버리면 달라지겠지. 그렇지 않은 이상 축구공의 질량은 우주 어디로 가도 안 변해. OK?

질량과 헷갈리는 단어로 무게가 있어.

무게는 중력의 크기야.

지구는 질량이 큰 축구공과 질량이 작은 탁구공 중 어느 것을 더 많이 당길까?

정답은 축구공이야.

과학자들이 측정해 보니 질량이 1kg인 물체에 작용하는 중력의 크기, 즉 무게가 약 9.8N인 걸 알아냈어.

대략 자기 몸무게에 10을 곱하면 무게가 나오겠지?

너희가 지금까지 알고 있었던 몸무게가 사실은 무게가 아니라 질량이었어.

배신감 느껴?

질량과 무게는 단위만 봐도 알 수 있어.

질량은 g이나 kg으로 나타내지만, 무게는 지구가 당기는 힘이기 때문에 N으로 나타내.

그럼 왜 질량을 몸무게로 잘못 알려 줬냐고?

너희는 우주에 나갈 일이 없잖아.

질량과 무게는 주로 지구와 중력이 다른 곳에 갈 때 비교하기 때문에 80억 인구 중에 몇 명 안 되는 우주인들에게나 쓰이겠지.

무게와 질량을 비교해 보고 싶은 사람은 공부 조금 더 해서 우주인이 되어 봐.

우리나라 우주인은 아직 한 명밖에 없는 거 알지?

우리나라 2호 우주인이 될 수 있는 영광을 주지.

다시 몸무게로 돌아와서 너희 몸무게가 60kg이라면 질량이 60kg이고, 몸무게는 대략 10을 곱한 600N인 거야.

과학을 공부한 사람이 촌스럽게 몸무게 80kg이라고 하면 안 되겠지? "제 몸무게는 대략 800N입니다~."라고 해야지.

만약 너희가 우주인이 되어서 달에 갔다고 해 봐.

달은 지구보다 훨씬 작은 거 알지?

그래서 지구보다 물체를 당기는 힘이 약해. 대략 중력이 지구의 1/6 정도.

그래서 지구에서 내 몸무게가 600N이었다면 달에 가면 얼마? 100N밖에 안 되는 거야. 그래서 지구에서 다리가 무거워서 쿵쿵거리며 걷던 사람이 달에 가면 아주 가볍게 새털처럼 날아다닐 수 있는 거지.

그렇지만 달에 갔다고 해서 살이 빠진 건 아냐. 내 질량은 여전히 60kg이니까. ㅋㅋ

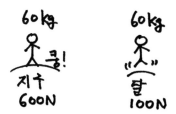

다이어트를 하지 않는 이상 너희의 질량은 작아질 수 없어~~.

물론 지금 다이어트하라는 말은 아니고. 너희 나이에는 다이어트보다 키 크는 게 우선이니 일찍 자고 골고루 잘 먹어.

정리하자면 질량은 우주 어디를 가든 변하지 않는 고정값이고, 무게는 어떤 곳에 가느냐에 따라 달라지는 값이다. 즉, 그 물체에 작용하는 중력의 크기!

두 번째로 **탄성력** 가 볼까?
양말 신을 때, 손으로 양말을 벌리고 있다가 발을 넣고 손을 떼면 양말이 발목에 딱 맞게 돌아가 버리지?
내가 억지로 힘을 줘서 양말을 벌려 놨는데 손을 놓자마자 원래 모양으로 돌아가잖아.
그런 성질을 가진 물체들이 몇 개 있지?
고무줄 말고 뭐가 있어?
공, 집게, 활, 침대 속 스프링 등이 있지?
이런 애들은 힘을 주면 원래 모양으로 되돌아가려고 하는데, 이런 힘을 탄성력이라고 해.
탄성력은 청개구리 힘이야. 내가 주는 힘과 항상 반대 방향으로 작용하지.

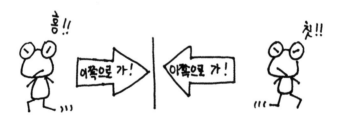

고무줄을 내가 늘리고 있으면 고무줄은 다시 원래 크기로 돌아가려고 해.
그걸 이용해서 옷이나 양말에 많이 활용하잖아.

고무줄은 줄이기 힘드니까 용수철 = 스프링으로 설명해 볼게.

용수철을 오른쪽으로 당기면 탄성력은 왼쪽으로, 왼쪽으로 밀어 주면 탄성력은 오른쪽으로, 아래로 당겨 주면 위로 가려고 해.

한마디로 원래 모양을 너무너무 좋아하는 물체야.

우리가 뭔가 모양을 조금이라도 변화시키면 다시 원래 모습으로 돌아가려고 고집부리는 힘이 탄성력이지.

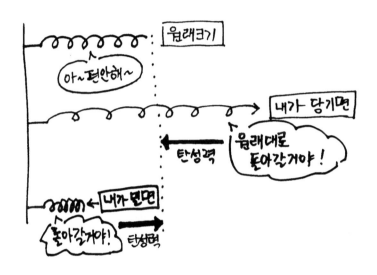

중학교 과학 별거 없지?

이제 세 번째로 **마찰력** 해볼까? 쌤은 마찰력이 너무 중요한 것 같아.

이 힘이 없으면 일상생활이 안 되니까.

중력이 없으면 지구 위에 붙어 살 수가 없어. 그러니 중력은 생존과 직결된 힘이라고 해야 해. 탄성력은 없으면 불편하지만 살 수는 있거든.

고무줄이 없으면 다른 줄로 묶어서라도 옷을 입을 수는 있겠지만, 마찰력이 없으면 줄로 묶을 수가 없어.

두 물체가 접촉해 있을 때, 접촉면에서 물체의 운동을 방해하는 힘을 마찰력이라고 해.

병뚜껑 올림픽 해 봤어?

편평한 책상 위의 한쪽 끝에 병뚜껑을 올리고 손가락으로 튕겨서 떨어지지 않고 반대편으로 제일 멀리 가는 사람이 이기는 거야.

병뚜껑을 튕기면 내가 준 힘의 방향으로 움직이는데, 움직이는 동안 병뚜껑과 책상 사이 접촉면에서 보이지 않는 마찰력이 반대 방향으로 작용한다는 거야.

병뚜껑은 똑바로 가려고 하는데 마찰력이 방해해서 점점 느려지다 멈추는 거래.

마찰력을 고려해서 힘을 줘야 최대한 멀리 가면서 책상에서 안 떨어지게 할 수 있어.

마찰력은 신기하게도 우리가 주는 힘과 방향만 반대면서 크기는 같아.

내가 물체에 힘을 많이 주면 마찰력도 커지고 내가 힘을 작게 주면 마찰력도 작아지거든.

마트에 들어가면서 카트를 밀 때랑 나오면서 밀 때랑 언제 더 힘이 많이 들어가?

나올 때지?

카트에 짐이 많이 실려 있으면 무거워서 마찰력이 더 크게 작용해.

그럼 나는 마찰력만큼 밀어야 하니까 힘이 많이 드는 거야.

이번에는 카트를 밀고 주차장으로 갔을 때를 생각해 봐. 주차장 바닥이 거칠면 카트 밀기가 더 힘들지? 뭐? 모른다고? 반성하고 부모님 장보실 때 도와드려!

부모님도 도와드리고, 마찰력 공부도 하고, 얼마나 좋아?

마찰력에서는 접촉면의 거칠기가 아주 중요하거든.

아무리 무거운 물체도 빙판 위에선 어때?

조금만 밀어도 잘 미끄러지지?

표면이 매끄러워서 마찰력이 작은 덕분이지.

그래서 똑같은 운동화를 신더라도 길을 걸을 땐 마찰력이 커서 편안하게 걸을 수 있지만 빙판 위를 걸을 땐 마찰력이 작아서 잘 미끄러지는 거야.

내가 걸어가려는 방향과 반대 방향으로 마찰력이 방해해서 미끄러지는 걸 막아 줘야 하는데, 빙판 위에선 마찰력이 거의 없으니까 발을 내밀면 그 방향으로 그냥 쭉~~ 가 버리는 거야.

마찰력은 커야 좋을까, 작아야 좋을까?

답은 경우에 따라 다르다는 거야.

빙판 위를 걷거나, 등산할 때, 벽에 못을 박을 때는 마찰력이 커야 좋을 거고, 스케이트를 타거나, 워터파크의 물미끄럼틀을 탈 때 등은 마찰력이 작아야 좋겠지?

마지막으로 부력에 대해 알아보겠습니다~~!
부력의 부는 '뜰 부(浮)' 자를 써.
간단하게 말하면 뜨는 힘이야.
고체 속에는 다른 물체가 들어갈 수 없으니 해당하지 않고, 액체나 기체 속에 들어 있는 물체는 위로 밀어 올리는 힘을 받는데 이걸 부력이라고 해.
동생을 그냥 땅 위에서 업고 있으면 무겁지만, 물속에 들어가서 업으면 훨씬 가볍거든.
부력이 위로 작용해서 동생에게 작용하는 중력을 감소시켜 주는 거야.
체중계를 들고 물속에 들어가면 체중이 줄어드는 신비로운 현상을 경험할 거야.
물론 물 밖에 나오면 다시 돌아가지만. ㅋㅋ
이때 물속에 몸이 많이 잠길수록 몸무게가 많이 줄어들어.
그건 무슨 말일까?
물에 잠긴 부분이 많을수록 부력이 커져서 그래.

앞에서 반대 방향으로 크기가 같은 힘이 작용하면 물체가 정지한다고 했지?
그럼, 반대 방향으로 두 힘이 작용하는 데 한쪽이 더 크면 어떻게 될까?
그렇지! 힘이 큰 쪽으로 끌려가겠지.
공기 속에 있는 헬륨 풍선이 위로 떠오르는 이유는 위로 올리는 부력과 아래로 당기는 중력 중 뭐가 더 크기 때문일까?

그래, 중력보다 부력이 더 크니까 위로 움직이는 거야.

그렇다면 호화 유람선이 물 위에 떠 있는 이유도 설명할 수 있겠지?

유람선은 엄청난 무게를 가지고 있을 거야.

당연히 물속으로 가라앉아야 정상이지?

그렇게 큰 배가 떠 있다는 말은 부력도 엄청나게 크게 작용할 수 있다는 뜻이야.

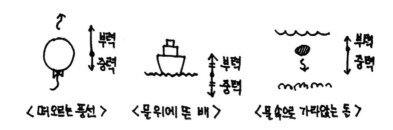

〈 떠오르는 풍선 〉   〈 물 위에 뜬 배 〉   〈 물속으로 가라앉는 돌 〉

위 부력에 대한 세 그림 중에서 힘의 평형이 이루어진 경우는 어떤 거야?

물 위에 떠 있는 배의 경우 제자리에 가만있지?

아래로 향하는 중력과 위로 향하는 부력이 같아서 물체가 가만히 있는 거야.

그러면 지금 책을 보고 있는 너희는 어때?

중력만 작용하면 땅속으로 끌려가야 하잖아?

결국 중력과 반대 방향으로 힘이 작용하고 있다는 거지. 그걸 수직항력이라고 하지만 모른 척 넘어가!

지금까지 네 가지 힘에 대해 알아봤지만 사실 더 많은 힘이 있겠지?

귀찮으니까 나머지 힘은 이름도 알아보지 말자구.

이름만 알아본다 해도 곧 머리가 터지고 말걸?

I-6.

기체의 성질보다
내 성질이 더 드럽거든!

물질의 세 가지 상태 기억하고 있어?

고체, 액체, 기체.

그중에서 기체에 대해서 알아볼게.

기체를 이루는 알갱이인 입자는 가만히 있어, 아니면 미친 듯이 움직여?

미친 듯이 움직이면서 부피가 고정이야, 아니면 잘 변해?

부피도 마구마구 변하지. 기체 입자를 볼 수 있다면 정말 정신이 없을 거야.

기체 입자들이 이렇게 정신없이 움직이니까 상자 속에 기체를 넣어두면 가만있을까, 계속 벽에 부딪힐까?

너희가 상자 속 벽이라면 어떨까?

기체 입자들이 자꾸 부딪혀서 아프겠지?

기체 입자들은 매우 활발하게 움직이기 때문에 벽에 충돌하면서 밖으로 밀어내는 힘을 줄 수 있어.

이 힘의 크기를 기체의 압력, 줄여서 기압이라고 해.

그 전에 압력이 뭔지 알아볼까?

압력은 '누를 압(壓)'이라는 한자를 써.

누르는 힘이라는 뜻이지.

앞의 '시작하기'에서 119 구조대원들이 빙판 위에서 물에 빠진 사람 구하는 훈련할 때, 엎드려서 한다고 했지?

서서 구조를 하면 내 몸무게를 두 발로 지탱하게 되니까 힘이 많이 작용해서 얼음이 깨지기 쉬워.

엎드리면 훨씬 넓은 면이 바닥에 닿아서 몸무게를 골고루 지탱해 주니까 힘이 나누어져서 덜 깨지는 거야.

우리는 중력 때문에 몸무게로 눌러서 압력을 만들어 주지만, 기체 입자들은 열심히 움직이면서 벽에 충돌해서 벽을 눌러 주는 거야.

별거 아닌 것 같지?

기체 입자들은 눈에 보이지 않을 만큼 작으니까 무시하고 살 것 같지?

아니거든! 기압은 엄청나거든!

지구에서 기압이 **1기압**이라는 말 들어 봤어?

숫자가 1이라서 작다고 무시하는데 그건 기압에 대해 아무것도 모르는 사람이 하는 말이야.

1기압은 무시무시해.

앞 단원에서 힘의 평형이 이루어지려면 반대 방향으로 같은 힘이 작용한다고 했지?

벌써 까먹은 사람 잠깐 가 보고 와!

우리 몸은 바깥쪽에서 지금도 공기 입자들이 마구마구 충돌해서 1기압을 만들고 있어.

그런데 내 몸은 찌그러지지 않잖아.

그건 내 몸 안에서 밖으로 똑같은 힘이 작용하고 있기 때문이야.

몰랐지?

그래서 깜빡하고 우주복을 입지 않고 우주에 나가면 (우주는 공기가 없지?) 기압은 사라지는데 내 몸 안에서 밖으로 작용하는 힘은 그대로여서 큰일 날 거야. 너무 끔찍해서 쌤은 절대 말 못 해.

혹시 우주인 될 사람은 우주복 꼭 잘 챙겨 입고 나가~.

자, 지금부터 기체의 부피에 대해 알아볼 건데, 부피에 대해 오해하고 있는 학생들이 많더라구.

부피는 물체가 차지하고 있는 공간의 크기를 의미해.

쌤이 어떤 물질을 이루고 있는 알갱이 4개로 물질의 세 가지 상태를 그려 볼게.

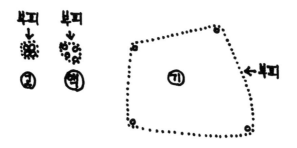

고체에서 액체는 거의 부피 변화가 없는데, 기체는 부피가 엄청 커지지?

문제는 기체의 부피가 여러 가지 조건에 따라 달라진다는 거야.

어떤 조건에 따라 달라지는지 실험으로 알아낸 과학자들이 있어.

영국 과학자 로버트 보일과 프랑스 과학자 자크 샤를이야.

공기가 가득 들어 있는 짐볼을 위에서 눌러 주면 점점 부피가 작아지지?

내가 눌러 줄수록 = 압력이 커질수록, 짐볼이 작아져 = 짐볼 속 기체의 부피가 줄어들어.

넓은 짐볼 속에서 놀던 기체 입자들은 짐볼의 크기가 줄어들면 어떻게 될까?

기체 입자 수는 그대로인데 내부가 좁아져서 짐볼 벽에 충돌하는 횟수가 더 많아지겠지?

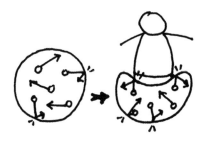

충돌을 많이 한다는 말은 기체의 압력이 어떻게 된다는 거야?

그렇지! 압력이 커진다는 거지.

너희가 기체 입자라고 상상했을 때 너희 반 교실을 지금의 1/10로 줄이면 어떻게 될까?

난리가 나겠지? 친구들이 장난치면서 벽을 뚫어 버릴 수도 있겠지?

정리하면, 기체는 부피가 작아지면 = 공간이 좁아지면, 벽에 충돌하는 횟수가 많아진다 = 기체의 압력이 커진다!

이런 관계를 반비례라고 해.

이걸 발견한 과학자가 로버트 보일이라서 **보일 법칙**이라고 해.

과학 시간에 많이 나오는 정비례와 반비례 차이 알아?

두 가지 요소가 서로 영향을 끼치는 경우, 하나가 커질 때 다른 하나가 따라서 커지면 정비례, 다른 하나가 반대로 작아지면 반비례라고 해.

예를 들어 다른 조건이 모두 같다고 할 때, 몸무게와 밥 먹는 양의 관계는 어때?

밥을 많이 먹을수록(↑) 몸무게가 증가하고(↑), 밥을 적게 먹을수록(↓) 몸무게가 감소(↓)하지?

이런 관계를 정비례라고 해.

그럼, 몸무게와 운동량은 어떤 관계일까?

많이 운동할수록(↑) 몸무게는 감소하고(↓), 적게 운동할수록(↓) 몸무게는 증가(↑)하겠지?

이런 관계를 반비례라고 해.

"쌤 저는 밥 많이 먹는데 살 안 찌는데요?" "저는 운동해도 몸무게 안 빠지는데요?" "저는 웨이트를 해서 운동으로 몸무게 올리는데요?"라고 하고 싶지?

딴지 걸지 마!

정비례와 반비례 관계는 과학에서 너무 많이 쓰이니까 이참에 잘 알아 둬.

그리고, 얘들의 그래프도 중요하거든.

간단하게 그래프를 그릴 줄 알아야 해.

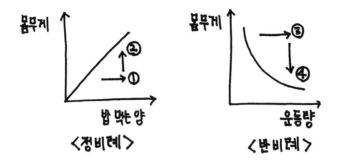

정비례 그래프는 오른쪽으로 갈수록(①) 위로(②) 올라가지?

그 말은 밥 먹는 양이 많아질수록 몸무게가 늘어난단 뜻이야. 정비례 관계.

반비례 그래프는 오른쪽으로 갈수록(③) 아래로(④) 내려가지?

운동량이 많아질수록 몸무게가 줄어든다는 뜻이야. 반비례 관계.

이해했으면 보일 법칙을 그래프로 그려 봐.

보일 법칙이 무슨 내용이지?

'기체의 부피와 압력은 반비례한다.'

보일 법칙이 너희도 모르는 새에 많이 이용되고 있어.

운동화 밑창에 에어(공기주머니)가 들어 있는 거 있지?

네가 꾹 눌러주면 공기주머니가 줄어들면서 내부에 있던 기체들의 압력이 커지겠지?

압력이 커지면서 네 발을 받쳐 주는 거야.

그래서 운동하다 착지할 때 발에 충격을 덜 받는 거지.

어릴 때 많이 들고 놀던 헬륨 풍선 기억나?

잘못해서 놓치면 하늘로 올라가지?

네가 어릴 때 놓친 티라노사우르스 모양 헬륨 풍선이 지금 우주에 올라가 놀고 있을 것 같아?

꿈과 희망을 산산이 조각내서 미안하지만, 헬륨 풍선이 하늘로 올라가는 동안 풍선 밖 공기의 양이 줄어들면서 풍선 내부의 공기 압력은 더 커지지.

결국 지구를 못 벗어나고 풍선이 터지게 되어 있어.

궁금하면 비행기 탈 때 초코파이 같은 과자 봉지를 사서 가방에 두었다가 하늘을 날아갈 때 꺼내 봐.

과자 봉지가 빵빵하게 부풀어 있을 거야.

기체들이 압력에 따라 부피가 달라지는 건 알겠지?

하나 더 있어.

기체는 온도에 따라서도 부피가 변해.

탄산음료 먹다 남은 거 뚜껑 닫고 냉장고 안에 넣어 둔 적 있어?

한참 있다 꺼내면 페트병이 조금 찌그러져 있을 거야.

찌그러진 페트병을 꺼내 놓고 조금 지나면 다시 처음처럼 돌아와 있는 것도 볼 수 있어.

냉장고 안과 밖은 뭐가 제일 차이가 날까?

그렇지! 온도가 다르겠지?

페트병 뚜껑을 잘 달아 놓았기 때문에 페트병 속 기체들은 그대로야.

그런데 냉장고 안에 두면 온도가 낮아지지?

추워지면 기체 입자들이 잘 움직일까, 안 움직일까?

그래, 입자들이 추워서 잘 움직이지 않아.

그러면 입자들이 페트병 벽에 충돌하는 횟수가 줄어들겠지?

그럼 부피가 줄어드는 거야.

반대로 냉장고 밖에 꺼내 놓으면 다시 따뜻해져서 기체 입자들이 활발하게 움직여 페트병 벽에 충돌하는 횟수가 늘어서 다시 부피가 늘어나는 거지.

정리하면, 기체의 온도가 높아지면(↑) 기체의 부피가 증가(↑)하고, 온도가 낮아지면(↓) 부피가 감소(↓)하네.

무슨 관계?

그렇지! 정비례 관계!

이 관계를 실험해서 알아낸 과학자가 프랑스의 자크 샤를이야.

그래서 이걸 **샤를 법칙**이라고 해.

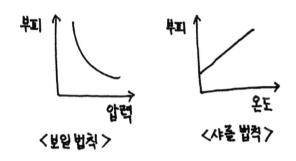

I-7.

태양계를
내가 왜 알아야 돼?

밤하늘 한 번 올려다본 적 있어?

쌤 때는 낭만이라는 게 있었는데 요즘은 없지?

그리고, 궁금해서 하늘 한번 쳐다봐도 아무것도 안 보이지?

시골에 사는 사람 아니면 밤에 하늘을 봐도 별이 하나도 안 보이는 게 정상이야.

가로등이나 간판 불빛이 너무 밝아서 아주아주 멀리서 오는 별빛은 보이지도 않거든.

아니면, 구름이 낀 날도 있어.

밤에는 구름이 없다고 생각하지?

밤에는 구름이 있어도 똑같이 깜깜하니까 구름이 껴서 별이 안 보이는 건지, 주변이 밝아서 안 보이는 건지 구분하기가 어려워.

그렇지만, 혹시라도 캠핑을 가게 되면 밤에 꼭 누워서 하늘을 쳐다봐.

그러면 하늘에 있는 정말 많은 점이 보일 거야.

그걸 모두 별이라고 하지만 사실 별 외에도 다양한 천체들이 있어.

그걸 한번 알아보자구.

우선 우주 전체는 어려우니까, 우리가 사는 동네인 태양계에 대해 먼저 알아볼까?

태양계라고 하는 동네는 우주에서는 너무 작아서 점으로도 안 보일 정도야.

그렇지만 우리에겐 너무 큰 동네잖아.

지금부터 우리가 살고 있는 동네인 태양계에 어떤 애들이 같이 살고 있는지 볼게.

제일 먼저 지구 위에 있는 생물들이 살아갈 수 있도록 에너지를 만들어 주는 태양이 있는데, 태양은 스스로 빛을 내고 있어.

태양처럼 스스로 빛을 만들어서 사방으로 뿜뿜하는 천체를 **항성** 또는 **별**이라고 해.

'항상 항(恒)'과 '별 성(星)'이 합쳐진 거야.

항상 그 자리에 있다고 해서 붙였겠지.

과학을 배우지 않은 사람은 밤하늘의 빛나는 점들을 보고 모두 별이라고 하겠지만 사실 별은 스스로 빛을 낼 수 있어야 자격이 되지.

태양은 우리가 사는 지구에서 가장 가까운 별이자, 태양계 내의 유일한 항성이야.

태양계 구성원들은 모두 태양의 빛을 받아서 살아가고 있어.

태양 주변을 자세히 보면 태양을 중심으로 동그란 모양으로 한 바퀴씩 돌면서 살아가는 천체들이 있어.

걔들을 '다닐 행(行)'을 써서 **행성**이라고 해.

태양 주변을 돌아다니는 행성은 쌤 때는 9개였는데, 요즘은 8개야.

사실 행성의 자격이 조금 변해서 그래.

태양 주변을 돌기만 하면 행성이라고 하는 게 아니거든.

태양계 행성 8개를 태양에서 가까운 순서대로 말해 볼까?

수-금-지-화-목-토-천-해.

누가 빠졌게?

그래, 명왕성.

명왕성처럼 행성으로 치기에는 조금 부족한 애들을 **왜소행성**이라고 하고, 대부분 명왕성보다 멀리 떨어져서 많이 존재해.

태양계 행성 8개를 자세히 보면 화성과 목성 사이 거리가 좀 많이 떨어져 있어.

그래서 조사해 보니 거기에 행성보다 작고 모양도 뒤죽박죽, 크기도 다양한 돌덩어리들이 엄청 많이 보여서 마치 행성처럼 돌고 있더래.

애들을 다 합쳐서 **소행성**이라고 해.

들어 봤지?

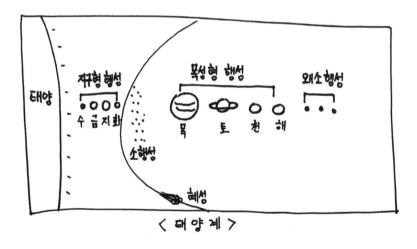

< 태양계 >

지구가 태양 주위를 돌면서 살아가는 것처럼 우리 지구 주위를 돌면서 살아가는 애가 있지?

그래, 달.

달처럼 행성 주변을 돌면서 살아가는 애들을 위성이라고 해.

그럼, 지구의 위성은 몇 개일까?

옛날엔 1개였지만 지금은 셀 수 없어.

그래! 인공위성이 엄청 많지.

사람이 만든 인공위성 말고 자연 위성은 달 하나야.

목성이랑 토성은 위성이 수십 개씩 된다고 해.

지금까지 말한 애들은 태양계 내에서 늘 비슷한 패턴을 가지고 살아가.

근데, 태양계 가까이 왔다가 멀리 가 버렸다가 하는 애들이 있거든.

애들은 먼지나 얼음, 돌가루 등으로 이루어져 있는데, 모양도 제각각, 크기도 제각각이면서 태양에 가까이 오면 얼음이 녹으면서 지나간 자리에 찌꺼기를 남기지.

이런 애들을 혜성이라고 해.

제일 유명한 게 핼리 혜성인데, 들어 봤어?

그 혜성 찌꺼기나 여러 가지 우주를 떠돌아다니는 물체들을 지구가 만날 경우, 중력으로 끌어당기거든.

그럼 지구의 공기들과 만나면서 타는 거야.

예쁜 별똥별이 바로 그거야. 한자로는 유성이라고 해.

만약 유성이 너무 커서 지구 표면에 도착할 때까지 덜 타고 남는다면 바닥과 충돌하겠지?

그게 **운석**이야. 우리나라에도 2014년 3월, 진주에 몇 개가 떨어져서 난리가 났었지.

'진주 운석'이라고 검색해 보면 블랙박스에 찍힌 동영상이랑 뉴스 등 다양한 자료들이 있을 거야.

지금까지 태양계를 구성하는 천체들을 살펴봤는데, 우리가 살고 있는 지구와 같은 행성들을 한 번 더 살펴보고 갈게.

8개 행성의 특징을 잘 살펴보면, 태양에 가까운 수성, 금성, 지구, 화성 네 개가 특징이 비슷하고, 그 뒤에 있는 목성, 토성, 천왕성, 해왕성이 특징이 비슷해.

그래서 행성을 두 팀으로 나누고 앞쪽에선 지구가 제일 크니까 **지구형 행성**이라고 부르고, 뒤쪽에선 목성이 제일 크니까 **목성형 행성**이라고 불러.

지구형 행성은 지구처럼 크기와 질량은 작지만 단단한 암석으로 되어 있어 밀도(내부가 얼마나 꽉 차 있는가)가 크고 고리는 없고, 위성은 없거나 최대 2개 정도 있어.

목성형 행성은 지구형 행성과 반대지.

크기와 질량은 크지만 내부가 주로 기체로 되어 있어 밀도가 작고 고리는 있고, 위성을 많이 갖고 있어.

그래서, 지구형 행성은 우주선 타고 가면 표면에 착륙할 수 있지만 목성형 행성은 표면이 기체라서 착륙을 못 해.

태양계 여행이 가능하다면 쌤이 몇 군데 추천해 줄까?

단, 목숨이 여러 개인 사람만 가능.

일단 수성은 공기가 없어서 운석이 그대로 떨어지거든. 운석 피하기 게임 하면 재밌을 거야.

익스트림 스포츠 좋아하는 사람들 하늘에서 팡팡 떨어지는 운석을 잘 피하면서 놀아 봐.

금성에 가서는 혼자 일어서기를 해 봐야 해.

금성은 지구보다 표면 기압이 수십 배 커서 우주선에서 나온 다음 혼자 일어서기 게임을 할 수도 있어.

태양계 행성 중 표면 온도가 가장 높아서 찜질방에서도 다 빼지 못한 땀을 다 뺄 수도 있지.

목성에 가서 목성의 핵까지 스카이 다이빙을 할 수도 있어. 단, 목성의 중력을 이길 수 있는 엄청난 장치가 있어서 중간쯤 가다 돌아올 수 있을 경우만.

토성은 위성에 앉아서 토성의 아름다운 줄무늬를 구경하거나, 수많은 위성 사이를 지나다니며 스릴감 있는 서바이벌 게임을 할 수도 있어. 재밌겠지?

자, 이제 우리 대장 태양에 대해 알아볼까?

태양은 스스로 빛을 낸다고 했지?

빛을 만들어 내는 재료인 수소나 헬륨 같은 기체로 되어 있어.

그래서 태양은 표면과 대기를 구별하기가 어려워.

지구는 고체인 단단한 표면과 기체인 대기가 확실하게 구별이 되잖아.

태양은 너무 밝아서 맨눈으로 보면 절대 안 되고, 필터를 끼운 망원경이나 플라스틱판을 통해 보면 동그랗게 보이는데 우리 눈에 보이는 둥근 표면을 **광구**라고 불러.

광구를 망원경으로 관찰하면 표면이 얼룩덜룩하고 까만 점들이 군데군데 보이거든.

이때 얼룩덜룩한 무늬를 **쌀알 무늬**라고 하고, 까만 점들을 **흑점**이라고 불러.

책상에 하얀 쌀을 많이 뿌리고 그사이에 검정콩을 군데군데 뿌려 놓으면 쌀알 무늬와 흑점이 이해될 거야.

그런데 문제가 생겼어. 과학자들이 흑점을 관측했는데 흑점의 위치가 자꾸 변하더라는 거야.

이게 무슨 뜻일까?

태양이 가만히 있다, 가만히 있지 않다?

그래, 태양이 자전한다는 걸 알아낸 것이지.

태양이 제자리에서 뱅뱅 돌고 있더라는 거야.

그리고, 태양이 돌면 태양 표면의 검은 점도 같이 돌겠지?

재밌는 게 또 있어. 흑점이 어디 있느냐에 따라 도는 속도가 다르다는 걸 발견한 거야.

태양 표면이 지구처럼 고체라면 그게 가능할까?

아니지, 표면이 기체이다 보니 자전 속도가 각 부분이 조금씩 달라서 가능한 현상이래.

광구는 태양의 표면이랬지?

태양 표면을 달이 가리는 현상이 가끔씩 나타나는데 그걸 뭐라고 하게?

오호! 똑똑한데! 일식이야.

태양 표면이 가려져서 검게 변하는 일식을 관찰하다가 과학자들이 또 뭔가를 발견했어.

좀 그만 발견했음 좋겠지? ㅋㅋ

광구가 검게 보이니까 그 바깥으로 뭔가 붉은색과 흰색으로 보이는 걸 관측한 거야.

관측 결과 광구 바깥으로 붉게 보이는 얇은 대기층을 채층이라고 부르고, 흰색으로 보이는 넓게 퍼진 대기를 코로나라고 해.

코로나 정말 싫지? 이름만 같아, 이름만.

채층은 붉은색이고, 코로나는 흰색에 가까워.

가스레인지에 불 켰을 때, 온도가 높을수록 흰색이나 파란색에 가깝고, 온도가 낮을수록 붉은색에 가까운 거 봤어?

못 봤다고? 한번 가스불을 켜 봐.

그럼 태양의 대기인 채층과 코로나 중 누가 온도가 더 높을까?

그래, 당연히 코로나겠지.

코로나는 태양의 가장 바깥쪽 대기층인데 온도가 수백만 ℃래.

이 대기층에서 강력한 폭발이 일어나는 플레어, 고온의 가스가 솟아오르는 고리 모양의 홍염 등을 관찰할 수 있다고 해.

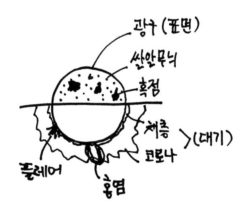

근데 태양이 이런 여러 가지 활동을 활발하게 할 때도 있고, 조용하게 할 때도 있거든.

태양 활동이 활발한 시기를 조심해야 해.

흑점 수가 많아지고, 홍염이나 플레어가 자주 발생하고, 코로나의 크기가 커지면서 **태양풍**이 강해져.

태양풍은 태양이 전기를 띤 입자들을 마구마구 바람처럼 불어 대는 거야.

이 태양풍이 강해지면 정전이 되거나 인공위성들이 고장이 날 수 있어.

휴대폰 사용이 힘들어질 수도 있겠지?

해외여행 가려고 비행기를 타면 우주 방사능에 노출되어 건강에 해롭고, GPS를 교란시켜 자동차 내비게이션이 이상한 길로 안내할 수도 있어.

이제 우리가 살고 있는 지구에 대해 알아볼까?

우주에서 지구가 움직이고 있는 거 알고 있지?

제자리에서 뱅글뱅글 도는 자전과, 태양 주변을 휙휙 돌고 있는 공전.

근데 우리는 지구가 돌고 있다는 게 느껴져?

더 신기한 건 자전과 공전 속도가 무지무지 빠른데 안 느껴진다는 점이야.

사실 멀리 있는 별들은 제자리에 가만있고, 지구가 움직이고 있잖아?

근데 이상하게도 우리는 지구에 콕 붙어서 움직이지 않는 것처럼 느껴지기 때문에 반대로 가만히 있는 별들이 움직이는 것처럼 보여.

무슨 말인지 모르겠지?

쉽게 예를 들면 자동차를 타고 고속도로를 지나갈 때 자동차와 사람이 움직이고 가로수들은 가만있잖아.

그런데 차 안에 있는 사람이 볼 땐 밖에 있는 가로수가 뒤로 가는 것처럼 보이잖아.

똑같은 현상을 누가 어디서 보느냐에 따라 달라지는 거야.

그럼, 생각해 봐.

우리가 우주에 나가서 지구와 별들을 보면 지구가 움직이고 별들이 가만있잖아.

그런데 우리가 움직이는 자동차 같은 지구에 올라타면 반대로 지구가 가만있고, 별들이 움직이는 것처럼 보여.

헷갈리지? ㅋㅋ

놀이터에 있는 뱅뱅이(회전 놀이기구) 생각해 봐.

너희가 뱅뱅이에 타고 있는데 친구가 돌려 주면 사실은 너희가 돌지만, 뱅뱅이에 타고 있는 너희가 볼 땐 친구와 주변 물체들이 휙휙 돌아가는 것처럼 보이잖아.

자동차를 타고 빠르게 앞으로 나가면 주변 물체들이 뒤로 빠르게 지나가는 것처럼 보이지?

가만히 있는 물체들이 내가 움직이는 방향과 반대로 움직이는 것처럼 보이는 현상이야.

지구 안에서도 마찬가지야.

지구인이 볼 때 지구는 서쪽에서 동쪽으로 **자전**을 하거든.

그럼 지구 안에 있는 사람이 멀리 있는 움직이지 않는 별을 보면 별이 어떻게 움직이는 것처럼 보일까?

그래, 반대 방향인 동쪽에서 서쪽으로 별이 움직이는 것처럼 보여.

이걸 별의 일주 운동이라고 해.

지구의 자전이 하루에 한 바퀴 도니까, 일주 운동은 반대 방향으로 하루에 한 바퀴 돌아.

그럼, 가만히 있는 태양도 일주 운동을 하겠네?

그래! 그래서 태양도 동쪽에서 떠서 서쪽으로 지는 거야.

지구가 자전만 한다면 매일 똑같은 시간에 하늘을 보면 똑같은 모습이 보이겠지?

근데 3월 10일 밤 9시에 하늘을 볼 때랑 6월 10일 밤 9시, 9월 10일 밤 9시, 12월 10일 밤 9시에 같은 하늘을 봐도 눈앞에 보이는 별자리가 달라져.

왜 그럴까?

지구가 태양 주위를 서쪽에서 동쪽으로 1년에 한 바퀴 도는 공전을 해서 그래.

자전은 지구 혼자 돌면서 멀리 있는 천체들을 관찰하면 되는데, 공전은 태양을 중심으로 지구가 돌기 때문에 자전이랑 조금 달라.

지구에서의 시간은 태양의 위치와 관련 있거든.

우리가 자전을 하다가 태양을 정면에서 마주 볼 때가 낮 12시야.

12시간 뒤에 태양과 정확히 반대 방향에 있으면 밤 12시지.

지구가 자전만 한다면 하루 중 몇 시에 관찰해도 매일 똑같은 별만 보여.

그런데 지구가 가만있지 않고 태양 주위를 도니까 별자리가 다르게 보이는 거야.

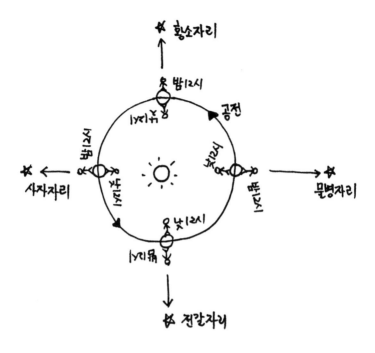

태양은 지구에서 가깝고 다른 별들은 멀리 있잖아.

그러다 보니 지구와 태양이 마주 보고 같이 움직이는 것처럼 보이게
돼.

친구랑 마주 보고 손을 잡고 시계 반대 방향으로 돌면서 친구 뒤를
쳐다봐.

친구가 칠판 앞에 있다가, 복도 유리창 앞에 있다가, 교실 뒤 게시판
앞에 있다가 다시 칠판 앞으로 돌아오지?

비슷한 현상이 우주에서 펼쳐져.

지구가 태양을 쳐다보면서 일 년 동안 한 바퀴 도는 동안, 처음엔 태
양 뒤에 황소자리가 있다가, 사자자리가 보이다가, 전갈 자리가 보이는
거야.

물론 태양 때문에 눈이 부셔서 안 보이겠지만 이론상 그렇다는 거야.

이렇게 하면 지구와 맞은 편에서 같이 돌고 있는 태양이 별자리 사이를 지구와 같은 속도와 같은 방향으로 돌게 되잖아.

이걸 태양의 **연주 운동**이라고 하고, 지구에서 태양을 보면 반대 방향에 있는 별자리가 신기하게도 12개야.

이걸 황도 12궁이라고 하는데 너희 탄생 별자리 있지?

그게 황도 12궁과 같아.

근데 너희가 태어난 날 태양이 그 별자리 부근을 지나고 있기 때문에 낮에는 너희 탄생 별자리를 볼 수 없다는 사실!

별자리는 밤이 되어야 볼 수 있어.

밤이 되었다는 말은 우리가 태양과 반대편 하늘을 보고 있다는 말이야… 흑흑… 내 탄생 별자리를 내 생일에 볼 수 없다니….

이제 마지막으로 지구에서 가장 가까운 천체인 달에 대해 알아볼까?

달은 모양이 다양하지?

달은 스스로 빛을 낼까?

아니라고 했지. 태양계에서 스스로 빛을 내는 애는 누구? 그래, 태양뿐이야.

태양이 달을 비춰 주고 달에서 반사된 빛이 우리에게 오면 달을 볼 수 있어.

그래서, 지구와 달과 태양의 위치에 따라 달의 모습이 다르게 보여.

달이 동그랗게 다 보이는 보름달일 때 **망**이라고 부르고, 반대로 하나도 안 보일 때를 **삭**이라고 해. 어렵지?

그럼, 오른쪽 반만 보이는 반달은? **상현**. 왼쪽 반만 보이는 반달은? **하현**.

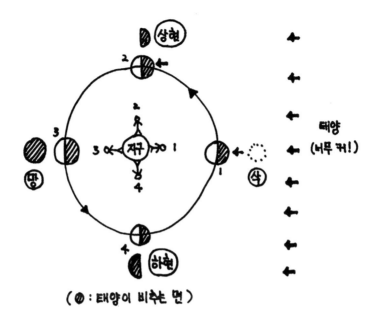

(⊘ : 태양이 비추는 면)

1번처럼 지구-달-태양 순으로 있을 때 지구에서 보이지 않는 면만 햇빛이 비치니 지구에선 달을 볼 수 없어.

이 달의 이름이 뭐라고? 삭!

3번은 달-지구-태양 순으로 있어서 지구인이 보면 등 뒤에서 태양이 달을 환하게 비춰주는 모습을 볼 수 있겠지. 달이 동그랗게 다 보여. 망!

2번과 4번은 잘 생각해 봐.

먼저 2번은 달-지구-태양이 90도 각도로 있잖아.

지구인이 보면 오른쪽에 태양이 있으니까 달의 오른쪽 반만 예쁘게 보이는 거야. 상현.

4번은 조심해. 4번 지구인이 달을 쳐다보면 왼쪽에 태양이 있지?

그래서 왼쪽 반만 보이는 하현이 되는 거야. OK?

위 그림에서 1번 위치를 잘 봐.

순서가 지구-달-태양 순인데 얘들이 완벽하게 일직선으로 될 때가 있어.

태양과 달은 크기가 완전 차이 나지만, 지구에서 볼 때 태양은 거리가 멀어서 작게 보이고 달은 가까워서 크게 보이는데 이게 완전 신기하게 지구에서 보면 둘의 크기가 거의 같게 보여. 신기하지?

그럼 세 천체가 완벽히 일직선이 되면 지구에서 태양을 볼 때 태양 앞을 달이 완벽히 가려 버리겠지?

그럼 태양이 빛을 뿜뿜하는 광구 면을 달이 가려서 빛이 지구까지 오질 않아.

그러면 태양이 어떻게 보이게?

그래, 까맣게 보여. 그걸 뭐라고 한다? 일식!

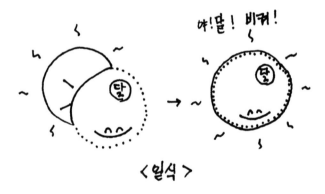

〈일식〉

일식은 해를 먹는다는 뜻이야.

낮에 하늘의 해가 까맣게 변해 버렸으니 옛날 사람들은 얼마나 무서웠겠어?

그래서 임금님이 하늘을 보고 잘못했다고 빌기도 했대.

지금은 일식이 있다고 하면 다들 태양 관찰경 들고 구경 가잖아.

일식 중에 조금만 가리는 부분 일식은 조금 흔한데 태양이 모두 다 가려지는 개기 일식은 보기 힘들거든.

2009년 7월에 우리나라에서 개기 일식은 아니지만 엄청 많이 가려지는 일식이 있었는데 쌤이 직접 경험했어.

밝았던 주변이 갑자기 회색빛으로 변하는데 쪼금 무섭더라구.

옛날 사람들이 왜 두려움에 떨었는지 알 것 같아. ㅎㅎ

이제 3번 그림을 다시 한번 볼까?

달-지구-태양 순으로 서 있는데 완벽하게 일직선이 되면 지구가 태양을 가려서 태양빛이 달에 못 가겠지?

그러면 밤하늘에 달이 까맣게 안 보이는 월식이 일어나.

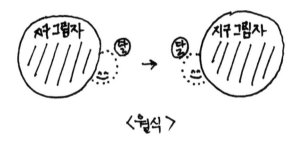

〈월식〉

월식은 일어나는 당시에 밤인 나라에서는 다 볼 수 있으니 조금 흔한 편이야.

어때? 태양계 재밌지?

쉬어가기

쉴 줄 알았지?

쉴 틈이 어디 있냐?

1학년 과정 훑어보니까 다른 과목과 관련된 내용도 많은 걸 알겠어?

쌤은 과학 쌤이지만 다른 과목을 가르쳐야 할 때도 많았고, 중학교 쌤이지만 초등학교 쌤들처럼 다른 내용까지 가르쳐야 할 때도 많았거든.

그래서 지금부턴 중학교 과학을 따라가는 데 필요한 기초 내용들을 다뤄 보려고 해.

"앞 내용들이 너무 쉬워요~." 하는 사람은 읽지 말고 진짜로 쉬어.

먼저, **맞춤법**.

수행평가를 치면 맞춤법이 너무 엉망이어서 점수를 줘야 할지 말아야 할지 헷갈릴 때가 많아.

국어가 아니라서 깐깐하게 채점하지 않으려 해도 너무한 경우들이 많거든.

찔리는 사람 많지?

'그런대', '도데체', '어의없네', '않해', '제되로 해'….

어때? 뭐가 틀린지 모르겠다고? 허허….

번분수 계산할 줄 알아?

번분수가 뭐냐고?

분수를 분수로 나누는 것.

과학 공식에 숫자를 넣다 보면 종종 보는데 계산을 못 하는 사람이 많더라구.

번분수는 분모에 있는 분수의 역수를 곱하면 되는데 그냥 외우는 게 낫더라구.

중간 두 개를 곱해서 분모로, 가장자리 두 개를 곱해서 분자로 보내 버려.

$$\frac{\frac{d}{c}}{\frac{b}{a}} = \frac{ad}{bc} \Rightarrow \frac{\frac{1}{2}}{\frac{3}{4}} = \frac{1 \times 4}{2 \times 3} = \frac{4}{6} = \frac{2}{3}$$

비례식 계산은? 초딩들이나 하는 거라고? 그럼 중딩은 껌이어야지, 왜 못 풀어?

외항의 곱은 내항의 곱과 같다.

몰랐던 사람은 지금이라도 연습해 놔.

$$2:3 = 6:x$$
$$\Rightarrow 2 \times x = 3 \times 6$$
$$\therefore x = \frac{18}{2} = 9$$

그다음은 방위에 대한 걸 알아볼게.

간단하게 동서남북만 말하면 4방위라고 해.

그럼 이 방위를 정하는 기준은 무엇인가?

우리나라에서 북극을 쳐다보면 그쪽을 북쪽이라고 해.

북쪽을 바라보고 서서 오른쪽을 동쪽, 왼쪽을 서쪽이라고 하고, 뒤를 돌면 남쪽을 보게 되지.

4방위 사이를 더 넣으면 8방위, 그 사이를 더 넣으면 16방위가 되지.

8방위의 이름은 남북을 우선으로 말해야 해.

동쪽과 남쪽 사이는 남동쪽, 서쪽과 북쪽 사이는 북서쪽.

16방위는 4방위 이름을 먼저 말하고 8방위 이름을 말하면 돼.

북쪽과 북동쪽의 사이는 북북동, 동쪽과 남동쪽의 사이는 동남동.

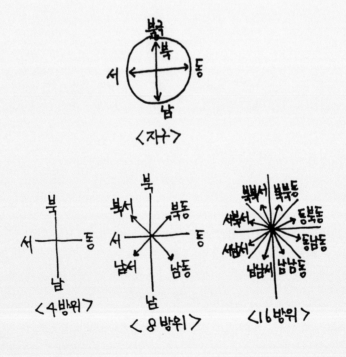

Ⅱ-1.

물질의 특성에 대해
내가 왜 알아야 해?

잘 쉬었지?

이제 다시 한번 달려 보자구.

2학년 과학에서 제일 먼저 나오는 건 물질의 특성에 대한 내용이야.

물질은 물체의 재료를 말해. 너희가 쓰고 있는 필기구 하나를 잘 살펴보자. 물체는 볼펜인데, 재료는 플라스틱, 금속, 고무 등으로 만들어져 있지?

그런 재료들의 특별한 성질 = 특성에 대해 알아보자는 거야. 왜?

그 물질들 각각이 가지고 있는 특별한 성질을 알면 우리가 다양한 상황에 잘 사용할 수 있거든.

뭐? 몰라도 잘 쓸 수 있다고?

혹시라도 쇳가루를 실수로 운동장에 쏟았다고 해 봐.

그걸 다 손으로 모으려면 가능하겠어?

수많은 모래알 사이에 더 작은 쇳가루 알갱이들이 흩어져 있는데 어떻게 가능해?

이럴 때 쇳가루의 특성을 알고 있다면 정말 간단하게 해결되지.

다들 알고 있지? 어떻게?

그래, 자석!

자석과 비닐이나 종이만 있으면 간단히 해결되잖아.

그냥 자석만 가지고 하겠다는 사람은 한 번 더 울어야 하지.

자석에 달라붙은 쇳가루 다 어떻게 떼어 낼 거야?

그러니, 한 번 더 생각해서 비닐이나 종이로 자석을 감싼 후 쇳가루를 모은 다음, 종이를 떼면 간단히 모을 수 있지.

쌤이 한 가지 예만 적었지만, 이런 식으로 너희가 살아가는 동안 엄청나게 많은 물질을 볼 건데, 각 물질의 간단한 특성만 알아도 생활이 편해질 거야.

벌써 이용하고 있는 예도 들어 볼까?

물의 특성 중 하나가 온도가 0℃ 이하로 떨어지면 얼음이 되는 거, 모르는 사람 없지?

그걸 알기 때문에 여름에 더우면 물을 영하인 냉동실에 넣어 두잖아.

모르는 사람은 영상으로 세팅된 냉장실에 물을 넣어 두고 언제까지나 기다릴 거야. 바보!

자, 이제 물질의 특성에 대해 알아야 하겠지?

어떤 물질이 가진 여러 가지 성질 중에서 다른 물질과 구별되는 고유한 성질을 **물질의 특성**이라고 해.

너희 친구들을 떠올려 봐. 사람으로서 같은 성질도 가지고 있지만 그 친구만 가지고 있는 고유한 성질이 있을 거야.

한 가지만 말해도 누구를 말하는지 바로 알아챌 수 있는 그런 성질들을 특징이라고 해.

세상에 있는 수많은 물질을 우린 다 알 수도 없고, 알 필요도 없겠지?

간단한 특성 몇 가지만 알아볼 거야.

밀도, 용해도, 녹는점, 끓는점 딱 네 가지만 할 거야.

그 정도는 할 수 있지?

녹는점과 끓는점도 거의 비슷하니까 실제로는 세 가지 특성을 알아보는 거야.

그 정도도 싫다고 징징거릴 거면 책 던져 버려!

이제 공부할 사람만 모였지? 시작하자.

제일 먼저, **밀도**에 대해 알아볼 건데 밀도는 한자어야. 무슨 '밀'이게?

빽빽할 밀(密)이야.

밀도는 질량이나 부피와 비슷하지만 다른 개념이야.

지금부터 솜사탕과 금덩이를 비교할 거야.

둘 다 좋아하지? 하나는 맛있고, 하나는 갖고 싶고. ㅎㅎ

솜사탕과 금덩이를 비교할 건데 같은 조건에서 비교해야겠지?

그래서 똑같은 양을 가져오는 거야.

즉, 부피가 같게 하는 거지.

솜사탕과 금덩이를 탁구공 크기로 만들어서 비교해 보면 똑같은 크기 속에 어느 쪽의 내용물이 알차게 들어 있어?

그래, 금덩이지.

솜사탕은 눈으로 보기에도 공간이 너무 많지?

다시 말하면 금덩이를 이루는 금 알갱이들은 **빽빽하게** 들어차 있고, 솜사탕을 이루는 설탕 알갱이들은 듬성듬성하게 들어 있는 거야.

그럼, 누가 더 무거울까?

똑같은 공간 속에 알갱이가 더 많이 모인 금덩이겠지?

즉, 부피가 같을 때 금덩이의 질량이 더 크다는 거야.

그때 우리는 금덩이의 밀도가 더 크다고 해.

너희 학교를 비교해 볼까?

너희 반이랑 옆 반이랑 교실 크기는 같지?

그럼 부피가 같은 거야.

너희 반은 인원이 30명이고, 옆 반은 20명이라고 해 봐.

어느 교실이 더 빽빽해?

그렇지 당연히 너희 반이지.

교실 크기는 똑같은데 더 많은 사람이 들어차 있는 너희 반이 밀도가 큰 거야.

이런 식으로 모든 물질의 밀도를 비교해 보는 거야.

만약에 같은 공간에 같은 수의 입자가 들어 있으면 어떻게 되냐고?

흐흐…. 어떤 물질이냐에 따라 입자의 종류가 다르니까 또 질량 차이가 나게 되어 있지. 걱정 마.

너희 반과 옆 반이 모두 20명씩이라고 해도 너희 반 학생 모두의 질량을 더한 값과 옆 반의 질량을 더한 값은 당연히 다르겠지?

그러니 밀도가 다른 거야.

혹시나 해서 하는 말인데, "질량조차 같다면요?" 하는 사람 있으면 한 대 맞고 가자.

비유를 든 거야! 비유!

그래서 밀도는 물질의 중요한 특성이 돼.

어떤 물질들은 밀도만 보고도 누군지 바로 알아맞힐 수 있어.

대표적으로 밀도가 1인 애가 있어.

너희가 잘 아는 애. 누구? 물이야.

근데, 물질의 세 가지 상태 기억하지?

물은 밀도가 1이지만 얼음은 달라.

얼음은 얼면서 부피가 커진다고 했지?

물 입자들 사이의 거리가 멀어져서 밀도가 작아져.

그래서 얼음이 물 위에 뜰 수 있는 거야.

밀도가 다른 애들을 섞어 놓으면 밀도가 큰 애가 가라앉고 작은 애가 뜨거든.

부엌에 가서 쌤이 말하는 거 준비해 봐.

물, 식용유, 올리고당, 얼음.

준비가 되었으면 큰 컵을 준비해서 비슷한 양을 컵에 순서대로 넣어 봐.

액체끼리는 아래에서부터 올리고당-물-식용유 순서가 돼.

누가 밀도가 제일 큰 거야?

그래, 올리고당이지.

여기에 얼음을 넣으면 어떻게 될까?

얼음은 물과 식용유 사이에 자리 잡을 거야.

재밌겠지? 바로 해 봐.

기체도 각각 밀도가 달라.

놀이동산에서 산 헬륨 풍선은 놓치면 하늘로 둥둥 떠가는데 너희가 열심히 숨을 불어 넣은 풍선은 아무리 해도 뜨지 않고 자꾸만 바닥으로 떨어지지?

주변 공기보다 헬륨의 밀도가 작아서 헬륨 풍선은 뜨게 되는데, 숨을 불어넣으면 이산화 탄소가 많이 들어가잖아?

걔가 좀 무거워서 밀도가 크거든.

사람이 불어서 만든 풍선은 무조건 가라앉게 되어 있어.

김에 밥 얹고 간장 발라서 먹으면 맛있지?
그때 간장에 참기름 넣으면 참기름이 계속 떠 있잖아.
쌤은 이거 어떻게든 한 번 섞어 보겠다고 숟가락으로 마구 저었거든.
그래도 계속 참기름이 떠 있어서 씩씩거렸던 기억이 있어. 어릴 때.
혹시 동생이 그러고 있거든, 참기름이 밀도가 작아서 뜨는 거라고 가르쳐 줘.

세상의 모든 물질의 부피를 모두 같이 만들어 놓고 비교하는 건 힘들겠지?
다행히 쉽게 알 수 있는 공식이 있지.
알고 싶은 물질을 들고 와서 질량과 부피를 잰 다음, 질량÷부피를 하면 간단하게 해결이 돼.

$$\text{밀도} = \frac{\text{질량}}{\text{부피}} = \frac{5\,g}{10\,cm^3} = 0.5\,g/cm^3$$

$$\left(\text{①} \rightarrow \begin{array}{l} \text{질량} : 5\,g \\ \text{부피} : 10\,cm^3 \end{array} \right)$$

밀도 구하는 공식은 수학 시간에도 응용문제로 나오니까 알아 둬.
참고로 헬륨은 밀도가 $0.00018g/cm^3$, 물은 $1g/cm^3$, 금은 $19.32g/cm^3$ 정도야.

이제 **용해도**를 알아볼까?

용해도를 알려면 용씨 네 남매를 알아야 해.

첫째 용질이, 둘째 용매, 셋째 용해, 넷째 용액이.

첫째와 둘째가 셋째 되면 넷째가 돼.

용질과 용매가 용해되면 용액이 되거든. ㅎㅎ

용질은 녹는 물질, 용매는 녹이는 물질, 용해는 용질과 용매가 섞이는 현상, 용액은 용질과 용매가 잘 용해된 걸 말해.

뭔가 놀리는 거 같지?

예를 들어 볼게.

소금물을 만들 때, 소금이 용질, 물이 용매, 소금과 물을 용해시키면 용액인 소금물이 되는 거지.

OK? Understand?

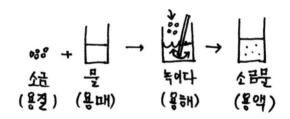

소금물 만들 때 물 한 컵을 준비해서 녹이면 소금이 무한정 녹아?

아니지? 처음엔 잘 녹다가 나중엔 아무리 저어도 안 녹고 바닥에 소금이 가라앉아 버려.

신기하게도 똑같은 물(용매)에 물질마다 녹아 들어가는 양이 다른 현상도 발견한 거야.

초등학교 때 물의 온도가 높아지면 조금 더 녹아 들어가는 거 배웠지?

안 배웠다고? 네가 안 배운 거지, 선생님은 가르치셨어.

그럼, 용매의 종류와 양과 온도가 같으면 모든 물질은 똑같은 양이 녹을까?

대충 생각해도 아니겠지?

그래서 이것도 물질의 특성이 될 수 있어.

어떤 온도에서 용매 100g을 들고 와서 한 가지 물질을 마구마구 녹여.

더 이상 안 녹고 바닥에 가라앉을 때까지 녹이면 최대로 녹아 들어가는 양을 알 수 있겠지?

그 양을 물질의 용해도라고 하는데, 쉽게 말해, 같은 조건에서 누가 많이 녹느냐는 거야.

그것만 비교해 봐도 여러 가지 물질을 구별할 수 있거든.

친구 여러 명 데려다 놓고 똑같은 치킨을 주문해서 먹게 했을 때 먹는 양 보고 누군지 알 수 있는 것처럼.

용매는 녹이는 물질이라고 했지? 제일 구하기 쉬운 게 뭐야? 그래, 물이지.

대부분 물 100g을 준비해서 용질들을 녹여 봐.

그럼 용해도가 다 다르거든.

비슷하게 생긴 하얀색 가루 물질들을 녹여 보면 그 양을 가지고 어떤 물질인지 알 수가 있어.

대부분 온도가 높을수록 용해도가 커지겠지?

그럼 높은 온도에서 다 녹인 다음 식으면 어떻게 될까?

그래, 온도가 낮아지면 용해도가 작아지기 때문에 녹지 못하고 가라앉는 애들이 생기기 시작해.

그걸 석출이라고 하는데 이걸 이용해서 여러 가지 물질이 섞여 있을 때 각 물질을 분리할 수 있어.

근데, 기체는 또 달라져.

기체도 물에 녹거든. 기체는 온도가 낮을수록 잘 녹아.

물고기들은 물속에 녹아 있는 산소를 마시면서 사는데, 여름에 더우면 물속에 있던 산소가 빠져나와 버려.

그럼 물고기들한테 산소가 부족해지겠지?

집에 어항이 있는 사람들은 주의해야 해. 여름에 물고기가 물 위로 뻐끔거리면 물속에 산소가 부족하다는 뜻이거든.

이럴 땐 물의 온도를 조금 낮추든지, 산소 공급기를 설치해 줘야겠지?

거기다 기체의 용해도는 압력에도 영향을 받아서 압력이 높아야만 억지로 녹아 있어.

압력이 낮아지면 언제든 빠져나가거든.

콜라 뚜껑을 열 때, 치익 하고 소리가 나면서 거품이 만들어지지?

탄산음료 속에 녹아 있던 이산화 탄소가 도망가는 소리야.

그래서 시간이 지나면 콜라가 설탕물이 되어 버리잖아.

물론 이걸 더 맛있어하는 사람도 있더라구.

그럼, 콜라 먹다 남았을 때 어떻게 해야 톡 쏘는 맛을 유지할 수 있을까?

이산화 탄소가 계속 콜라 속에 남아 있어야 하니까 일단 압력을 유지하기 위해 뚜껑을 꼭 달아야겠지?

그리고 온도를 낮춰야 하니까 냉장고에 보관해야겠지.

마지막으로 녹는점과 끓는점을 알아볼까?

둘 다 점으로 끝나잖아. 어디서 들어 본 것 같지?

그래, 온도라는 뜻이야.

그럼 간단하지.

어떤 물질의 녹는 온도와 끓는 온도도 물질의 특성이 될 수 있어.

우리에게 가장 중요한 물질인 물에 대해 알아볼까?

다 알고 있지? 설마… 모른다고 하지 마….

얼음의 녹는점은? 물의 끓는점은?

0℃, 100℃.

어떤 투명한 액체가 100℃에서 끓었다면 안 봐도 물이야.

어떤 투명한 액체가 0℃에서 얼거나, 다시 0℃에서 녹았다면 안 봐도 물이지.

요기서 질문 하나!

어는 온도를 어는점이라고 하는데, 어떤 물질의 녹는점과 어는점의 관계는?

상태 변화할 때 나왔어.

녹는점과 어는점은 방향만 반대이고 같은 값!

물을 한 컵을 끓이면 몇 ℃에서 끓이고, 두 컵을 끓이면 몇 ℃에서 끓을까?

두 가지 경우 다 100℃야.

물질의 양과 상관없이 끓는점이 같아.

물질의 양과 상관없이 일정한 성질만 물질의 특성이 될 수 있어.

여기서 조심할 건, 끓는점이 압력에 따라 달라진다는 거야.

높은 산에 등산 가서 캠핑하면 밥이 덜 익는 현상 알지?

쌤도 대학 시절 교수님들과 야영 수업을 듣기 위해 등산을 했는데, 거기서 지은 밥이 삼층밥이 되어서 같은 조의 교수님께 아주 죄송했던 기억이 있어. ㅋㅋ

높은 산으로 올라갈수록 공기의 양이 줄어들거든.

그럼 압력이 낮아지기 때문에 물의 끓는점도 따라서 낮아져.

물이 낮은 온도에서 끓는다는 말은 온도가 더 이상 올라가지 않는다는 뜻이야.

낮은 온도에서는 쌀이 잘 익지 않겠지?

그래서 진짜 맛있는 밥을 먹고 싶으면 압력밥솥을 들고 가야 해.

압력밥솥은 압력이 낮아지지 않으니까. ㅋㅋ

현재 온도가 30℃인데 어떤 애가 끓는점이 -0.5℃래.

그럼 얘는 끓었을까, 끓지 않았을까?

오래전에 끓었겠지?

그럼 얘는 현재 온도에서 고체, 액체, 기체 중 어느 상태야?

그렇지! 기체야.

끓는점을 보고 어떤 물질의 상태까지도 알 수 있는 거지.

얘는 뷰테인이라고 하는데, 휴대용 가스레인지에 들어가는 부탄가스 알지?

뷰테인 가스라고 써야 하는데, 쌤 때는 부탄으로 배웠거든.

부탄가스 회사에서 뷰테인 가스라고 이름을 바꾸면 어른들이 뭔지 몰라서 못 사겠지?

그래서 그대로 부탄가스라고 부르고 있어.

과학 용어는 자주 바뀌어서 쌤도 가르치다 혼란이 와.

현미경 관찰할 때 쓰는 유리 두 가지를 쌤 때는 슬라이드 글라스, 커버 글라스라고 했거든.

요즘은 한글로 바꿔서 받침 유리, 덮개 유리라고 해.

아마 너희 부모님들은 받침 유리나 덮개 유리라고 하면 모르실 거야.

과학은 용어뿐만 아니라 새로 발견되거나, 달라지는 내용이 많아서 변화에 적응해야 해.

과학 관련 지식은 바뀌지 않는다고 생각하면 안 돼.

천동설, 지동설은 들어 봤어?

옛날에는 지구가 가만히 있고, 태양이 지구를 돈다고 생각했어.

그걸 천동설이라고 했는데, 지금은 태양이 가만히 있고 지구가 돌고 있잖아? 이걸 지동설이라고 해.

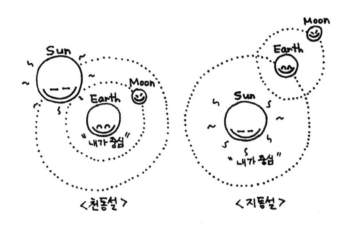

너희가 지금 배우는 과학 관련 지식이 나중에 변하는 경우가 꽤 있을 거야.

사람들은 완벽한 존재가 아니거든.

아직 설명하지 못하는 현상들도 많고.

그러니까 과학과 관련해서는 열린 생각을 하고 있어야 해. 알았지?

쌤은 수학 쌤들이 너무 싫어.

왜냐고? 교육과정이나 교과서가 바뀔 때마다 과학은 용어와 내용이 너무 달라져서 쌤도 계속 공부해야 해.

근데 수학 쌤이 말씀하시길 수학은 2000년 전에 다 알려진 사실을 지금도 배우고 있는 거래.

게다가 우리나라 교육부에서는 학생들 힘들다고 수학 교과서 내용을 자꾸 줄이고 있대.

그러니 과학 쌤들이 수학 쌤 보면 신경질이 나겠어, 안 나겠어?

전공을 수학으로 바꾸라고?

근데 과학이 수학보다 훨씬 재밌잖아.

과학 시간엔 다른 과목이 못 하는 다양한 실험이나 활동을 할 수 있고, 우리 주변의 현상과 관련된 내용들을 하니까 훨~~~~~씬 재밌잖아.

맞아, 아니야?

아니라고? 책 덮어! 수학책이나 봐!

다시 끓는점으로 돌아와서, 끓는점이 현재 온도보다 높으면 끓지 않았겠지?

그럼, 걔는 현재 액체나 고체인 거야. OK?

끓는점이 현재 온도보다 낮으면 벌써 끓은 거지?

걔는 현재 무슨 상태? 그래, 기체.

녹는점도 생각해 볼까?

녹는점이 현재 온도보다 높으면 어떨까?

녹는점이 1538℃인 애가 있어.

애는 현재 녹았어, 안 녹았어?

그렇지! 안 녹았지. 그럼 애는 현재 무슨 상태? 고체!

이런 식으로 그 물질의 녹는점과 끓는점을 알면 현재 온도에서 애가 무슨 상태인지도 알 수 있어.

이렇게 많은 물질이 한 가지만 모여 있는 것도 있고, 여러 가지가 섞여 있는 경우도 있어.

한 가지 물질로만 이루어진 물질을 **순물질**이라고 하고, 순물질이 두 가지 이상 섞여 있는 걸 **혼합물**이라고 해.

금, 소금, 물은 뭘까? 순물질? 혼합물?

순물질이야.

그럼, 소금물, 공기, 우유, 흙탕물은 어때?

그렇지! 혼합물이야.

소금물은 소금과 물이 혼합되어 있는 거야.

여기서 혼합물은 고르게 잘 섞여 있는 **균일 혼합물**과 고르지 않게 섞여 있는 **불균일 혼합물**로 나눌 수 있어.

두 가지를 구분하는 가장 쉬운 방법은 가만 놔두면 섞이지 않고 분리가 되거나, 마시기 전에 흔들어야 되는 것들이 불균일 혼합물이라고 생각하면 돼.

그럼, 위 네 가지 물질을 균일과 불균일 혼합물로 구분해 봐.

균일 혼합물은 소금물과 공기, 불균일 혼합물은 우유와 흙탕물이야.

우유 먹기 전에 흔들지? 잘 섞으려고.

여러 물질이 섞여 있는 **혼합물**을 **분리**할 때는 물질의 특성을 이용하면 돼.

먼저 물질의 특성 중 하나인 끓는점을 이용해서 분리하는 경우를 알아볼게.

우리나라 사람들이 많이 마시는 소주 알지?

소주는 여러 가지 물질이 섞여 있는데, 대표적인 게 물과 에탄올이야.

소주를 물과 에탄올로 분리하려면 물과 에탄올의 특성 중 무엇이 차이가 나는지를 조사해 봐야 해.

끓는점이 확실히 다른데 물은 알지? 몇 ℃?

그래, 100℃.

에탄올은 물보다 높을까, 낮을까?

낮거든. 약 78℃야.

그래서 두 물질이 섞인 혼합물을 가지가 달린 시험관에 넣고 온도계를 연결한 후 가열하면 먼저 끓는 애가 누굴까?

힌트! 온도가 점점 올라가겠지?

온도가 올라가다 78℃가 되면 에탄올이 끓기 시작하는 거야.

물은 아직 멀었겠지? 그냥 점점 따뜻해져 가기만 하지.

에탄올은 끓으면 기체로 변해서 날아가.

그럼 시험관엔 물만 남아 있는 거야.

100℃가 되면 물도 기체로 변해서 날아가기 시작하겠지.

실험 결과를 그래프로 그리면 이렇게 돼.

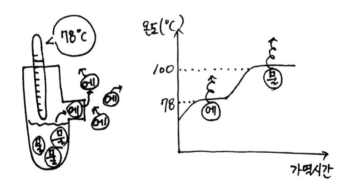

이때, 끓어 나온 기체를 냉각시키면 물과 에탄올을 분리해서 얻을 수 있는데, 이런 분리 방법을 **증류**라고 해.

여러 가지 혼합물이 액체 상태로 섞여 있을 때 끓는점 차이를 이용해 분리해 내는 방법을 뭐라고 한다고?

뭐라고? 뭐?

그래, 증류.

증류의 대표적인 예가 원유를 분리하는 거야.

석유를 처음 땅에서 빼내 올리면 검은색 걸쭉한 액체야.

혹시 유조선에서 원유가 유출되는 사고 때문에 바다에 있던 새가 기름을 새까맣게 뒤집어쓰고 있는 사진 본 적 있어?

처음 캐낸 상태를 원유라고 하는데 원유는 여러 가지 물질의 혼합물이야.

각 물질이 끓는점이 달라서 끓이기만 하면 분리를 할 수 있어.

여기서 문제!

끓는점이 어떤 애가 제일 먼저 끓어서 기체로 변해서 날아갈까?

끓는점이 높은 애, 낮은 애?

그렇지. 끓는점이 낮은 애가 먼저 끓어서 날아 올라가.

그래서 원유를 증류할 때 쓰는 높다란 증류탑의 제일 꼭대기에 끓는점이 제일 낮은 애를 분리해서 뺄 수 있게 되어 있어.

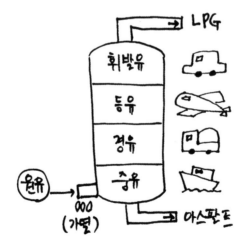

끓는점이 제일 낮은 애가 누구냐면, 음식점 건물 뒤에 있는 회색 가스통 있지?

그 안에 들어 있는 LPG라는 가스야.

얘는 끓는점이 1℃ 이하야.

그다음으로 낮은 애가 승용차에 많이 쓰는 휘발유, 그다음은 비행기나 기름보일러에 쓰는 등유, 화물차 연료인 경유, 배의 연료인 중유 순이고, 남은 찌꺼기는 아스팔트라고 해서 도로 포장할 때 쓰는 까만색 물질이야.

다음으로 밀도를 이용해서 혼합물을 분리해 볼 건데 이건 쉬워.

복숭아랑 방울토마토랑 씻으려고 물속에 넣으면 복숭아는 뜨고 방울토마토는 가라앉거든.

물의 밀도가 얼마라고 했었지?

물론 까먹었겠지! 1이야 1!

그럼 복숭아의 밀도는 1보다 클까, 작을까?

물보다 위에 있으니까 작겠지.

방울토마토는? 당연히 1보다 크잖아.

원유를 싣고 가는 유조선에 구멍이 나는 경우 그나마 다행인 점은 기름이 바다에 유출되어도 가라앉지는 않거든.

그래서 물 위에 더 넓게 퍼지지 않도록 오일펜스라는 울타리를 쳐서 모두 수거해야 해.

밀도가 다르고 서로 섞이지 않는 액체끼리 있으면 밀도가 작은 애가 위로, 큰 애가 아래로 가니까 분리하기 쉽겠지.

이제 용해도 차를 이용해서 혼합물을 분리해 볼까?

고체의 경우 용해도가 온도에 따라 달라진다고 했지?

예를 들어 온도에 따라 용해도가 팍팍 변하는 물질과 거의 변하지 않는 물질이 있다고 생각해 봐. 이 두 물질을 고온에서 다 녹인 다음 천천히 온도를 낮추는 거야.

그러면 온도에 따른 변화가 없는 애는 그대로 녹아 있는데, 온도에 따라 용해도가 마구마구 변하는 애는 온도가 낮아지면 녹은 상태로 남아 있을 수 없겠지?

그럼 어떡해? 뭘 어떡해, 물속에서 꺼져야 되는 거지.

꺼지는 방법이 뭘까?

물이 걔를 보고 "야! 너 내 안에서 꺼져!"라고 하면 걔는 어디로 가야 할까?

발이 달린 것도 아니고 날개도 없으니 컵 속에서 날아갈 수도 없고… 물에 있되 녹아 있지 않으면 되겠지?

그래서 녹아 있던 애들 중에 용해도를 초과하는 양만큼 고체 알갱이로 바닥에 가라앉는 거야.

그걸 석출된다고 하는데, 이렇게 고체 혼합물을 뜨겁게 해서 모두 녹인 다음, 식히면서 다시 결정으로 석출하는 방법을 **재결정**이라고 해.

주로 고체에 묻은 불순물을 제거할 때 써.

예를 들어볼까? 바닷물에서 뽑아낸 소금을 천일염이라고 하는데, 여기엔 불순물이 많이 섞여 있거든.

천일염이 재결정 작용을 거치면 삼겹살 구울 때 뿌리는 굵은소금이 되는 거야. 쓰읍~~!!

지금까지는 온도에 따라 용해도가 달라지는 걸 이용한 분리법을 봤어. 이제부턴 물질이 용매(녹이는 물질, 물 같은 것들)를 따라 이동하는 속도 차이를 이용한 분리법을 볼게.

컴싸랑 일반 수성 사인펜 검정색을 가지고 흰 종이에 점을 찍으면 똑같이 검정색으로 보이잖아?

그런데 두 잉크는 성분이 달라.

길쭉한 거름종이에 두 사인펜으로 같은 위치에 점을 찍고 점 바로 아 랫부분까지 물에 잠기게 해서 기다리면 점이 물에 번져 나가는데, 컴싸 는 검정색만 보이고, 수성 싸인펜은 여러 가지 색으로 분리돼.

수성 사인펜은 여러 색의 잉크의 혼합물이라는 걸 알 수 있지. 여러 색의 잉크로 분리되는 건 색깔마다 물에 번져 나가는 속도가 달라서 그래.

신기하지?

이런 방법을 이름도 어려운 **크로마토그래피**라고 해.

크로마토그래피는 과학 수사나 운동선수 약물검사에 많이 쓰여.

범죄 현장에서 발견된 혈흔이나 머리카락 등을 분석해서 증거를 수 집하기도 하고, 운동선수의 오줌 몇 방울에서 먹으면 안 되는 약물을 찾 아 내기도 해.

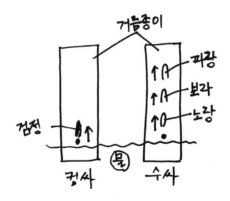

지금 바로 연습장에 점 찍어서 물에 담궈 봐.

참, 수성과 유성 차이는 알지?

그래, 모를 줄 알았어.

한자로 무슨 수? 물 수(水).

무슨 유? 있을 유 말고! 기름 유(油)!

한자를 알아야 과학을 잘할 수 있다고 했지?

지금이라도 안 늦었어.

빨리 마법 천자문 봐.

만화로 되어 있어서 너희 수준에 딱! 맞을 거야.

쌤 장난하는 거 아니다. 진짜 추천 도서야.

한자 못 써도 되니까 무슨 뜻인지만 알면 된다고 했지?

수성펜은 물에 녹는 잉크가 들어 있고, 유성펜은 기름에 녹는 잉크가 들어 있어.

네임펜이나 매직펜이 대표적인 유성펜이야.

공책에 예쁘게 필기해 놨는데 책상에 엎드려 자다가 침 흘리거나, 물을 쏟은 적 있어?

그럼 수성펜으로 필기해 놓은 부분은 번지게 되지.

모른다고?

하긴, 필기도 안 하는데 이런 걸 어떻게 알겠어?

Ⅱ-2.

지권의 변화
하든 말든

지권이란 말은 태어나서 처음 들어 보지?

지권은 우리가 살고 있는 지구를 이루는 요소 중 하나야.

일단 너희가 살고 있는 곳은 잘 알아야 하지 않겠어?

별로 알고 싶지 않다고? 그럼 이 책도 덮어 버리든가~!

여러 가지 요소가 모여서 하나의 커다란 전체를 이룬 것을 '계'라고 해. 어른들이 "계 모임 간다.", "계중 간다."라고 하는 말 혹시 들어 봤어?

생물다양성 단원에서 배운 동물계, 식물계 기억나지?

우리가 사는 지구도 여러 가지 요소가 모여 만들어졌거든.

그래서 **지구계**라고 불러.

일단 우리가 발을 딛고 서 있는 땅이 있겠지?

흙과 암석으로 되어 있는 지구의 표면과 내부를 모두 합쳐서 **지권**이라고 불러. '땅 지(地)'.

지구에는 바다와 빙하, 강, 호수 같은 물로 된 부분도 있는데 얘들을 뭐라고 할까?

그래 **수권**.

지구 표면을 둘러싸고 있는 공기층은 뭐라고 하면 돼?

그렇지! **기권**.

지구에는 살아 있는 생명체도 많지?

걔들은 다 합쳐서 **생물권**이라고 해.

마지막으로 기권 밖의 우주 공간은 지구 바깥이니까 **외권**이라고 하지.

이 다섯 개의 권들이 상호작용하면서 지구계를 이루고 있어.

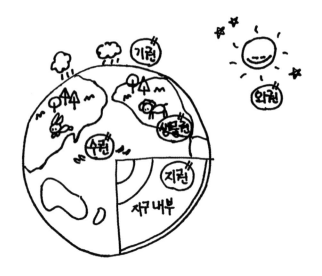

저번에 태양계 공부했던 거 기억나?

태양계는 지구계의 구성 요소 중 어디에 속할까?

그렇지! 외권이야.

나머지 네 가지 권들도 차례대로 공부할 건데, 이번 단원에서는 지권을 공부할 거야.

너희 학교가 있는 땅이 100년 전, 1,000년 전, 10,000년 전에도 똑같은 모습이었을까?

아니겠지? 분명 시간이 흐르는 동안 모습이 달라졌을 거야.

그런 지권의 변화를 알아보려면 먼저 지권에 대해 알아야겠지.

먼저 지권의 층상 구조를 알아보겠다!

층상 구조는 층 모양의 구조를 말해.

한마디로 지구 속으로 파고 내려가 보겠다는 거야.

애석하게도 사람이 직접 파고 내려가기에는 지구가 너무 단단해서 압력도 세고 온도도 너무 높아.

현재 최고 기록이 14km 정도 파 내려가다가 포기한 걸로 알려져 있는데, 지구 중심까지는 대략 6,400km야.

그런데 어떻게 가 보지도 않고 아냐고?

우리나라에 지진 있었던 거 기억나?

쌤도 벌벌 떨었는데, 지진이 일어나면 그 떨림이 지구 곳곳으로 퍼져 나가거든.

그걸 지진파라고 하는데, 걔들이 지구 내부를 지나가다가 속도가 갑자기 팍팍 변할 때가 있어.

속도가 변한다는 말은 지구 내부의 성질이 달라진다는 뜻이거든.

자동차를 타고 아스팔트 도로를 달리다가 갑자기 모래사장을 달린다고 해 봐.

똑같은 속력으로 갈 수 있어?

없지?

이런 사실을 가지고 과학자들이 차근차근 분석해서 현재 지구 내부를 4개 층으로 나누었는데, 요즘 들어 다섯 개로 나누려고 하고 있어.

빨리 졸업해야 해.

안 그럼 공부할 게 늘어날 거야.

과학은 늘 변화한다는 거 잊지 마!

어쨌든 현재는 4개라고 하니까 4개만 보자구.

지금 너희가 서 있는 지구 제일 바깥층을 지각, 더 파고 내려가면서 맨틀, 외핵, 내핵으로 이름을 붙여 놨어.

제일 바깥쪽에 있는, 우리가 밟고 서 있는 **지각**은 단단한 암석으로 되어 있는데, 대륙을 이루는 대륙 지각보다 바닷속 끝까지 내려가면 만나는 지각인 해양 지각이 더 얇다고 해.

육지와 바다 밑의 지각은 두께가 다르대.

누군가가 "바닷속에도 땅이 있어요?"라고 묻는 소리가 들리는군. ㅎㅎ

지각 바로 밑에는 **맨틀**이라고 하는 부분이 있는데, 지구 내부에서 가장 큰 부피를 차지하고 있어.

대부분 단단한 암석으로 이루어져 있는데, 일부분은 암석이 녹은 마그마 상태로 있다가 심심하면 화산 폭발로 바깥 구경을 나오곤 하지. ㅎㅎ

외핵과 **내핵**은 철과 니켈 같은 금속 물질로 이루어져 있을 것 같다고 과학자들이 말하는데, 이해하기 힘든 것은 외핵이 액체로 되어 있다는 거야.

신기하지?

근데, 물 같이 출렁거리는 액체가 아니라 금속이 녹은 액체라고 생각하면 돼.

외핵이 액체여서 회전을 해야 우리가 잘 살아갈 수 있거든.

그 이유는 어려우니까 고등학생이 되면 알아봐.

혹시 너무 궁금한 사람은 2003년에 나온 영화 〈코어〉를 봐.

외핵이 회전을 멈추었을 때 지구에 어떤 일이 생기는지에 대한 내용을 다룬 재난 영화야.

마지막으로 제일 중심에 있는 내핵은 고체 상태로 추정하고 있고.

최근 연구로 내핵 안에 다른 구조가 더 있다고 하는 과학자들이 많아지는데, 얼른 졸업해!

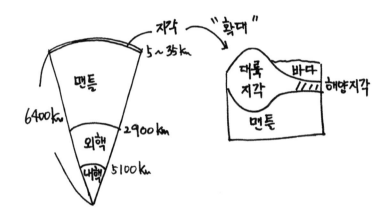

우리는 지각 밑으로는 내려갈 수 없으니까 지각에 대해 더 알아보자구.

지각은 단단한 암석으로 되어 있다고 했지?

주변에 굴러다니는 돌들이 암석인데, 암석을 자세히 보면 더 작은 알갱이로 이루어져 있는 경우가 많아.

암석을 이루는 작은 알갱이를 **광물**이라고 하지.

마인 크래프트 많이 해 본 사람은 벌써 광물 종류 많이 알고 있을 거야.

조심해야 할 건 게임 속에는 실제로는 없는 가상의 광물도 있다는 사실!

어떤 학생이 지구상에서 가장 단단한 광물이 비브라늄이라고 하길래 어디서 봤냐고 물어보니 유튜브에서 봤다더군. 휴….

어른들이 미안해. 너무 진짜처럼 영상을 만드나 봐.

실제 지구상에 발견되는 광물의 종류가 얼마나 될까?

관심 없다고?

너희가 좋아하고 갖고 싶어 하는 보석 대부분이 광물인데?

금, 다이아몬드, 자수정 등등….

관심이 좀 생겨?

지구에는 수천 종의 광물이 있다고 해.

너무 많지? 그 많은 걸 다 아는 사람 있을까?

AI 정도 되어야 다 알겠지.

중학생이 그 많은 광물을 다 알 필요는 당연히 없겠지?

주로 많이 볼 수 있는 광물 몇 가지만 알아보면 되는데 문제는 뭐가 뭔지 매우 헷갈린다는 거야.

그래서 다른 광물과 구별되는 각 광물만의 고유한 성질인 특성을 알아보려고 해.

이 정도도 안 하면 수천 종 다 외우게 시킨다?

좋은 말로 할 때 읽어!

먼저 광물의 **색**!

지각에 제일 많이 들어 있는 광물을 순서대로 말하면 장석, 석영, 휘석, 각섬석, 흑운모, 감람석이야.

이름만 들어도 미치겠지? 책 던지고 싶지?

수천 가지 종류 중에서 겨우 여섯 가지야.

공부 좀 해라! 좀! 머리 뒀다 어디 쓸래!

아끼다 뭐 된다? 똥 된다!

뇌세포도 쓸 땐 좀 팍팍 써!

흠, 흠. 앞에 나온 두 광물은 밝은색 광물이고 나머지 네 개는 어두운색 광물이야.

근데 색은 비슷한 것들이 너무 많지?

도자기 만들 때 가마에 두 번 굽는다고 하는 거 들어 봤어?

두 번 안 굽고 한 번만 구운 네모난 하얀색 판을 조흔판이라고 하는데, 거기에 광물을 긁으면 나타나는 색을 **조흔색**이라고 해.

눈으로 볼 때 색이 비슷한 광물도 조흔판에 그어 보면 완전 다른 색으로 나오는 애들이 있거든.

옛날 미국 서부 개척 시대에 금을 캐러 사람들이 많이 갔는데, 노랗고 번쩍거리는 금을 캤다고 좋아했는데 금이 아닌 경우가 있었어.

황동석과 황철석이라고 하는 광물은 그냥 보면 쌤도 "우와~ 금이네~." 할 정도로 색이 금이랑 비슷해.

궁금하면 인터넷에 검색해 봐.

과학실에서 황동석과 황철석 보자마자 애들이 "쌤! 이거 당근에 팔면 얼마예요?"라고 물어보더라고.

하도 그 질문을 많이 들어서 이젠 광물 상자 뚜껑 열기도 전에 "얘들아~, 우리 학교 과학실엔 금이 없단다~. 거기 있는 거 아무도 안 산다~."라고 말하고 실험 시작해.

금은 눈으로 보기에도 노란색이지만 조흔판에 긁어도 노란색이야(긁은 가루도 줍줍 해야 해. 다 돈이야).

반면에 황동석과 황철석은 조흔판에 긁으면 검은색에 가까운 색이

나와.

등산하다가 혹시 노랗게 번쩍거리는 광물을 발견하면 주변에 있는 흰색 돌에다 긁어 보고 검게 나오면 버려!

"노랗게 나오면요?" 하고 물어보는 사람은 바보.

당연히 들고 와야지…. ㅋㅋ

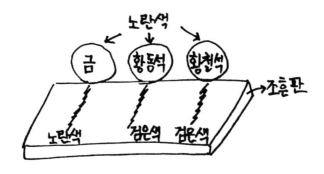

색깔 말고 광물이 얼마나 단단한지도 비교해 볼 수 있어.

이걸 **굳기**라고 하는데 가장 단단한 광물은 뭐야?

100명 중에 99명이 답할 수 있지.

모르겠다고?

사람들이 제일 갖고 싶어 하는 보석!

다이아몬드! 금강석!

쌤 때는 (라떼는 말야!) 모스라는 사람이 만들어 놓은 광물 10가지의 굳기를 순서대로 외워야 했는데, 요즘은 안 외워도 되니 얼마나 좋은 세상이야?

활 잘 쏘는 **석방형**이 **인정없는 석황**을 **강금**했다.

무슨 암호냐고?

너희 부모님께 여쭤보면 눈물을 흘리며 말씀해 주실 거야.

진한 글씨가 10가지 광물의 첫 글자이고 이런 식으로 외워야 했지.

10가지가 궁금한 사람은 인터넷 검색하면 금방 나와.

물론 검색하는 사람 거의 없겠지?

위의 문장 읽기 전에 검색한 사람은 과학 상위 10% 안에 들 가능성이 높아.

이 사람들은 이 책 읽을 필요도 없어.

수업만 열심히 해도 잘할 사람들이야.

지금 검색 안 해도 쌤은 칭찬해.

왜냐? 이 책을 지금까지 읽고 있다는 사실만으로도 과학을 잘할 가능성이 충분해.

쌤이 정말 자뻑이 아니고, 25년 동안 중학교에서 과학만 가르쳤거든.

너희 선배들이 어느 파트를 어려워하고, 그때 어떻게 설명하면 잘 알아듣는지가 데이터로 쌤 머릿속에 다 정리되어 있어.

쌤한테 수업 듣는 사람들 말고도 도움이 되라고 이 바쁜 시간에 열심히 쓰고 있는 거야.

고맙지? 고마우면 쌤한테 빨리 고맙다고 이메일 보내.

사실, 이메일 안 보내도 돼.

쌤이 더 바라는 건 이 책을 끝까지 읽는 거고, 시간이 더 있으면 모르는 부분은 줄을 그어 가면서 한 번 더 읽고, 그래도 시간이 남으면 한 번 더 읽어서 총 세 번쯤 읽어 봤으면 하는 거야.

그러면 중학교 과학의 전체적인 뼈대가 머릿속에 그려져서, 학교 수업 시간에 나머지 세밀한 부분을 채워 넣으면 중학교 과학 완성이야.

공부할 땐 항상 전체적인 내용을 이해하고 나서 세밀하게 부분적으로 들어가야 잘할 수 있어.

타임머신을 타고 과거로 돌아갈 수 있으면 언제로 가고 싶냐는 질문을 받을 때마다 쌤은 항상 중3 겨울 방학으로 가고 싶다고 대답해.

왜냐면 쌤은 첫째였기 때문에 중3 겨울 방학이 얼마나 중요한 시기인 줄 모르고 늘 그래왔듯이 펑펑 놀았거든.

고등학교 입학하고 보니 친구들은 모두 공부하고 온 거야.

고등학교 3년 동안 공부 따라잡느라고 너무 힘들었어.

그래서 쌤이 가고 싶었던 MIT 공대도 못 갔지. ㅋㅋ

꿈은 크게 가지라고 했어.

다시 암호로 돌아가서 제일 마지막 글자가 뭐야?

'금'이지? 무슨 광물일까? 그래. 사람들이 좋아하는 다이아몬드인 **금**강석이야.

오른쪽으로 갈수록 단단한 광물이야.

저기서 세 번째와 일곱 번째 글자가 뭐야?

방해석과 **석**영이라는 광물이거든.

그럼 만약 이 두 가지 광물을 양쪽 손에 들고 비비면 누가 긁혀서 가루가 떨어질까?

모르겠다 하지 말고 생각 좀 해!

왼쪽에 있는 방해석이 가루가 되어 긁히는 거지.

사실 방해석과 석영은 색깔이 둘 다 투명해서 구별이 안 되거든.

그럴 때 굳기를 비교해 보면 누가 방해석이고 누가 석영인지 알 수 있다는 거야.

이런 재미없는 거 말고 특이한 성질을 가진 광물도 있어.

너희가 항상 무시무시하게 생각하는 액체가 뭐야?

그래, 염산!

염산을 떨어뜨리면 뽀글뽀글 기포가 생기면서 녹는 광물이 있거든.

누구냐면 좀 전에 나왔던 애야.

방해석.

방해석과 석영은 염산을 떨어뜨려 봐도 비교가 돼.

석영은 염산에 반응하지 않거든.

더 재밌는 광물도 있어.

클립이나 작은 핀 같은 쇠붙이를 들고 와서 갖다 대면 얘들이 달라붙는 광물이 있어. 자석 같지?

이런 성질을 **자성**이라고 하는데, 자철석에는 자성이 있어.

재밌겠지? 학교 과학 시간에 실험할 때 열심히 해 봐.

이제 이런 광물들이 모여서 이루어진 암석에 대해 알아볼 시간!

어렸을 때 암석을 가지고 많이 놀았을 거야.

돌이라고 부르는 것들.

일단 바닷가나 물가에 가면 돌을 누가 멀리 던지나, 아니면 누가 물수제비를 잘 뜨나 내기하곤 했지?

주변에 있는 돌을 주워서 바닥에 선을 긋고는 오징어 게임도 했을 거고. 아니면 비석 치기, 공기놀이, 돌탑 쌓기?

하나도 안 해 봤다고? 거~짓~말!

암석도 종류가 많거든.

그래서 차근차근 순서대로 구분해 볼게.

암석은 어떻게 만들어지는지에 따라, 그러니까 생성 과정에 따라 화성암, 퇴적암, 변성암으로 구분해.

이 명칭들은 암석 하나하나의 이름이 아니라 종류니까 조심해.

그중 **화성암** 먼저!

'불 화(火)'와 '이룰 성(成)'이 만났으니, 불이 만든 돌이란 뜻이겠지?

땅속에서 암석이 녹으면 마그마가 되는데, 이게 지하에서 식어서 굳거나 지표로 흘러나와 굳어지면서 만들어진 거야.

지구는 속으로 들어갈수록 온도와 압력이 높아져. 암석을 녹일 정도까지 올라가.

마그마는 아무 데서나 만들어지는 게 아니야. 조건이 맞을 때 만들어져.

고체인 암석이 녹아서 액체인 마그마가 만들어질 때 기체 성분도 만들어지는데, 고체가 액체나 기체로 상태 변화하면 부피가 어떻게 된다고 했어?

커진다고 했지? 몰라? 또 기억상실이냐?

어떤 물체의 부피가 커지면 주변 것들을 밀어내기 마련이잖아. 지하에서도 똑같은 일이 벌어져. 그런데 만일 주변 암석이 너무나 단단해서 딱 버티면 어쩌겠어? 시간이 지날수록 마그마가 다시 식어가는 거야.

그럼 굳어져서 또 다른 암석이 만들어지겠지?

반면에 주변 암석이 약하거나 틈이 있으면 마그마가 약한 곳을 골라서 파고 들어가.

그러다 지표면까지 올라오면 뭐가 되게?

그렇지! 화산 폭발이지.

마그마가 밖으로 나오면 기체 성분이 날아가고 액체 성분이 흘러나오는데 이걸 용암이라고 해.

용암이 흘러나오면서 굳으면 또 암석이 되는 거지.

자, 여기서 중요한 사실!

마그마가 지하에서 굳을 때랑 지표에 나와서 굳을 때랑 어느 경우가 빨리 식을까?

생각! 생각! 생각! 머리 굴려, 빨리!

마그마는 암석이 녹은 거랬지?

그럼 몇 도쯤 될까? 100℃?

아니! 대략 1,000℃ 정도야.

겨울에 지하 주차장에 있을 때랑 야외에 있을 때랑 언제가 더 추워?

마그마가 지하에 있을 때랑 지표로 나왔을 때 중 언제가 더 추울까?

그래! 지표로 나왔을 때가 더 춥겠지.

지표는 온도가 아무리 높아도 50℃ 정도잖아.

그래서 지표로 나왔을 때 더 빨리 식어.

반대로 지하에서 못 나오고 있을 땐 천천히 식게 되지.

마그마가 지하에서 천천히 식어서 만들어진 암석을 '깊을 심(深)'을 써서 **심성암**, 지표로 나와서 빨리 급하게 식어서 만들어진 암석을 **화산암**이라고 해.

지하에서 녹는 경우를 먼저 생각해 보자. 이때, 마그마는 천천히 식으면서 제 안에 녹아 있는 성분을 이용해서 여러 가지 광물을 만들어.

그래서, 지하에서 천천히 식어서 만들어진 심성암은 검은색, 회색, 분홍색 등 구성하는 광물의 크기가 커서 잘 보여.

반면에 지표에 나와서 급히 식은 화산암은 광물을 만들 시간이 없어서 열심히 쳐다봐도 알갱이인 광물이 잘 안 보이고 그냥 한 덩어리로 보이는 거지.

정리하면,

심성암 = 지하에서 천천히 식음 = 광물이 굵직굵직하게 잘 보임 → 약밥(밥알이랑 건포도, 호두 등이 잘 보임)

화산암 = 지표에 나와서 빨리 식음 = 광물이 거의 보이지 않음 → 백설기(흰색 덩어리로 알갱이가 보이지 않음)

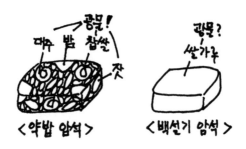

대추 밤 찹쌀 →광물! 잣
<약밥 암석>

광물? 쌀가루
<백설기 암석>

갑자기 떡이 먹고 싶어지면 콱쌤 찬스!

부모님께 심성암과 화산암을 구별하는 실험을 하려면 여러 가지 떡이 필요하다고 말씀드려 봐. 못 믿으시면 증거로 이 페이지를 보여 드려.

화성암을 이렇게 생성 장소에 따라 구별도 하고 밝기에 따라서도 구별해서 이름을 붙여.

제일 중요한 화성암 이름 네 개만 꼭 기억해!

	어두운 색	밝은 색
용암 → 화산암 (작은 알갱이)	현무암	유문암
(큰 알갱이) → 심성암	반려암	화강암

마그마

화성암에 해당하는 암석 이름은 겨우 네 개야.

외워!

힘들다 징징거리면 또 라떼 얘기한다!

쌤때는 말이야 9개 외웠어!

심성암과 화산암의 중간쯤 해당되는 암석과, 어두운색과 밝은색의 중간에 해당되는 것을 구분하면 총 9개가 되지? 많이 줄여 준 거야. 고맙게 생각하고 외워!

이 중에서 너희가 흔하게 볼 수 있는 암석 두 가지가 있어. 뭘까?

먼저, 제주도에서 많이 볼 수 있는 까맣고 구멍이 숭숭 난 암석은? 그래, 현무암.

'나 혼자 산다'에 나오는 전현무 아저씨랑 닮았냐?

그리고, 우리나라에 가장 흔한 암석! 화강암!

흔하고 단단해서 건축 재료로 많이 쓰여.

너희 학교 계단이나 교문, 창문틀 같은 곳 보면 흰색이나 분홍색 바탕에 까만 점, 흰 점이 콕콕 박혀 있는 암석이 많이 보이지?

그게 화강암이야.

비석이나 조각상에도 많이 쓰이거든.

내일 학교 가서 한 번 찾아봐. 금방 찾을 거야.

자, 이제 화성암을 마치고, 암석의 생성 과정에 따른 두 번째 종류인 **퇴적암**으로 갑시닷!

퇴적은 '쌓을 퇴(堆)'와 '쌓을 적(積)'이 모인 거야.

한 마디로 여러 가지 재료가 쌓여서 만들어지는 거지.

근데 지표면에 쌓이기가 쉬울까?

비 오고 바람 불고 동물들이 지나다니면 뭔가가 쌓이기는 어렵겠지?

그럼 안전하게 쌓일 수 있는 곳은 어딜까?

그래, 깊은 물 속이야. 아무리 거센 태풍이 몰아쳐도 깊은 바닷속은 조용한 거 알아?

모른다고? 그래, 그렇겠지. 에휴….

땅 위에서 놀고 있던 자갈, 모래, 진흙 등이 물에 쓸려 내려가다 바다나 호수 속에 쌓이고, 시간이 지날수록 그 위에 차곡차곡 쌓이다 보면 꾹꾹 눌러지겠지?

이렇게 쌓인 물질들을 '퇴적물'이라고 해. 퇴적물 사이로 물속에 녹아 있던 물질들이 접착제처럼 스며들어 굳어지면 퇴적암이라는 암석이 만들어져.

퇴적암은 주로 어떤 퇴적물이 많이 쌓였냐에 따라서 이름을 붙이거든.

알갱이가 큰 것부터 알아보면 주로 자갈이 많이 들어가 있으면 '조약돌 역(礫)'을 써서 역암이라고 해.

모래가 많이 쌓여서 만들어지면 '모래 사(沙)'를 써서 사암.

진흙이 주로 모여 만들어지면 '진흙 이(泥)'를 써서 이암.

근데 진흙이 모여서 색이 완전 다른 셰일이라는 암석도 만들어져.

물고기 뼈나 조개껍데기, 산호 등이 물에 녹아 있다가 쌓여서 만들어지면 석회암이라고 해.

자갈	●●●	→	역암
모래	• • •	→	사암
진흙	⋯	→	이암·셰일
조개·산호	⋯⋯	→	석회암

퇴적물이 물에 쓸려 내려올 때 생물체가 같이 떠내려와 쌓여서 시간이 지나면 암석처럼 굳어지기도 하는데 이걸 뭐라고 할까?

그래, **화석**이지.

간혹 화석 발견하겠다고 아무 산이나 가서 아무 돌이나 잡고 보는 사람 있는데 화석은 퇴적암에서만 발견되니까 퇴적암으로 이루어진 산이 어디 있는지 알아본 다음 화석을 찾으러 가야 해. 그게 순서야.

어릴 때 화석 찾고 싶은 로망을 품은 적 있지?

특히 티라노사우르스 뼈 찾기! 크~~~.

쌤도 몽골에 있는 고비 사막에 가서 화석 발굴하는 게 버킷 리스트 중 하나야.

그리고, 퇴적물이 오랜 시간 쌓이다 보면 종류가 다른 퇴적물들이 쌓여서 옆에서 보면 나란한 줄무늬가 만들어지기도 하는데 이걸 층리라고 불러.

퇴적암은 별거 없지?

마지막으로 변성암을 볼까?

'변할 변(變)'과 '이룰 성(成)'이 합쳐진 말이야.

원래 있던 암석이 열과 압력을 받아서 변해서 만들어지는 암석이지. 화성암 설명할 때 마그마 이야기했던 거 기억나?

이제 진짜 기억 안 나면 쌤이랑 친구 먹어야 해.

쌤 정도 나이가 되면 자꾸 까먹거든.

몇 살인지 묻지 마. 당연히 말 안 해.

쌤은 학생들에게 나이를 말 안 하거든.

왜냐면 쌤이 최강 동안이라서, 괜히 나이 말했다가 실망하면 수업에 열중하지 못할까 봐…. ㅋㅋ

그렇지만 가끔씩 나보고 서당 다녔냐고 하는 사람도 있어.

쌤이 서당을 다녔든, 국민학교를 다녔든 너희와 같이 수업만 잘하면 되는 거 아냐? 맞지?

자, 파이팅! 다시 열심히 하자!

뭐 하고 있었는지 까먹었지?

마그마 얘기하고 있었어.

마그마는 뭐가 녹은 거다?

그래, 암석이 녹은 거야.

가스레인지에 불 켜고 돌 하나 주워서 올려놓으면 녹아?

안 녹지? 암석을 녹이려면 엄청난 열이 필요해.

압력이 세다면 더 잘 녹지.

다시 말해 엄청난 온도와 엄청난 압력이 있으면 암석도 녹는다는 거지.

이때 원래 있던 암석이 완전히 녹아 버리면 마그마가 되는데, 이게 식으면 뭐가 되더라?

그래, 화성암.

근데 만약 열과 압력이 조금 모자라서 살짝만 녹아서 완전히 마그마가 되지 않으면 어떨까?

살짝 녹았다가 다시 굳어지면 또 다른 암석이 되겠지?

이렇게 만들어진 암석을 변성암이라고 해.

자, 화성암과 변성암 헷갈리는 사람을 위해 아이스크림 하나 사러 가자.

제일 좋아하는 아이스크림은 뭐야?

콘으로 된 거 말고 하드 형태로 된 거.

예전에 유명했던 하드 중에 죠스바라고 알아?

겉과 속이 다르지?

겉은 푸른빛이 나는 회색이고 속은 빨간 색으로 상어 닮은 아이스크림.

냉장고 밖에 꺼내 놓고 시간이 조금 지나 물렁물렁해진 후 다시 냉동실에 넣어 두었을 때와, 밖에 너무 오래 놔 뒀어서 완전히 녹은 다음 다시 냉동실에 넣어 두었을 때를 비교해 봐.

첫 번째는 죠스바인 줄 금방 알 수 있겠지만, 두 번째는 아이스크림의 모습이 완전 달라져 있을 거야.

첫 번째는 변성암이 되는 거고, 두 번째는 화성암이 되는 거야. OK?

갑자기 죠스바 먹고 싶은 사람 또 부모님께 요청해.

"화성암과 변성암을 구별하는 실험을 하려면 다양한 아이스크림이 두 개씩 필요합니다~."라고.

그래서 변성암은 원래 암석이 무엇이냐에 따라 이름이 달라지고, 열과 압력을 얼마나 받았느냐에 따라서도 이름이 달라져.

원래 암석과 열과 압력을 받은 정도를 가지고 이름을 지으니까 간단하게 몇 가지만 알고 있으면 돼.

진흙이 쌓여 만들어진 셰일이라는 퇴적암이 열과 압력을 조금 받으면 편암, 더 많이 받으면 편마암이라는 암석이 돼.

편마암은 화단에서 많이 볼 수 있는 검은색과 흰색 줄이 나란히 있는 암석이야.

모래가 쌓여서 만들어진 사암이 변하면 규암이라고 하는 반짝거리는 변성암이 되고, 조개나 산호가 모여 만들어진 석회암이 변하면 어른들이 좋아하는 대리암이 되지.

흔히 대리석이라고 부르고, 큰 빌딩 로비나 아파트 거실 벽면 같은 곳을 꾸미는 데 사용되는 예쁜 암석이야.

근데 이 대리암이 광물 중 한 가지인 방해석과 성분이 같은데, 방해석 특징 기억나?

염산에 녹는다고 했지?

비에 염산 같은 산성 물질이 섞여 있으면 산성비라고 하는데, 요즘 공기가 오염되어서 대리암으로 만든 동상이나 탑이 야외에 있으면 산성

비를 맞아서 천천히 녹아 버려.

서울에 있는 탑골 공원에 가면 원각사지 10층 석탑이 대리암으로 만들어져 놓여 있는 걸 볼 수 있어. 녹지 않도록 유리관을 씌워 놓았지.

화강암이 변하면 편마암이 되는데, 셰일이 변한 것도 이름이 같아서, 이건 화강 편마암이라고 부르기도 해.

셰일	→	편암	→	편마암
사암	→	→	→	규암
석회암	→	→	→	대리암
화강암	→	→	→	편마암

화성암이나 퇴적암이 변해서 변성암이 된다고 했잖아?

그럼 변성암이 퇴적암이 되거나 퇴적암이 화성암이 될 수는 없을까? 있을까, 없을까?

이쯤 되면 쌤이 왜 이런 질문을 던지는지 알겠지?

눈치채야지?

다른 종류의 암석으로 변할 수 있다는 말이겠지?

암석의 종류와 상관없이 열과 압력을 무지 많이 받아서 확 녹아 버리면 마그마가 되잖아.

그 마그마가 식으면 화성암이 되겠지?

마찬가지로 원래 있던 암석이 바람이나 물에 의해 부수어지고 떠내려가서 물속에 가라앉아 오랜 시간이 지나면 퇴적암이 되겠지?

결론적으로 암석들은 끊임없이 변해.

지구 나이가 몇 살인지 들어 봤어?

대략 45억 살 정도래. 그럼 그 많은 시간 동안 암석은 한 가지 모습을 유지하고 있었을까?

아니겠지?

암석은 우리가 보면 정말 단단해 보이지만 사실 그렇게 썩 단단하지는 않아.

암석 사이에 아주 미세한 틈만 있어도 물이 스며들거든.

겨울이면 틈 사이에서 그 물이 얼어 버리겠지?

얼면 부피가 어떻게 돼?

그렇지, 커진댔지?

커지면서 그 거대한 암석이 갈라지는 거야.

틈이 더 커지면 물이 더 많이 들어가 더 많이 갈라지겠지?

그 틈으로 식물의 뿌리가 파고 들어가면 뿌리가 커지면서 또 암석을 터뜨리는 거야.

절벽에 소나무 자란 거 봤지?

암석 그거 부수는 거 easy하지.

그리고, 이산화 탄소가 녹아 있는 물은 산성 물질인 탄산이 되거든.

석회암도 방해석이랑 성분이 같아서 탄산에 녹아 버려.

석회암으로 만들어진 거대한 산속으로 산성인 지하수가 스며들면 오랜 세월 동안 조금씩 녹는 거야.

그렇게 만들어진 동굴을 석회암 동굴이라고 해.

우리나라에 제법 많거든.

단양에 있는 고수동굴과 울진에 있는 성류굴, 삼척에는 대금굴과 환선굴이 유명하지.

특히 대금굴은 지금도 지하수에 녹아서 석회암 동굴이 만들어지는 중이라고 해.

자, 여기서 또 콱쌤 찬스!

지금까지 나온 석회암 동굴을 비교해 보러 가야 한다고 부모님께 말씀드려!

백 번 듣는 것보다 한 번 보는 게 낫다 = 백문이 불여일견입니다~. 지금 가시지요~!

지금까지 나온 물이나 식물 등이 암석을 녹이거나 부수는 작용을 **풍화 작용**이라고 하고, 이 작용이 오래되면 결국 암석이 잘게 부서져서 식물이 자랄 수 있는 흙이 되는데, 이걸 토양이라고 해.

지권에 대해 여러 가지를 알아봤는데, 두둥!

대망의 하이라이트! 지권이 움직인다!

우리가 살고 있는 땅이 움직인다는 사실, 몰랐지?

지금부터 세계화 시대에 살아갈 너희들을 위해 중요한 사실 하나를 알려줄게.

쌤 친구들은 다들 한국을 너무 좋아해서 모두 우리나라에 살고 있지만 너희들은 외국에서 살게 되는 경우가 많을 거야.

다른 나라에 장기간 살게 되는 경우 지진이나 화산에 안전한 나라를 찾는 법을 알려 줄게, 잘 들어 봐.

지금으로부터 약 100년 전, 독일에 살고 있던 베게너라는 사람이 대륙이 움직인다는 얘기를 시작했어.

세계 지도를 관찰하다가 멀리 떨어져 있는(비행기로 몇 시간 정도 가야 하는 거리) 두 대륙의 해안선이 비슷하다는 사실을 발견한 거야.

남아메리카 대륙과 아프리카 대륙의 지도를 잘라서 서로 마주 보고 있는 해안선을 붙여 보면 퍼즐처럼 비슷하게 들어맞는 걸 알 수 있어.

베게너는 몇 가지 증거를 더 발견하고는 대륙이 천천히 움직인다는 **대륙이동설**을 발표했어.

북아메리카와 유럽에 있는 산맥을 붙여 보면 연결이 되고, 멀리 떨어져 있는 대륙에서 같은 생물의 화석이 발견되기도 해.

또, 여러 대륙에서 발견되는 빙하의 흔적들을 모아 보면 결국 모든 대륙이 한 덩어리로 붙어 있다가 떨어졌다고 설명하면 이해가 되는 현상들인 거야.

신기하지?

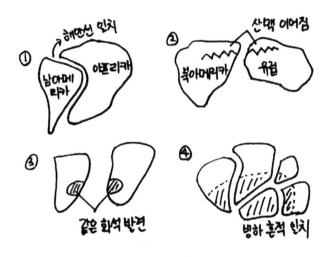

아주 오래전에 지구 위의 모든 대륙이 한 덩어리로 붙어 있었다는데 그 이름을 판게아라고 해. 천천히 대륙들이 떨어지고 이동하여 지금처럼 배치가 되었다고 베게너가 설명했는데, 두둥!

아무도 믿지를 않았어.

지금 너희들도 우리가 살고 있는 땅이 움직인다고 하면 믿어져? 아무 느낌도 없지?

100년 전 사람들은 어땠겠어?

이미 알고 있는 우리도 안 느껴지는데 그 옛날 사람들이 갑자기 그런 사실을 발표하면 당연히 안 믿겠지.

베게너는 죽기 전까지 자기가 발표한 사실이 사람들에게 무시당하는 수모를 겪었어. 대륙이 이동할 수 있게 해 주는 힘이 무엇인지 설명하지 못했거든.

지구 위의 이 거대한 땅이 어떻게 이동하는지 그 당시의 과학 지식으로는 설명할 수가 없었어.

그러다가 세계 대전이 터진 거야.

전쟁이 나면 과학 기술은 엄청나게 발전해.

전쟁에서 이기기 위해 사람들은 모든 방법을 동원하거든.

예를 들면 적군의 배를 침몰시키기 위해 잠수함을 개발하는 거야.

잠수함이 잘 돌아다니려면 바닷속 지형을 알아야겠지?

그래서 바닷속을 연구하다 보니 바닷속 땅, 즉 해양 지각이 움직인다는 사실을 알아낸 거야.

이런 식으로 세월이 지나면서 베게너는 생전에는 무시당했지만, 지금은 너희들 책에도 나오는 유명한 과학자가 되었지.

이젠 모두 대단하다고 생각하고 있지.

베게너의 대륙이동설에서 출발해서 여러 과학자의 이론을 거쳐서 정리된 이론을 **판구조론**이라고 해. 먼저 '판'이라는 것에 대해 알아봐야겠지?

판은 지각과 그 아래쪽에 있는 맨틀 일부를 포함한 단단한 암석층을 말해.

근데 이 판은 한 덩어리가 아니고 크기가 다양한 여러 조각이 모여서 직소 퍼즐처럼 붙어 있어.

그 퍼즐 조각 위에 우리나라가 있지.

여기서 또 쾍쌤 찬스!

부모님께 판구조론을 이해하려면 직소 퍼즐을 사서 해 봐야 한다고 말씀드려. ㅋ 기회는 찬스야!

과학자들은 이후 판이 움직인다는 사실도 알아냈고, 판이 움직이는 방향과 속도가 다양하다는 것도 알아냈어.

판의 이름을 외울 필요는 없지만 우리나라가 어느 판에 해당하는지는 알아 놔.

우리나라는 아시아 대륙과 유럽을 포함하는 거대한 판인 유라시아판 위에 있는데 그 옆에 태평양을 거의 다 포함하는 태평양판이 있어.

이 두 판이 움직이면 두 판이 만나는 경계는 엄청난 힘을 받게 되겠지? 그 결과 두 **판의 경계**에서 **지진**이나 **화산**이 많이 발생해.

세계 지도 위에 지진이나 화산이 자주 발생하는 지점을 표시하면 판의 경계와 거의 일치한다는 사실도 알아냈지.

그래서 만약 지진이나 화산이 무서우면 되도록 판의 경계에 위치한 나라는 가지 않는 게 좋아.

우리나라 옆에는 두 거대한 판의 경계 위에 만들어져서 지진과 화산이 아주 활발한 나라가 있어.

어딜까?

그래, 일본이야.

일본 사람들은 자기 나라가 지진과 화산이 활발하다는 걸 알기 때문에 지진과 화산에 대비한 시스템을 잘 갖추고 있지. 좋은 건 본받아야겠지?

지금 이 책을 읽는 너희들은 너무 어렸을 때 지진이 일어나서 기억이 안 나겠지만, 2016년과 2017년에 일어났던 지진을 생각해 보면 쌤은 아직도 겁이 나.

한 번은 자다가 침대가 통째로 흔들리는데 놀이기구 타고 있는 것 같았어.

다행히 내진 설계가 되어 있는 집에 살아서 뛰쳐나가지는 않았지만 겁이 무지 났었지.

내진 설계는 지진에 견딜 수 있도록 건물을 짓는 걸 말하는데, 내진 설계가 잘 된 집일수록 지진이 났을 때 많이 휘청거려.

그리고, 지진이 발생했을 때 집이 무너지는 것보다 높은 곳에 있는 물체가 떨어져서 다치는 경우가 많다고 하니까, 지진대피 훈련을 할 때 책상 밑에 들어가는 것과 머리 위에 뭐든 올리고 대피하는 것 잊지 마.

훈련할 때마다 하기 싫다면서 왜 하냐고 불평하지만, 여러 번 반복해서 훈련해 놔야 실제로 지진이 났을 때 허둥대지 않고 몸에 익숙한 대로 안전하게 대피할 수 있어.

어떤 쌤은 지진이 났을 당시 종례를 하고 있었는데, 쌤이 말하지도 않았는데 학생들이 한 명도 빠짐없이 후다닥 책상 밑으로 대피하더래.

쌤만 덩그러니 교탁 앞에 서 있다가 다 같이 운동장으로 대피하면서 평소에 하는 대피 훈련이 얼마나 중요한지 알겠더래.

여름에 더울 때 운동장에 대피하면 정말 힘들지?

투덜대는 사람들 많은데 다 너희들 보호하려고 훈련하는 거야.

만약 너희 집 뒷산에서 갑자기 화산이 폭발한다면 어떻게 피해야 하는지 알고 있어?

모르지? 화산 대피 훈련은 안 해 봤잖아.

우리나라는 화산은 거의 없지만 지진은 언제 어디서 일어날지 모르는 일이라서 대비해야 해.

여기서 노벨상 포인트 하나 알려 줄게!

여러 자연재해 중에서 대부분은 미리 알고 대비를 할 수 있는데 지진은 언제 어디서 발생할지를 몰라.

그래서 만약 지진을 미리 알 방법을 개발한다면 노벨상은 그냥 받을 거야.

혹시 노벨상 받으면 쌤 덕이라고 한마디 해 줘. ㅋㅋ

Ⅱ-3.

빛과 파동은
둘이 무슨 관계야?

조금씩 어려워지기 시작하지?

이 단원에서는 빛과 소리에 대해 알아볼 거야.

파동이란 말은 처음 듣지?

나중에 설명할 건데 파동의 예 중 하나가 소리야.

우리는 빛이 있어서 물체를 볼 수 있고, 소리가 있어서 들을 수가 있어.

빛과 소리가 왜 중요한지 알겠지?

공부해야겠지?

먼저 빛에 대해 알아볼게.

빛을 만들어 내는 물체를 광원이라고 하는데 형광등, 촛불, 태양 등이 있어.

광원에서 만들어진 빛은 사방으로 퍼져 나가는데, 이때 세 가지 방법으로 움직여.

먼저 아무것도 방해하는 것이 없을 때 빛은 한 방향으로 똑바로 가. 그걸 직진이라고 해.

빛이 직진하다가 뚫고 지나갈 수 없는 물체를 만나면 튕겨서 다른 방향으로 가. 그걸 반사라고 하지.

친구가 욕하면 '반사!'라고 하잖아

물이나 렌즈처럼 통과할 수 있는 물체를 만나면 통과해서 지나가는데, 똑바로 못 지나가고 약간 꺾여서 통과해. 그걸 굴절이라고 해.

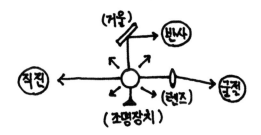

빛의 성질을 알아봤으니 이제 우리가 물체를 어떻게 볼 수 있는지를 알아봐야겠지?

놀라지 마. 처음 듣는 내용이 나올 거야.

깜깜한 밤에 전등을 끄고 있을 때 눈을 뜨면 방 안 물건들이 보여? 안 보이지?

전등을 켜면 어때? 보이잖아.

전등은 빛을 만들어 내는 광원인데 다른 물체들은 광원이 아닌 거야.

스스로 빛을 만들어 낼 수 없어.

우리는 눈에 빛이 들어와야 볼 수 있거든.

눈에 빛이 들어온 후 어떻게 볼 수 있는지는 'Ⅲ-5. 자극과 반응'에서 볼 거니까 기다려.

우선 눈에 빛이 들어오는 방법부터 알아보자구.

전등이 켜지면 전등에서 나온 빛이 방 안에 골고루 퍼질 거야. 직진을 하겠지?

그러다 물체를 만나면 어떻게 될까?

그렇지! 뚫고 지나갈 수 있으면 굴절, 못 지나갈 경우는 뭘 한다? 반사!

반사된 빛이 다시 직진하다 내 눈을 만나면 내 눈 속으로 들어오는 거야.

그럼 나는 그 물체를 볼 수 있게 되지.

정리하면, 광원에서 나온 빛이 물체에 반사되어 내 눈에 들어오면 물체를 볼 수 있다.

그럼 내 뒤에 있는 물체를 볼 수 없는 이유는 뭐야?

뭐긴 뭐야! 눈이 뒤통수에 달려 있지 않아서 그런 거지.

뒤돌아보면, 뒤쪽 물체에서 반사된 빛이 내 눈에 들어오잖아.

밤에 하늘을 쳐다보면 뭐가 보여?

달도 보이고 별도 보이지?

별은 광원이 맞아.

그런데 달은 광원이 아니야. 스스로 빛을 낼 수 없어.

그런데 우리가 어떻게 볼 수 있어?

태양계 파트에서 했었지?

태양에서 나온 빛이 달에 반사되어 우리 눈에 들어와서 보이는 거야.

그래서 지구-달-태양 순으로 위치할 때는 태양에서 나온 빛이 달에 반사되어 다시 태양 쪽으로 가버려서, 지구에 있는 우리 눈에는 빛이 들어오지 않기 때문에 달이 안 보이는 '삭'이 되는 거야.

신기하지? 앞 단원과 연결되는 게?

사실 과학책에 나오는 내용은 모두 연결되어 있어.

너희가 어려워서 단원별로 나누어서 설명하는 거지.

이제 빛의 반사를 이용한 물건을 알아볼 시간!

빛은 직진하다가 통과할 수 없는 물체를 만나면 어떻게 된다고 했지?

설마… 설마… 또 까먹은 거 아니지?

쌤 이젠 울고 싶어진다!

반사! 빛이 반사하는 성질을 이용한 가장 대표적인 물체가 거울이야.

거울은 신기하게도 그 속에 내 모습이 보이지?

하나도 안 신기했어? 그러셨쩌요~~.

＼ [˘ᵕ˘] ／

과학을 잘하려면 주변을 관찰하라고 했어, 안 했어?

평소에 늘 보는 현상도 왜 그럴까를 생각하다 보면 과학자의 마인드를 탑재하게 되지.

거울 속에 내 모습이 보이는 이유를 알아보려면 먼저 빛의 **반사 법칙**을 알아야 해.

어! 어! 걱정하지 마. 별거 아냐.

법칙이라고 하면 겁부터 먹지? 어려울까 봐.

껌이야, 껌. 정말 별거 없어.

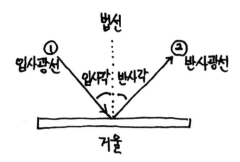

위 그림처럼 거울 면에 수직인 선을 긋고 그걸 법선이라고 부르자.

1번처럼 거울을 향해 오는 빛을 입사 광선이라고 하고, 2번처럼 거울에 부딪혀서 튕겨 나가는 빛을 반사 광선이라고 해.

이 정도는 알아듣지?

입사 광선과 법선 사이의 각을 입사각, 반사 광선과 법선 사이의 각을 반사각이라고 하는데….

잠깐! 포기하지 마! 이제 결론만 남았어!

빛이 거울에 반사할 땐 항상 입사각과 반사각이 같다.

이게 반사 법칙 끝!

이 반사 법칙을 이용해서 수업하다 쌤 눈에 빛을 보내는 사람도 있지.

어떤 학생은 거울 대신 자를 이용하기도 하거든.

쌤이 돌아보면 자기가 안 한 것처럼 시치미 떼고 앉아 있지만 쌤 과학 쌤이야!

당연히 누가 한 건지 반사 법칙으로 각도 계산해 보면 범인은 바로 잡히지! 그냥 인정하고 사과하면 될 걸 일을 크게 키우는 사람 있지?

이럴 때 잘못을 인정하면 쌤은 그냥 "반사 법칙 실험은 사람이 없는 곳에서 하거라~." 하면서 곱게 끝낼 거야.

이제 반사 법칙을 이용해서 어떻게 거울 안에 물체가 보이는지 알아볼게.

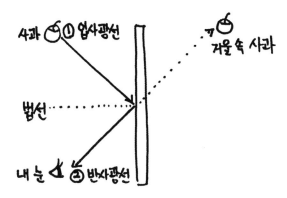

위 그림에서 거울이 없다면 사과에서 반사된 빛이 내 눈에 들어올 수 없지?

그런데 거울을 갖다 대면 사과에서 나온 빛이 거울에 반사되어서 내 눈에 들어오는 거야.

여기서 문제는 사람의 눈은 빛이 반사되는 걸 알지 못해.

무슨 말이냐면 그림의 ①번 빛이 직진하다가 거울에 반사되어 ②번 빛이 된 다음 내 눈에 들어오는데, 내 눈은 ①번 빛은 보지 못하고 ②번 빛만 볼 수 있어.

눈이 ②번 빛을 보게 되니까 당연히 ②번 빛의 반대 방향에 사과가 있다고 생각하는 거야.

그래서, 거울 속에 사과가 있는 것처럼 보이는 거지.

신기하지?

거울은 종류가 다양한데, 크게 세 종류로 구분해서 볼게.

먼저 표면이 편평한 평면거울.

화장실 거울은 대부분 평면거울이지.

평면거울은 빛이 반사되면 모두 나란히 퍼져 나가서 물건의 실제 모습과 똑같이 보여.

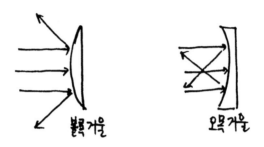

그런데, 가운데가 볼록한 **볼록 거울**과 가운데가 오목한 **오목 거울**도 반사 법칙이 성립하는데, 표면이 동그랗다 보니 볼록 거울은 빛이 반사되어 퍼져 나가고, 오목 거울은 빛이 모이게 돼.

그러다 보니 물건의 실제 모습과 다르게 보이거든.

미안하지만 이건 좀 외워야 해.

볼록 거울로 물체를 볼 때는 실제보다 작게 보이고, 물체와 거울이 멀어질수록 더 작게 보여.

오목 거울은 좀 복잡해.

물체가 오목 거울에 아주 가까이 있을 때는 실제보다 너무 커 보여.

혹시 학교 과학실에 대형 오목 거울과 볼록 거울 있으면 오목 거울에 아주 가까이 얼굴을 가져가 봐.

10명 중 9명은 본인 모습 보고 흠칫 놀랄 거야.

쌤도 허걱! 소리가 저절로 나올 정도로 크고 자세히 보여서 깜짝 놀랐어.

오목 거울은 좀 신기해.

아주 가까이 있을 땐 엄청 크게 보이다가 잠시 멀어지면 어느 순간 물체가 뒤집어져 버려.

그러다 멀리 가면 뒤집힌 채로 점점 작아져.

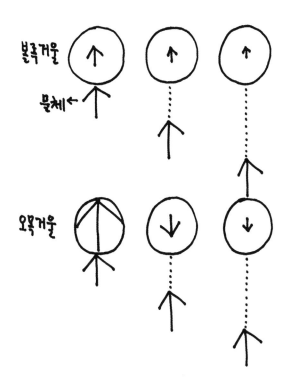

손거울 중에서 한쪽 면은 얼굴 크기가 똑같이 보이는데 반대쪽은 얼굴이 크게 보이는 경우 있지?

그쪽 면이 오목 거울이란 뜻이야.

쌤은 웬만하면 오목 거울로는 얼굴을 안 보려고 해.

너희들 말을 따라 쓰면 현타가 오려고 해서.

오목 거울은 치과 의사 쌤들이 좋아하지.

치과용 거울에 쓰면 잘 보이지 않는 입 속을 크게 확대해 주니까.

영국에 워키토키라는 높은 빌딩이 있는데 표면 전체가 거울로 되어 있는 데다 한쪽 면이 오목하게 만들어져 있거든.

그래서 오목한 면에 반사된 빛이 한 지점에 모이는 바람에 그 지점에 세워 놓았던 자전거 안장이 녹거나 사람들이 달걀 프라이를 만드는 실험도 했다고 해.

빌딩 설계하는 사람이 빛의 성질에 대해 공부를 안 했나 봐. 그렇지?

볼록 거울은 편의점에서 많이 볼 수 있어.

편의점 천장에 매달린 거울 알지?

볼록 거울은 실제보다 작게 보이는 대신 넓은 범위를 볼 수 있어.

그래서 혹시라도 손님들이 물건을 훔치지 않는지 지켜볼 수 있는 거야.

지금까지 빛의 반사를 이용한 거울에 대해 알아봤고, 이제 빛의 굴절을 이용한 렌즈에 대해 알아보자구.

빛의 굴절이 어떤 거였지?

빛이 직진하다가 통과할 수 있는 투명한 물체를 만나면 통과는 하는데 똑바로 직진한다, 못한다?

못하고 꺾여서 이동한다!

빛의 굴절을 이용한 유명한 실험 하나 알려 줄게.

불투명한 그릇을 하나 준비해.

국그릇 정도면 될 거야.

국그릇 가운데에 동전을 하나 두고 동전이 보일랑 말랑 하는 거리까지 가서 기다려. 그리고, 다른 사람에게 국그릇에 물을 천천히 부어 달라고 해 봐.

어느 순간 동전이 보이게 될 거야.

물이 없으면 동전에서 나오는 빛이 직진해서 그릇에 막혀서 내 눈까지 못 오는데, 물이 있으면 빛이 물 때문에 굴절해서 내 눈으로 올 수 있게 돼. 신기하지?

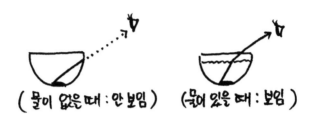

(물이 없을때 : 안 보임)   (물이 있을 때 : 보임)

굴절 때문에 계곡에 가면 바닥이 실제보다 떠 보이거든.

그래서 얕은 줄 알고 함부로 뛰어들었다가 위험해지는 경우가 있어.

꼭 기억해!

우리 눈에 보이는 것보다 실제 물속은 더 깊다!

안전이 제일!

여름에 물가에 놀러 가면 무릎까지만 들어가서 자기 다리 한 번 봐. 짤막하게 보일 거야. ㅋㅋ

투명 컵에 물을 담아 놓고 젓가락을 꽂아 두고 옆에서 보면 젓가락이 구부러져 보이고.

이런 것들도 너희가 실제로 주변을 관찰하지 않으면 몰라. 과학은 관찰이 중요하다 했지? 기억해!

이런 빛의 굴절을 이용해서 우리가 사용하는 대표적인 물건이 렌즈야.

너희들 눈앞에 있는 경우 많지?

쌤도 시력이 좋지 않아서 안경을 껴야 하는데 귀찮아서 잘 안 껴.

렌즈도 거울처럼 가운데가 볼록한 것도 있고 오목한 것도 있어.

빛이 렌즈를 통과하면서 굴절할 때도 렌즈의 모양에 따라 빛이 모이기도 하고 퍼지기도 해.

그런데 거울과 성질이 반대로, 볼록 렌즈가 빛을 모으고, 오목 렌즈가 빛을 퍼뜨려.

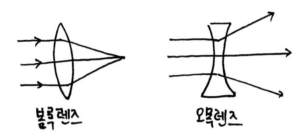

그래서 볼록 렌즈는 오목 거울과 성질이 같고, 오목 렌즈는 볼록 거울과 성질이 같아.

거울의 성질 벌써 까먹었지? 당연하지!

다시 복습해 보자.

먼저, 볼록 렌즈는 오목 거울과 같다고 했지?

아주 가까이 있을 때는 아주 커 보이다가 멀어지면 어느 순간 뒤집히고 더 멀어지면 점점 뒤집힌 채로 작아지는 거.

오목 렌즈는 볼록 거울과 성질이 같아서 실제보다 작아 보이는데 렌즈에서 물체가 멀어질수록 점점 더 작아져.

거울은 물체와 내가 같은 방향에 있었지만, 렌즈는 나와 물체가 렌즈를 사이에 두고 있는 것만 달라.

이제 너희 안경이 볼록 렌즈인지 오목 렌즈인지 알아볼까?

혹시 눈이 건강한 사람은 가족이나 친구들 걸로 실험해 봐. 안경을 손에 들고 책 위에 올려 봐.

글씨가 작게 보이면 무슨 렌즈? 오목!

글씨가 크게 보이면? 볼록 렌즈!

그럼 멀리 있는 걸 크게 확대해서 보는 망원경이나 작은 물체를 크게 확대하는 돋보기, 현미경은 무슨 렌즈로 만들어야 할까?

그렇지! 볼록 렌즈를 써야지.

간단히 할 수 있는 실험이 있어. 투명한 플라스틱이나 비닐을 준비해서 그 위에 물을 한 방울 떨어뜨려 봐.

그걸 그대로 책에 있는 글자 위에 올려 봐.

어떻게 될까? 그래, 물방울이 볼록 렌즈 역할을 해서 글자가 크게 보여. 신기하지?

과학이 재미있지? 자꾸 더 하고 싶지?

아직 재미없다고? 쳇!

빛에 대해 마지막으로 물체의 색에 대해 알아볼게.

앞에서 우리가 물체를 볼 수 있는 이유가 뭐라고 했어?

어디서 나온 빛이 물체에 뭐 되어 내 눈에 들어오면 볼 수 있다?

광원에서 나온 빛이 물체에 반사되어 내 눈에 들어오면 그 물체를 볼 수 있다고 했지?

그럼 그 물체가 빨간색으로 보이는 이유는 뭘까?

생각해! 생각해! 단순하게 생각해!

물체가 빨간색으로 보이는 이유는 물체에서 반사되어 내 눈에 들어오는 빛이 무슨 색이다?

그래! 빨간색이 내 눈에 들어오니까 빨간색으로 보이는 거야.

그런데 여기서 중요한 점! 그 빨간색 물체는 빛을 만들어 낸다, 못 만들어 낸다?

못 만들어 낸다고 했지? 그럼 그 빨간빛은 누구 거야?

이거 맞추면 최소 영재!

정답은 광원!

햇빛이나 전등이 만들어 내는 빛 속에 빨간색이 들어 있다는 거야.

근데 햇빛이나 전등 빛은 빨간색이 아니잖아?

햇빛 아래에서 나뭇잎은 무슨 색으로 보여?

초록색으로 보이지?

바닷물은 파란색으로 보이고?

자, 이제 쌤이 말한 걸 모아서 생각해 봐.

결국 햇빛 속에는 무슨 색 빛이 있다?

그래! 너희가 볼 수 있는 물체들의 색이 다 들어 있어.

그래서 햇빛이나 전등처럼 그냥 보면 아무 색으로도 보이지 않는 그냥 밝은 빛을 백색광이라고 해.

또 어려운 말 나왔지? 한자로 풀이해 봐.

아는 한자 있어?

무슨 백? '흰 백(白)', 색은 색깔이란 뜻이고, 광은?

'미칠 광(狂)' 아니고! '빛 광(光)'

조합하면 뭐야? 흰색빛이란 뜻이지. 별거 없지?

자, 여기서 머리 좀 굴려 봐.

지금까지 설명한 걸 정리하면 모든 빛을 섞으면 무슨 빛이 된다? 그래! 흰빛!

무슨 색인지 모르는 그냥 환한 빛을 백색광이라고 해.

여기서 잠깐! 미술 시간에 물감을 쓰다 물통에 붓을 씻잖아. 나중에 보면 물통 속 물이 무슨 색이야?

시꺼먼 색이지? 물감은 섞을수록 검은색이 돼.

그렇지만 빛은 섞으면 섞을수록 밝아져.

아이돌 좋아하는 사람들은 무대조명 알지?

천장에 보면 빨강, 초록, 파란색 조명이 가득 있는데, 무대감독이 가수의 노래에 따라 다른 조명을 켜는 거야.

빛은 모두 섞으면 흰색, 다시 말하면 아주 환한 빛이 되지만 잘 섞으면 다양한 색을 만들 수 있어.

그런데 신기하게도 우리가 볼 수 있는 모든 빛을 단 세 가지 색의 빛을 적절히 잘 섞으면 만들 수 있어.

그 세 가지 색이 뭘까?

혹시 미술 시간에 배운 색의 삼원색 기억나는 사람 있어?

물감도 세 가지 색만 준비해서 잘 섞으면 내가 원하는 색을 모두 만들어서 그릴 수 있어.

색의 삼원색은 빨강, 노랑, 파랑이야.

색의 삼원색은 물감을 자꾸 섞어야 하니까 섞을수록 어두워져서 결국 검은색이 되어 버려.

하지만 빛의 삼원색은 섞을수록 더 밝아져서 환한 흰빛이 되어 버리지.

빛의 삼원색은 색의 삼원색과 한 가지만 달라.

맞혀 봐!

답은 빨강, 초록, 파랑.

노랑을 빼고 초록을 넣으면 돼.

빛의 삼원색을 섞으면 어떤 색이 되는지 기억해.

외우라는 말이야!

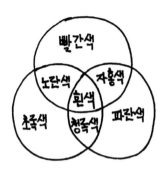

　그림처럼 빨간빛과 초록빛을 똑같은 양으로 비추면 겹치는 곳에 있는 노란빛이 되고, 초록빛과 파란빛을 똑같은 양을 비추면 청록색, 빨간빛과 파란빛을 섞으면 자홍색, 세 가지 빛을 모두 똑같은 양을 모으면 흰빛이 된다는 거야.

　물감을 섞을 때랑 색이 달라. 조심해.

　자, 이제 너희가 무대감독이야.

　제일 좋아하는 아이돌의 차례가 되었어.

　최선을 다해 무대를 꾸며야겠지?

　아이돌이 무대에 나와 자리를 잡는 동안 무대가 어두워야 하니까 조명을 어떻게 할까?

　그래! 꺼야지!

　빛이 없으면 우리는 물체를 볼 수 있다, 없다?

　우리 눈에 빛이 들어오지 않으면 물체를 볼 수 없어서 검은색으로 인식하지.

　오늘 나의 최애 아이돌의 매니저가 처음엔 노란색 무대였다가 나중에는 청록색이었다가 마지막에는 무대를 환하게 밝혀 달라고 요청하였어. 들어줘야겠지?

자, 처음엔 무슨 색 조명을 켜야 해?

노란색이니까 빨강이랑 초록을 똑같은 개수로 켜야겠지?

그다음은? 청록색 무대 차례에는 어떤 조명을 켜?

초록과 파랑을 켜야겠고. 마지막에는 어떻게 해?

세 가지 조명을 모두 다 켜야지.

내 최애가 환한 빛으로 빛날 수 있게. 그렇지?

빛의 색에 대해서 조금 감을 잡았어?

이제 주면 물체의 색에 대해 좀 더 들어가 보자구.

빨간색 사인펜이 있어. 얘는 왜 빨간색일까?

빨간색 잉크를 썼으니까? 그럼 빨간색 잉크는 왜 빨간색일까? 잉크를 만든 재료가 빨간색이니까?

그럼 그 재료는 왜 빨간색일까?

그 재료는 빨간빛을 만들어 낼 수 있을까?

힌트를 주면 빛을 만들어 내는 걸 광원이라고 했지?

자, 이제 설명해 봐.

빨간색 사인펜이 왜 빨간색이야?

광원(전등이나 태양)에서 나온 빛이 사인펜에 가겠지? 빛은 사인펜을 뚫고 지나가, 못 지나가?

빛이 직진하다가 뚫고 지나가지 못하면 어떻게 된다고 했지? 그래, 반사하는 거지.

반사된 빛이 내 눈에 들어오면 그 물체가 보인다고 했지? 기억 안 나? 기억상실러들은 저리 꺼져!

광원에서 나와서 물체에 반사된 빛이 내 눈에 들어오는데 그 물체가 빨간색으로 보이는 거야. 그렇다면 광원에서 나온 빛 속에 있던 다른 색들은 어디로 갔을까?

다른 색의 빛은 그 물체가 꿀꺽하는 거지.

햇빛 아래에서 빨간색으로 보이는 물체는 빨간색은 반사하고, 다른 색은 흡수해 버리는 거야.

너희가 빨강, 초록, 파랑 티셔츠 3개를 샀는데 맨날 빨간색 티셔츠만 입고 다니면, 사람들이 너희가 빨간색 티셔츠만 있다고 생각하겠지?

고개 들고 주변을 한 번 둘러봐.

물체들이 다양한 색으로 보이지?

그 물체는 그 색만 반사해서 내 눈으로 보내 주는 거야.

만약 물체가 빨강과 초록빛을 동시에 반사하면 내 눈에는 무슨 색으로 보일까?

그래! 빨강과 초록이 섞인 노란색이 되는 거지.

레몬이 노란색인 이유를 알겠어?

청록색 티셔츠는 왜 청록색으로 보일까?

초록빛과 파란빛 두 가지를 반사하는 성질이 있어서 그래. 내 눈에 그 두 빛이 동시에 들어오니까 두 빛이 섞인 청록색으로 인식하는 거야.

자, 한 단계 업그레이드! 너희가 자주 입는 흰색 면티는 왜 흰색일까? 이거 설명하면 쌤이 인정한다!

기다려 줄게, 생각해 봐.

그렇쥐! 빨강, 초록, 파란빛을 모두 반사해서 내 눈에 보내 주면 세 가지가 다 섞여서 흰색이 되는 거야.

그렇다면 하나 더! 검은색 면티는 왜 검은색일까?

생각! 생각! 생각!

힌트! 좀 전에 아이돌 무대 때 설명했어.

그래, 검은색 면티가 빛을 반사시키지 않으면 되는 거야.

내 눈에 들어오는 빛이 없으니 나는 면티가 검은색으로 보이는 거야.
신기하지?

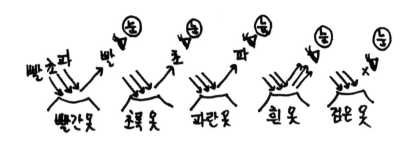

흰색이 빛을 많이 반사하는 거 확인시켜 줄게.

A4용지 한 장 들고 화장실로 가.

흰색 종이면 아무거나 괜찮아.

거울 속 얼굴을 보고 있다가 종이를 턱 밑에 대고 화장실 불빛이 반사되어 얼굴에 비추도록 해 봐.

어때? 놀랍지? 얼굴이 환해지면서 빛이 나지?

결혼식 촬영할 때 스텝이 은박지 같은 반사판 들고 있는 것도 봤어?

빛을 반사해서 신부 얼굴에 비추어 환하게 나오게 하는 거야.

이제 두 단계 업그레이드!

이거 맞히면 진짜 인정!

지금까지는 백색광(모든 빛이 다 들어 있는 빛)을 물체에 비출 때 색에 대한 내용이었고, 이젠 한 가지 색만 있는 빛을 물체에 비출 때를 생각해 볼게.

이봐! 학생! 여기 봐! 쌤이 쉽게 설명해 줄게.

여기까지 왔으면 다 이해할 수 있어.

생각보다 너 머리 좋아. 여기까지 왔는데 포기하지 마!

빨간색 장미가 있어. 왜 빨간색이야?

다른 빛은 흡수하고 빨간빛만 반사해서 그렇지?

얘한테 빨간빛만 주는 거야.

그럼 장미는 빨간빛을 어떻게 할까?

그래! 반사! 그럼 내 눈에 무슨 빛이 들어와?

그래! 빨간빛! 그럼 나는 장미가 무슨 색으로 보여?

빨간색! 쉽지?

이 장미에 이제 초록빛을 비출 거야.

물론 다른 빛은 없는 깜깜한 곳에서.

초록빛을 빨간 장미에 비추면 장미는 초록빛을 반사할까? 아니지? 꿀꺽 삼켜 버리지.

그럼 열심히 쳐다보고 있는 내 눈에 빛이 들어와?

안 들어오지? 그럼 무슨 색?

그렇춰! 검은색!

어때? 할 만하지?

그럼 햇빛 아래에서 흰색, 초록색, 빨간색, 파란색으로 보이는 물체를 들고 깜깜한 방으로 들어가서 파란색 조명을 켰어.

이 네 가지 물체가 무슨 색으로 보일지 맞혀 봐.

흰색은 파란빛을 반사해서 파란색으로 보이고, 초록색과 빨간색은 파란빛을 흡수해서 검은색, 파란색은 파란빛을 반사해서 파란색으로 보여.

어려워?

어려우면 미래의 너에게 양보하고 넘어가!

이제 빛에 대해 진짜 마지막.

TV, 모니터, 휴대폰 액정은 광원일까, 아닐까?

그래, 광원이야. 그 말은 이런 애들 속에 무대조명 장치처럼 작은 조명 장치들이 가득 들어 있다는 거야.

너무 작아서 눈으로는 잘 보이지 않는 작은 조명들을 화소라고 해.

처음 들어 봤어?

화면을 보면 한 화면에 다양한 색이 보이고 화면 전환할 때마다 같은 자리의 색이 순식간에 바뀌지?

그렇다고 화면 속에 수많은 색을 다 넣을 수는 없잖아?

여기서 필요한 게 뭐?

수많은 색의 빛을 만들 수 있는 최소한의 색은 몇 개? 그래, 세 개. 무슨 색? 빨강, 초록, 파랑.

그래서 아주 작은 빨강, 초록, 파란색 조명 세 개를 한 묶음으로 묶어서 화소라고 해.

그럼 화소가 클수록 화면이 선명할까, 작을수록 선명할까?

화소가 작을수록 선명하겠지?

그래서 같은 화면 크기의 휴대폰을 살 때, 화소의 수가 많은 게 당연히 비싸겠지?

만약 화면에 노란색 레몬이 보여. 그렇다면 화소를 이루는 세 가지 색 중 어떤 색이 켜져 있을까?

그래, 그 부분은 빨강과 초록이 켜져 있고, 파랑이 꺼져 있으면 돼.

쌤이 눈이 안 좋아서 그런지 휴대폰 화면 속 화소는 잘 안 보이고, 교

175

실에 있는 대형 TV는 자세히 들여다보니 조금 보이더라구.

TV 속 화소를 크게 확대해서 그려 보면 이렇게 생겼어.

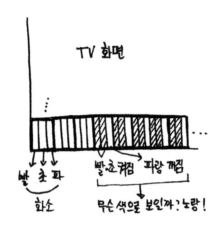

휴~ 지금까지 힘들었지? 기운 내!

빛은 이 정도 하고, 소리로 가 보자구.

소리는 파동의 한 종류인데, 파동에 대해 먼저 알아봐야 해.

잔잔한 물속에 돌을 던지거나 빗방울이 톡 떨어지면 주변으로 물결이 퍼져 나가는 거 본 적….

당연히 없겠지?;;

궁금하면 싱크대에 물 받아 놓고 아무거나 하나 떨어뜨려 봐. 물체만 쏙 가라앉고 주변의 물은 조용히 있는지, 물결이 퍼져 나가는지.

바닷가에서 놀다가 비치볼이 물에 빠지면 넘실대는 파도를 따라 앞으로 올 것 같으면서도 오지 않고는 계속 제자리에서 오르락내리락하지. 약 올리는 것 같은데 이런 모습…도 물론 못 봤겠지.

휴… 과학은 주변의 현상들을 설명하는 것이 대부분이라서 주변 현상들을 많이 관찰하고 한 번이라도 그 현상을 직접 봐야 이해가 쉬워.

못 봤기 때문에 간단하게 실험하는 경우가 많고. 혹시 기회 되면 관찰해 봐.

어쨌든, 잔잔한 물에 돌을 던지면 돌이 떨어지면서 물을 건드리니까 진동이 생기겠지? 진동은 떨림이야.

그 떨림이 주변으로 퍼져 나가는 현상을 파동이라고 해.

동생이랑 같은 침대에서 자는 사람들은 이해할 거야.

자다가 동생이 뒤척이면 그 진동이 나에게도 전달되어서 내가 누워 있는 부분도 들썩거리지?

아니면, 같은 반에서 한 덩치 하는 친구가 폴짝 뛰면 내 자리까지 바닥이 울리지? 그런 게 파동이야.

나랑 친구가 멀리 떨어져 앉아 있어도 교실 바닥을 이루는 물질은 모두 연결되어 있잖아. 그래서 친구가 만든 떨림이 교실 바닥을 타고 전달되는 거야.

이 경우는 교실 시멘트 바닥이 친구의 진동을 전달해 주지? 만약 친구와 나 사이에 교실 바닥이 끊어져서 아래층이 보인다고 생각해 봐.

그럼 친구가 만든 진동이 교실 바닥을 타고 이동하다 나한테까지 올까, 안 올까?

못 오겠지? 진동을 전달해 줄 물질이 없어서 그래.

이렇게 진동을 전달해 주는 물질을 어려운 말로 매질이라고 해.

그럼 물속에 돌을 던졌을 때 물결이 출렁거리면서 퍼져 나갈 때는 매질이 누구일까? 그래, 물이야.

요즘 사람들이 많이 힘들어하는 층간소음.

너희 집은 층간소음을 발생시키는 쪽이야, 피해받는 쪽이야?

아파트 중간층이면 피해자와 가해자 둘 다 되겠지?

위층에 사는 아이가 쿵쿵거리면서 걷는다고 생각해 봐. 아이가 쿵쿵거리면 위층 바닥에 떨림(진동)이 생기겠지? 그게 아랫집까지 전달되는 거야. 무엇을 타고?

윗집 바닥과 우리 집 천장이겠지. 여기서 조심할 점!

층간소음이 난다고 무조건 윗집만 의심하면 안 돼.

아파트는 여러 집이 연결되어 있기 때문에 대각선 방향에 있는 집에서 나는 소리도 우리 집까지 전달될 수 있어.

쌤도 예전에 관리실에서 연락을 받은 적이 있어. 집 안에서 러닝머신을 타지 말라는 거야. 쿵쿵거린다고.

우리 집엔 러닝머신이 없었거든? 억울했지.

이런 경우는 매질이 고체인 경우야.

근데, 여름에 계곡에 가서 물속에 들어가면 계곡 바닥을 밟는 사람들의 소리나 물 밖에서 말하는 사람들의 소리가 들리지?

여기서는 매질이 뭐야? 그래, 물이야.

즉, 액체도 매질이 될 수 있어.

그럼 기체는 매질이 될 수 있을까?

기체도 가능해. 친구와 얘기하는 경우를 생각해 봐. 사람의 목소리는 목 안에 있는 성대가 떨어 줘서 만들어지거든.

지금 바로 목 앞쪽에 손을 대고 소리를 내 봐.

뭔가 떨림이 느껴지지? 성대가 열심히 떨어서 진동을 만들어 내는 거야. 그 떨림이 너희 귀까지 오면 친구의 소리를 들을 수 있어.

네 입과 친구의 귀 사이가 고체나 액체로 연결되어 있어? 아니지?

그렇지만 공기는 있잖아. 공기가 네 성대의 떨림을 친구의 귀속까지 전달해 주는 거야.

그럼 공기조차 없으면 소리가 전달될까?

매질이 없으면 진동은 전달되지 않아.

그래서 달에 가면 공기가 없어서 소리가 안 들리니까 우주복 헬멧에 무선 장치를 달아서 얘기를 주고받는 거지.

이제 매질이 뭔지는 대충 알겠지?

파도타기 응원 봤어? 또 처음 들어봤어요~? 우쭈쭈~.

야구장 같은 경기장에서 주로 볼 수 있지.

파도타기 응원을 할 때, 멀리서 보면 파도치는 것처럼 사람들의 물결이 야구장을 몇 바퀴 도는 것처럼 보이지만, 실제 사람들은 자기 순서가 왔을 때 제자리에서 일어났다가 앉는 것밖에 안 해. 신기하지?

이 경우 매질이 뭔지는 알겠어? 그래, 사람이야.

근데 신기하게도 사람들은 제자리에 있는데 뭔가가 야구장을 몇 바퀴 돌고 있지?

그게 뭐냐면, **에너지**야.

또 에너지야. 에너지는 눈에 보이지 않아서 정말 이해가 힘들지만, 익숙해져야 해.

물에 빠진 돌이 물을 한 번 흔들어 주면 그 에너지가 그 옆의 물로 전달, 전달, 전달되면서 퍼져 나가는 게 **파동**이야.

파동이 생길 때, 실제로 움직이는 건 에너지, 에너지를 전달해 주는 건 매질이야. 어렵지?

리본체조 본 적…이 물론 없겠지만 체조선수가 긴 리본을 흔들면 리본이 물결처럼 퍼져 나가는 것처럼 보여.

그렇지만 리본은 그 자리에서 흔들리기만 하고 있어.

어떻게 보면 눈속임인 것 같지만, 체조선수가 리본에 에너지를 주면 손에서 가까운 리본부터 에너지를 전달받아서 차례대로 흔들리는 거야.

지진도 마찬가지거든.

포항에서 지진이 났다고 생각해 봐.

진동은 포항에서 만들어졌는데 서울까지 전달되지?

이때 매질은 누구야? 땅이잖아.

그럼 포항에 있던 땅이 서울까지 가? 아니지?

포항에서 시작된 진동이 그 옆에 있는 대구를 흔들고, 다시 그 떨림이 경기도로 전달되고, 서울까지 전달되는 거야.

그럼 다시 질문, 지각에 대해 배울 때 지구를 이루는 지각들은 모두 연결되어 있다고 했지? 구체적으로 말하면 판들이 모두 직소 퍼즐처럼 연결되어 있다고 했어.

그렇다면 우리나라 포항에서 시작된 지진이 전 세계에 퍼져나갈 수 있다, 없다?

그렇지! 있지! 시간이 오래 걸리거나 가다가 에너지가 줄어들겠지만, 지구 위 한 지점에서 만들어진 지진은 전 세계에서 관측할 수 있어.

그럼, 이제 파동이 생기면 실제로 이동하는 건 에너지고, 매질은 제자리에서 진동만 한다는 사실 알겠어?
"그래도 모르겠어요~." 하는 사람은 맑은 정신일 때 앞으로 가서 다시 한번 읽어봐. 지금 읽는 건 소용없어.
이미 뇌세포가 지쳤다는 뜻이거든.
이럴 땐 잠시 다른 일 하면서 쉬었다가 다시 읽는 게 나아.

다 이해가 되는 사람은 이제부터 파동의 가장 쉬운 예인 파도를 한번 볼게.
파도는 모양이나 속도가 제각각이지? 그래서 파동의 모양과 크기를 분석해 볼 수 있어야 해.
그래야 다양한 소리를 구분해서 설명할 수 있거든.
지금부턴 조금 까다로운 이론 파트야. 지겨워도 참아.

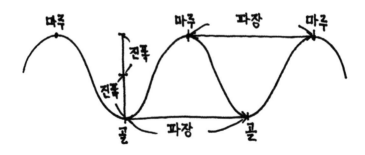

그림처럼 파도가 치고 있다고 해.
자세히 보면 파도는 똑같은 모습이 반복되고 있지?

간단하게 하나만 그린 다음 Ctrl+C, Ctrl+V 하면 되지?

이 그림처럼 파도가 가장 높은 지점을 **마루**라고 하고, 가장 낮은 지점을 **골**이라고 해.

광고는 아니지만, 호두로 만든 아이스크림 중 가장 높은 지점에 있는 아이스크림이 뭐야?

그래, 호두마루! 체리마루, 녹차마루도 있지? 더 있어? 참고로 쌤은 이 책에 예로 나온 상품이나 영화 등등 모든 것을 만든 회사와 아무 상관 없어.

그냥 과학을 설명하기 위해 가장 쉬운 예를 들기 위한 거야. 쌤 유튜버 아니야. 광고비 안 받아!

그림에서 마루와 골이 반복되는 것 보이지?

마루에서 마루, 또는 골에서 골까지의 가로 길이를 **파장**이라고 해.

파장이 긴 파도도 있고, 짧은 파도도 있겠지?

서핑할 땐 파장이 긴 파도타기가 쉬워, 짧은 파도타기가 쉬워?

자, 파동의 가로 길이를 파장이라고 하면 세로 길이, 즉 높이도 있겠지?

근데 파장의 세로 길이는 반을 잘라서 **진폭**이라고 해. 진동의 폭이란 뜻이야.

마루에서 골까지의 길이를 반으로 자른 거야.

바다에서 튜브를 타고 놀 때 진폭이 큰 파도가 좋아, 작은 파도가 좋아?

진폭이 큰 파도 좋아하다가 잘못하면 튜브가 뒤집히는 경우 있지?

어릴 때 튜브 타다 뒤집혀서 다리만 물 위로 나오고 물속에서 허우적거리다가 어른들에게 구출된 경우 있는 사람 일어나 양손 들고 흔들어, 예~!

자, 이제 파동의 모양은 봤고, 빠르기를 한 번 볼까?

마루에서 마루, 또는 골에서 골까지를 파장이라고 했지? 마루에서 마루까지 파동이 퍼져 나가는 시간을 잴 수 있겠지? 그 시간을 **주기**라고 해.

한 파장이 만들어질 때 걸리는 시간이라고 생각하면 돼.

거꾸로 시간을 정해 놓고 몇 번 진동하는지도 잴 수 있거든.

1초를 정해 놓고 몇 번 진동하는지를 세어 주면 그걸 **진동수**라고 해.

줄넘기에서 이단뛰기나 삼단뛰기를 할 수 있는 사람들은 1초에 몇 번 넘는 것 같아? 쌤은 못 함.

진동수와 주기는 역수 관계야. "역수가 뭐예요?"라고 물어 본다면 가르쳐 주는 게 인지상정! 미안….

역수는 분수에서 분모와 분자를 뒤집은 관계야. 예를 들어 $\frac{2}{3}$의 역수는 $\frac{3}{2}$이지. 쉽지?

주기가 10초인 파도가 있어.

그 말은 한 번 출렁하는 데 10초가 걸린다는 뜻이야.

이 정도면 바다가 잠잠한 거지?

이 파도의 진동수를 구하려면 어떻게 하면 될까?

간단하게는 10의 역수를 구하면 돼.

10은 $\frac{10}{1}$이란 뜻이니까 뒤집으면 $\frac{1}{10}$이 되는 거지.

즉, 진동수는 0.1이란 뜻이야.

진동수의 단위는 헤르츠라는 과학자의 이름을 따서 Hz라고 쓰고 헤르츠라고 읽어.

0.1Hz라는 뜻은 1초에 0.1번 진동한다는 뜻이야.

라디오 많이 듣는 사람은 라디오 주파수 들어 봤어?

"FM 라디오 100메가 헤르츠 ○○방송국입니다~."

라디오 방송국에서 방송할 땐 전파라고 하는 파동을 쏘아주거든. 이 전파의 주파수가 100메가 헤르츠라는 말은 1초에 100메가 번을 진동한다는 거야.

메가는 100만 배라는 뜻이야.

그럼 100만 배를 100번 하면 얼마가 돼?

숫자 많이 나오면 어지럽지?

그렇지만 차분하게 계산해 봐.

혹시 큰 수 세는 법도 까먹은 것 아니지?

일십백천만십만백만천만 일억십억백억천억 일조십조백조천조 일경 십경~ 헥헥….

1뒤에 0이 8개 달려 있으면 뭐야? 1억 번이지.

라디오 전파는 1초에 1억 번 정도 떨면서 전국에 퍼져 나간다는 거야.

재밌지? 과학 할 만하지?

쌤이랑 공부한 선배들이 왜 쌤을 좋아하는지 이해하겠지? ㅋㅋ

파동에 대해선 이제 조금 알겠지? 이제 마지막 과제!

소리에 대해 알아보자구!

소리는 파동이야. 그럼 소리의 매질은 뭐라고 했어?

고체, 액체, 기체 모두 다 된다고 했지?

주변에서 나는 소리를 들어 보면 정말 다양하지?

그래서 마지막으로 소리의 3요소에 대해 알아볼 거야.

이것만 하면 이 단원 끝나! 힘내!

쌤이 엄청 쉽게 설명해 볼게.

쌤 믿지? 쌤만 믿고 따라 와.

소리는 눈에 안 보이는데 눈에 보이도록 파동의 모양을 그려 주는 프로그램이 있어. 작곡가들이 TV에 나올 때 보면 뒤에 이상한 기계들 많이 있지?

쌤은 주로 Cooledit라는 프로그램을 써.

이걸 컴퓨터에 깔고, 작은 마이크 하나 연결해.

그런 다음 학생들이 앞으로 나와서 마이크에 대고 소리를 내게 하면 그 소리들이 화면에 파도처럼 그림으로 그려져.

그러면 각자의 소리를 비교해 볼 수 있지.

소리가 다른 이유는 **소리의 세기, 높낮이**, 음색이 달라서 그런데 이 세 가지를 **소리의 3요소**라고 해.

조금 헷갈리지? 설명 시작할게.

먼저 소리의 세기는 큰소리와 작은 소리를 말해.

너희가 수업 중에 내는 소리는 작은 소리지?

쉬는 시간엔 어때? 아주 큰 소리가 나지?

이렇게 큰 소리와 작은 소리를 프로그램에 넣고 분석해 보면 아래 그림처럼 나타나.

두 파동이 뭐가 다른 것 같아?

(작은 소리)

(큰소리)

눈 감고 봐도 세로 폭이 다르지?

파동에서 세로 폭, 다시 말하면 마루에서 골까지의 거리의 반을 뭐라고 했지? 그래, 진폭이라고 해.

소리의 세기는 결국 진폭의 차이가 되는 거야.

정리하면 진폭이 클수록 어떤 소리? 큰 소리.

쌤은 진폭이 큰 소리가 싫어~, 머리 아퍼~.

바닷가에 있는 작은 학교에 있을 때 우리 반 애들이 15명이었는데, 얼마나 큰 소리를 냈는지 매일매일 귀가 먹먹해질 정도였어.

음악 시간에 노래 불러 보면 몇 옥타브 올라가? 한 옥타브는 도에서 그다음 도까지를 말해. 지금 해 봐.

제일 낮은 소리를 내면서 점점 높여 가는 거야.

참고로 높은 소리로 가면 소리의 높낮이는 똑같은데 말만 "도레미파~." 하는 사람이 많더라.

쌤은 어릴 때 높은음이 나는 노래도 잘 불렀는데, 지금은 최대 2옥타브 정도밖에 안 올라가는 것 같아.

수업하느라 목을 너무 많이 써서 그런가 봐.

아무튼 낮은 '도' 소리와 높은 '도' 소리는 낼 수 있지? 그렇다면 이 두 소리의 차이는 뭘까?

사람은 조금 어려우니까 악기를 가지고 두 소리를 내면서 프로그램으로 그림을 그려 보면 이렇게 그려져.

뭐가 달라 보여?

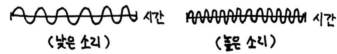

똑같은 시간 동안 낮은 소리는 네 번 진동했고, 높은 소리는 아홉 번

정도 진동했지?

뭐가 다르다? 그래, 진동수가 달라.

진동수는 1초에 몇 번 진동하는지를 말해.

그렇다면 높은 소리일수록 진동수가 어떻다?

많다. 흠흠. 쉽지?

자, 이제 마지막.

크기도 같고 높낮이도 같은 음을 내는데 소리가 다르게 들리는 경우 있어.

오케스트라 연주를 들을 때, 분명히 똑같은 음을 내는데 피아노 소리와 바이올린 소리가 다르지?

이런 차이를 음색이라고 해.

친구랑 나랑 똑같은 소리를 내도 목소리가 다르지?

그래서 뒤돌아 있어도 친한 친구 목소리는 구별할 수 있지?

가수 오디션 프로에서 독특한 목소리를 가진 사람들을 심사위원들이 독특한 음색, 좋은 음색을 가졌다고 말하는 경우 봤지?

음색은 그 소리를 내는 물체의 특징이라고 봐야겠지.

음색은 프로그램으로 분석하면 너무 쉬워.

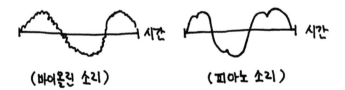

(바이올린 소리)　　　　(피아노 소리)

어때? 너무 쉽지? 그냥 척 봐도 모양이 다르잖아.

이렇게 파동의 모양을 파형이라고 해. 음색이 다른 소리는 파형이 달라서 금방 구별할 수 있어.

이제 지금까지 배운 거 활용할 시간이야.
쌤이 말하는 소리 내 봐.
큰 소리! 작은 소리!
낮은 소리! 높은 소리!
크고 낮은 소리! 작고 높은 소리!
혹시 부모님이 왜 그러냐고 물으시면 소리의 3요소 실험 중이라고 말씀드려.
근데 왜 똑같은 소리를 계속 내냐고 물으시면 반성하고 다시 연습해.

Ⅱ-4.

물질의 구성은 뭐야?
물질의 특성 동생이야?

너희는 물론 기억 안 나겠지만, 물질의 특성에 대해 배울 때, 한 가지 물질로만 이루어진 물질을 순물질이라고 하고, 순물질이 두 가지 이상 섞여 있는 걸 혼합물이라고 했거든.

컵에 물만 가득 담겨 있으면 순물질이라고 하고, 소금물이 가득 담겨 있으면 소금과 물이 같이 있으니까 혼합물이라고 해야 해.

여기서는 순물질에 대해 알아볼 거야.

순물질은 한 가지 물질로만 이루어져 있는데 이 물질을 이루고 있는 가장 기본 재료인 원소가 한 가지면 홑원소 물질, 두 가지 이상의 원소가 결합해서 만들어지면 화합물이라고 불러. 무슨 말인지 모르겠지?

컵 속에 물만 들어 있으면 순물질이랬지?

물은 (우리 눈으로는 못 보지만) 수소와 산소가 모여서 만들어져.

그럼 물은 홑원소 물질이야, 화합물이야?

뭔가 두 가지가 결합했으니 화합물인 거 짐작 가능?

공기 속에 있는 산소 기체나 질소 기체는 산소와 질소 한 가지만으로 만들어진 기체니까 홑원소 물질이 되는 거야.

일단 원소가 뭔지부터 알아야겠지?

우리 주변의 물질을 분해하다 보면 더 이상 분해되지 않는 기본 성분이 나오는데 이걸 **원소**라고 해.

물을 분해하면 산소와 수소라는 성분으로 분해가 돼.

산소와 수소 같은 애들을 원소라고 불러.

이렇게 물질을 이루는 재료를 원소라고 하는데 현재까지 원소는 118가지가 발견되었어.

재밌는 사실은 90개 정도는 자연에서 발견된 것, 나머지는 과학자들이 실험으로 만들어 낸 거야.

더 재밌는 건 지금도 과학자들이 더 많은 원소를 만들어 내려고 경쟁하고 있는 거야.

싫지? 외울 게 더 많아지는 것 같아서?

걱정 마. 너희는 그만큼 외울 필요 없어.

자주 쓰이는 원소 30개 정도만 알면 돼. 껌이지? ㅋㅋ

원자는 들어 봤어? 원소랑 너무 헷갈려.

둘 다 같은 의미인데 사용하는 곳이 다르다고 생각하면 돼.

원소는 주로 물질을 구성하는 성분이 무엇인지 종류를 말할 때 쓰는 표현이고, 원자는 그 구성성분이 몇 개인지, 개수나 알갱이를 표현할 때 많이 써.

물질을 구성하는 기본 성분은 원소, 물질을 구성하는 기본 입자는 원자.

구분 안 되지? 어렵지?

자꾸 듣다 보면 그 미묘~한 차이를 알게 될 거야.

한 번 읽고 차이를 이해하면 천재!

컵에 들어 있는 물을 쪼개고 쪼개다 보면 세상에서 가장 작은 물 입자(알갱이)가 나타나겠지?

물론 우리 눈엔 안 보이겠지. 너무 작아서.

이 작은 물을 물 **분자**라고 해.

그런데 물 분자는 쪼갤 수 있거든.

그렇지만 조심할 건 물 분자를 쪼개는 순간, 걔는 더 이상 물이 아니게 돼.

물 분자를 쪼개면 수소와 산소 두 종류의 원소로 나뉘어져.

더 자세히 말하면 수소 원자 두 개와 산소 원자 한 개가 결합해서 물 분자 한 개가 만들어져.

마구 헷갈리지?

원자와 분자는 재료와 결과물의 관계라고 생각하면 돼. 근데 재밌는 건, 수소 원자 두 개와 산소 원자 한 개가 결합하면 물이 되지만, 수소 원자 두 개와 산소 원자 두 개가 결합하면 과산화 수소가 돼.

이건 소독약 성분이야.

상처 났을 때 투명한 물처럼 생긴 거 바르면 거품이 뽀글뽀글 나면서 따가운 약 있지?

그 약의 성분이 과산화 수소야. 정말 신기하지?

재료는 똑같아도 원자들을 몇 개씩 결합하느냐에 따라 마셔도 되는 물이 되기도 하고, 마시면 위험한 과산화 수소가 되기도 해.

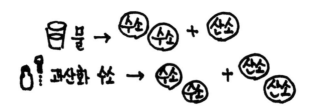

산소 원자 두 개가 결합하면 우리가 숨 쉴 때 마시는 기체인 산소가 되거든.

이름이 같아서 헷갈리지? 산소 분자는 산소 원자 두 개가 결합해서 만들어지는 거야.

그런데 신기한 건 산소 원자 세 개가 결합하면 오존이라는 게 만들어져. 어디서 들어 본 것 같지?

오존이라는 기체는 하늘 높이 성층권이라는 곳(나중에 할 거야. 그냥 들어 놔)에 있을 땐 태양에서 오는 자외선을 막아 주지만, 우리가 살고 있는 높이에서 만들어지면 호흡기에 병이 생기게 하는 두 얼굴을 가지고 있어.

대도시에 사는 사람들은 오존 주의보가 내리는 경우를 한 번씩 볼 수 있어.

이산화 탄소를 이루는 원소는 몇 종류일까?

힌트는 이름에 있어. 산소와 탄소 두 종류야.

그래서 "이산화 탄소를 이루는 원소에는 산소와 탄소 두 가지가 있습니다~."라고 하면 되고, "이산화 탄소는 산소 원자 두 개와 탄소 원자 한 개로 이루어져 있습니다~."라고 하면 돼. 조금 이해가 돼?

지금까지 나온 물이나 과산화수소, 이산화 탄소 같이 두 가지 이상의 원소가 만나 이루어진 물질을 **화합물**이라고 해.

그런데 여러 가지 화합물들을 한글로 쓰려고 하니 귀찮고, 한글을 모르는 사람은 알아볼 수가 없잖아?

그래서 과학자들이 전 세계 사람들이 같이 알아볼 수 있는 기호를 쓰기 시작했어.

먼저 재료가 되는 원소들을 기호로 쓰는 걸 **원소기호**라고 해.

옛날에 있었던 연금술사 들어 봤어?

연금술사들은 지금으로 치면 과학자와 비슷해.

그 사람들의 최종 목표는 값이 싼 금속을 금으로 바꾸는 거였어. 성공했을까?

당연히 실패했지.

그렇지만 연금술사들 덕분에 실험기구들이 많이 개발되었고, 원소들을 자신들만 알아보게 그림으로 그리기 시작한 거야.

물론 지금은 세계 공용어로 바꾸어 놨지.

원소들을 기호로 쓰면 원소들이 모여서 만들어진 각종 화합물도 기호로 간단하게 쓸 수 있어.

지금부터 원소기호와 몇 가지 화합물들의 기호를 배워 볼 거야.

일단 우리에게 가장 중요한 화합물인 물을 구성하는 원소부터 알아볼까?

물은 수소와 산소로 되어 있어.

수소는 영어로 Hydrogen이라고 하는데 첫 글자를 따서 H로 써.

헬륨이라는 원소와 수은이라는 원소도 H로 시작하거든.

그래서 같은 기호로 시작할 경우 구분할 수 있는 다른 글자를 하나 더 적어.

첫 글자는 대문자로, 두 번째 글자는 소문자로 적어.

그래서 헬륨은 He, 수은은 Hg.

산소는 Oxygen의 첫 글자인 O를 써.

탄소는 C, 질소는 N.

쌤이 학생들에게 가장 강조하는 원소기호가 네 개 있어. CHON. 촌이라고 읽어지지?

이 네 가지가 가장 흔하고, 이름이 공통적으로 '소'로 끝나며, 얘들이 모여 생명체를 이루는 단백질을 만들어.

네 가지를 순서대로 읽어 봐. 어떤 원소가 있어?

탄소, 수소, 산소, 질소.

원소는 대략 118개가 발견되었다고 했지?

118개를 모두 번호를 붙여 놨어.

번호 붙이는 법은 나중에 알려 줄게.

쌤은 학생들에게 1번부터 20번까지 20개 원소와 나머지 필요한 10개 정도를 더해서 총 30개 정도를 외우게 시켜.

쌤이 강조하는 원소는 표로 그려 줄게.

원소 이름	원소 기호	원소 이름	원소 기호	원소 이름	원소 기호
수소	H	나트륨	Na	금	Au
헬륨	He	마그네슘	Mg	은	Ag
리튬	Li	알루미늄	Al	철	Fe
베릴륨	Be	규소	Si	구리	Cu
붕소	B	인	P	수은	Hg
탄소	C	황	S	망가니즈	Mn
질소	N	염소	Cl	스트론튬	Sr
산소	O	아르곤	Ar	납	Pb
플루오린	F	칼륨	K	바륨	Ba
네온	Ne	칼슘	Ca	아이오딘	I

너무 많다고? 걱정 마. 지금 외우라는 건 아냐.

그냥 보기만 해.

나중에 너희 과학 쌤이 요구하는 만큼만 외우면 돼.

쌤은 고등학교 가면 또 외워야 하니까 지금 한 번 외워 놓으라고 시키는 거야.

한 번 외웠다가 다시 외우면 금방 기억이 나거든.

저거 기억하는 사람이 금을 사러 갔는데 상자에 Ag라고 적혀 있으면 사기꾼이라는 걸 알 수 있겠지?

은이잖아.

그리고, 놀이동산에서 파는 헬륨 풍선에 바람을 넣을 때 가스통에 He라고 적혀 있는지, H_2라고 적혀 있는지 잘 봐야 해.

H_2는 수소 기체라는 뜻인데 풍선에 수소 기체를 넣으면 뜨는 건 맞지만 폭발할 수 있는 아주 위험한 기체야.

수소 기체가 가격이 싸서 간혹 위험하게 수소 풍선을 파는 나쁜 어른들이 있다는 얘기도 들었어.

어때, 기본적인 원소기호는 알아 놔야겠지?

과학 전공자가 쓰는 욕 하나 가르쳐줄까?

탄소아이오딘붕소알루미늄~:)

그럼 원소들이 모여서 만들어진 화합물들은 어떻게 나타내는지 볼까?

물은 어떤 원소들이 모여 있다고 했는지 기억나?

수소와 산소야.

구체적으로 수소 원자 2개와 산소 원자 1개가 결합하면 세상에서 제일 작은 물이 생겨나.

그럼 물을 원소기호를 이용하여 나타내 볼까?

수소와 산소의 기호를 표에서 찾아봐.

H와 O. 근데 수소 원자가 2개라고 했지?

그럼 H 뒤에 조그맣게 2를 적어 봐. O 뒤에 1은 생략.

그럼 H_2O가 되지.

어디서 많이 본 것 같지?

그럼 물보다 산소 원자가 한 개 더 많은 소독약 성분인 과산화수소는 어떻게 나타낼까? H_2O_2.

이산화 탄소도 찾아볼까? 이산화 탄소는 산소 원자 2개와 탄소 원자 1개가 모여서 만들어져.

산소와 탄소 원소기호 빨리 보고 와.

O와 C. 이산화 탄소를 나타낼 땐 탄소를 먼저 써.

그리고, 산소가 두 개라고 했지?

자, 이제 너희가 먼저 써 봐. 어떤 기호가 만들어지는지.

그래, CO_2. 이건 더 많이 봤지?

뭐랑 같이 따라다녀?

온실가스, 지구 온난화와 같이 많이 쓰이지?

이산화 탄소와 이름이 비슷한 일산화 탄소라는 기체가 있는데 얘는 산소와 탄소가 하나씩 결합해서 만들어져. 그럼, 기호로 나타내면 CO 가 되잖아?

얘가 엄청 무서운 애야.

간혹 텐트 안에 불을 피우고 자다가 가스 마셔서 사고가 나는 경우 뉴스에서 봤지?

그 가스 성분이 일산화 탄소야.

산소 원자가 하나인지, 두 개인지에 따라서 어마어마한 차이가 있는 거야.

그래서 여러 가지 물질의 기호를 바르게 적어야 해.

겨우 눈에 보이지도 않는 원자 하나 가지고 이렇게 힘들어야 하냐고?

그럼 너도 이름에서 점 하나 빼 봐.

그게 너야? 예를 들어 네 이름이 한차현이라면 한치현과 같은 사람이야? 완전 다른 사람이지?

이름이라고 하는 건 정말 중요한 거야.

너희가 무서워하는 액체인 염산은 염화수소라고 하는 기체를 물에 녹인 거야.

염화수소는 수소 원자 1개와 염소 원자 1개가 만나서 만들어져.

빨리 원소기호 찾아서 적어 봐. HCl

아까 산소 원자 2개가 합쳐지면 산소 기체가 되고, 세 개가 합쳐지면 오존이 된다고 했지?

그럼 산소 기체와 오존도 기호로 나타내 봐.

O_2, O_3.

어때? 재밌지?

이제 원자가 어떻게 생겼는지 알아볼 거야.

사람들 대단하지?

눈에 보이지도 않는 원자가 어떻게 생겼는지도 알고.

과학자들은 참 대~~~단한 사람들이야.

과학자들이 원자의 구조를 알아낸 역사가 긴데 1800년쯤에 돌턴이라고 하는 과학자가 원자는 세상에서 제일 작아서 더 이상 쪼갤 수 없다! 쾅! 쾅! 쾅! 했거든.

지금은 미안하지만 쪼갤 수 있어. ㅋㅋ

먼저, 원자는 원자핵이라는 것과 전자라는 것으로 구성되어 있어.

원자핵이 원자의 중심에 있고, 전자가 원자핵 주변을 돌고 있다고 해.

그리고, 원자핵과 전자가 전기를 띠는 것도 알아냈는데, 원자핵은 (+), 전자는 (-)전기를 띤다고 해.

정확하게는 전하라는 표현을 써야 하는데 아직 이해가 어려울 거니까 그냥 전기라고 생각하면 돼.

근데 여기서 더 힘든 점은 원자핵도 쪼갤 수 있거든.

중학생이니까 우선 간단하게 양성자와 중성자로 쪼개어 볼게.

사실 더 많은 입자가 원자핵을 구성하고 있는데 알아보고 싶어? 싫지? 미래의 너희에게 미뤄!

원자핵 속에 있는 양성자가 (+) 전기를 띠게 만드는 물질이고, 중성자는 전기는 안 띠지만 무게 중심을 잡아 주는 역할을 한다고 해.

자, 여기서 중요한 사실!

대부분의 원자는 원자핵 속에 있는 양성자와 전자의 수가 같다고 해.

어떤 원자의 양성자가 3개면 전자도 3개라는 거야.

쉽게 말해 (+)가 3개이고 (-)가 3개이면 그 물질은 전기를 띠는 거야, 안 띠는 거야?

안 띠는 거야. 그래서 우리가 주변의 물체들을 안전하게 사용할 수 있지.

만약 주변 물체들이 전기를 띠고 있다면 우리는 어떻게 될까? 사람의 몸은 전기가 흘러, 안 흘러?

흐르지? 위험해지겠지?

다행히 대부분의 물체는 (+)와 (-) 수가 같아서 전기를 띠지 않는데, 이 상태를 **중성**이라고 해.

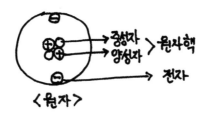

다양한 원자들은 양성자 수가 각각 달라.

그래서 양성자 수를 가지고 원자들의 번호를 매기기 시작한 거야.

양성자가 1개인 애는 전자가 몇 개야? 1개지?

그럼 양성자가 50개인 애는 전자가 몇 개야? 50개지? 그럼, 양성자가 1개인 애와 50개인 애 중 누가 더 크고 무겁겠어?

물론, 원자들끼리 크기 자랑해 봤자 우리 눈에는 안 보이지만 원자들 사이에선 자존심이 걸린 싸움이겠지.

인정해 주자구.

양성자가 1개인 애가 제일 작겠지?

걔가 누구냐면 두구두구두구~~~ 수소입니다!

이 번호를 원자 번호라고 하고 원자 번호 20번까지는 기억해 놔야 과학 시간이 편해질 거야.

쌤이 앞에서 그려 준 원소기호 표에서 왼쪽부터 아래 방향으로 내려가면서 1번부터 20번까지 나타냈어. 제일 오른쪽 10개는 더 필요한 원소 몇 개를 골라 낸 거고.

자, 그럼, 원자가 어떻게 생겼는지 몇 개만 그림으로 그려 볼게.

수소. H

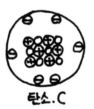

탄소. C

과학자들이 원소들의 성질을 조사하다 보니 비슷한 성질을 가진 원소들이 발견되는 거야.

그래서 아무렇게나 줄을 세우는 것보다 비슷한 것끼리 모아서 줄을 세우기 시작했지.

그러고는 수많은 시행착오 끝에 **주기율표**라는 걸 만들었어. 일단 양성자의 수가 1개인 수소부터 순서대로 써 나가면서 성질이 비슷한 원소들을 같은 줄에 나란히 세우는 거야.

```
1족 2족                    17족 18족
H                              He
Li Be  B  C  N  O  F  Ne
Na Mg  Al Si  P  S  Cl Ar
K  Ca
```

간단하게 20개만 나타낸 그림인데, 그림에서 제일 왼쪽에 있는 원소들을 1족 원소, 그다음 줄을 2족 원소… 이런 식으로 해서 제일 오른쪽에 있는 원소들을 18족 원소라고 해.

8족이 아니고 왜 18족이냐고?

사실 20개만 적어서 그렇지 118개가 있다고 했지?

실제 주기율표는 아주 커.

그래서 사이에 더 다양한 족들이 있어.

우리는 고작 원소 20종류만 가지고 놀고 있어서 그래. 중학생이니까 자세한 건 고등학교에서 배우기로 하고, 일단 제일 왼쪽에 있는 1족 원소와 제일 오른쪽에 있는 18족 원소들의 공통점을 알아 두자구.

1족 원소 중에서 수소는 기체니까 빼고 나머지 리튬, 나트륨, 칼륨은 공통적으로 자연 상태에서 금속인데 얘들은 물을 만나면 정말 폭발적

으로 반응해.

그래서 아주 위험한 애들이야.

대학교 실험실에서 이런 애들을 가지고 실험하다 물을 만나서 폭발하면 화재가 발생하는데, 소방관이 와서 물을 이용해서 불을 끄려면 더 큰 폭발이 일어나.

그래서 소방관이 되려는 사람은 화재 원인마다 끄는 방법이 다르다는 걸 알고 일을 해야 해.

과학이 참 중요하다는 걸 알겠어?

제일 오른쪽에 있는 18족 원소인 헬륨, 네온, 아르곤은 공통점이 기체인 애들인데 애들은 다른 원소와 반응을 안 해. 혼자서 잘 살아가.

그래서 아주 안정적이야. 그래서 헬륨 풍선은 안전해.

일반적으로 원자 속에 있는 양성자와 전자 수가 같다고 했지? 근데 사실 같지 않은 경우가 있어.

양성자와 전자 수 중에서 개수가 달라지는 게 있어.

어떤 걸까? 원자 속 위치를 잘 생각해 봐.

원자의 중심에 있는 양성자와 바깥쪽에 있는 전자 중 어떤 게 개수가 달라지기 쉬울까?

그래, 바깥쪽에 있는 전자의 수가 달라지는 경우가 있어. 원자들끼리 만날 때 전자들이 다른 원자로 이동하는 경우가 자주 있거든.

그럼 전자가 도망가 버린 원자는 (+)와 (-) 중에 어떤 게 더 많아져?

도망가기 전에는 (+)와 (-)의 개수가 같다고 했지?

(-)가 몇 개 가 버리면 (+)가 많아지겠지?

그럼 그 원자는 그때부터 (+) 전기를 띠는 거야.

반대로 다른 원자에게서 전자를 몇 개 뺏어오면 어떻게 될까?

(+)의 개수는 그대로인데 전자가 많아지니까 (-) 수가 많아지겠지? 그럼 그 원자는 무슨 전기를 띠게 된다?

그래, (-) 전기를 띠게 되는 거야.

이렇게 원자가 전자를 얻거나 잃어서 전기를 띠게 되면 원자라고 부르지 않고 **이온**이라고 불러.

전자가 도망가서 (+)가 많아진 이온은 양이온, 전자를 뺏어 와서 (-)가 더 많아진 이온은 음이온이라고 해.

이온 음료 좋아하지?

이온 음료 속에 이온이 많이 들어 있어.

이온 음료 통에 보면 어떤 이온이 얼마나 들어 있는지 적혀 있어. 한 번 봐.

이온 음료를 마시면 전기를 띤 입자가 많아져서 전기에 감전되냐고?

이온 음료를 얼마나 마셔야 감전되는지 알아보기 과제!

한 번씩 쌤이 이런 엉뚱한 과제를 내주는데 진짜로 해 오는 학생은 일 년에 한 명 정도 있어.

그럼 쌤이 폭풍 칭찬을 하지.

그런 엉뚱한 문제들을 풀어 보려면 여기저기를 마구마구 뒤지거나 물어 봐야 해.

그럼 저절로 과학 공부하는 방법, 다시 말해 스스로 공부하는 자기주도학습 방법을 배우게 되거든.

지금 현재 과학 지식을 아는 것도 중요하지만, 보다 더 중요한 건 앞으로 살아갈 동안 꾸준히 배워야 할 다른 지식을 스스로 찾아서 배우는 방법, 즉, 자기주도학습을 할 줄 아는 것이 훨~~~씬 더 중요해.

게다가 끈기와 집중력이 있어야 하니까 그런 자세까지 배울 수 있는

거야.

 쌤이 1학년들과 자유학기제 수업을 하면서 했던 내용을 잠시 소개해 볼게.

1. 1부터 1,000번까지 인쇄된 용지에 있는 점을 이어서 어떤 그림인 지 알아보기
2. 태양광 자동차 키트를 매뉴얼만 보고 만들기
3. 전기미로(금속끼리 닿으면 전류가 흘러서 소리가 나는 장치) 소리 내지 않고 한 번에 통과하기
4. 자개 공예로 키링 만들기
5. 수성펜을 이용한 캘리그라피

 대충 기억나는 건 이 정도인데, 너희는 이런 수업을 하면 공통점이 무 엇인 것 같아?
 쌤이 너희에게 무엇을 원하는 것 같아?
 쌤이 가르친 1학년들은 바로 맞히더라구.
 감동했어.
 바로~~~~ 집중력이야.

 너희들 양심에 손을 얹고 잘 생각해 봐.
 집중력이 얼마나 되는 것 같아?
 쌤 때는 말야(라떼는~) 인터넷이 없어서 뭔가를 찾아보려면 도서관 에 가서 책을 하나하나 찾아야 했어.
 책을 하나 꺼내서 다 읽어 보고, 없으면 다시 다른 책 읽어 보고…. 장 난 아니지?

그러다가 인터넷이 나왔어.

책을 직접 읽지 않고, 컴퓨터 앞에 가만히 앉아서 검색이란 걸 할 수 있으니 정말 편해지더라구.

그런데~~~~~!!!

유튜브가 나오면서 글로 된 검색을 하지 않고 영상으로 검색을 시작하게 되었어.

유튜브 영상조차 길어서 못 보고 1분도 안 되는 짧은 영상을 보다가, 이젠 15초 정도의 영상을 보고 있지?

어때? 15초의 집중력으로 공부를 잘할 수 있을까?

"가능해요!"라고 하는 사람도 있겠지.

천재들!

근데 천재들 중에서도 게으른 천재들이 있는 거 알아?

머리는 엄청 좋지만 집중과 노력을 안 하면 오히려 우리보다 더 못하는 사람도 있대.

혹시 알아? 너희가 그런지?

한번 집중해 봐.

자, 답을 찾은 사람은 저자 소개에 있는 쌤 메일로 답을 보내줘.

그럼 쌤이 폭풍 칭찬해 줄게.

다시 수업 내용으로 돌아와서, 이온 음료 속의 이온들은 우리 몸속에서 우리의 건강을 유지하기 위해 중요한 역할을 해.

땀을 많이 흘린 경우 순수한 물보다는 이온이 많이 들어 있는 음료를 마시는 게 건강에 더 낫다고 해.

앞에서 어떤 원자는 전자를 잃어서 양이온이 되고, 어떤 원자는 전자를 얻어서 음이온이 된다고 했지?

이때 누가 양이온, 누가 음이온이 되는지는 주기율표에서 찾아보면 쉽게 알 수 있어.

1족 원소들 기억나? 주기율표의 어느 쪽에 있었어?

왼쪽에 있었지?

걔들은 이온이 될 때 전자를 하나씩 버리는 공통점이 있어.

전자를 한 개 잃으면 (+)가 몇 개 많아져?

1개 많아지지?

그래서 그런 이온을 표시할 때는 원소기호 옆에 조그맣게 (+)가 1개 많다는 표시를 해줘. 이렇게.

Na^+.

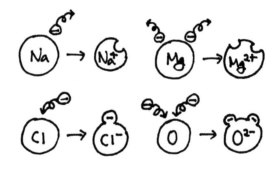

1족 옆은 2족이라고 하는데, 걔들은 전자를 두 개 버려. 그럼 (+)가 두 개 많아져서 이렇게 표시해.

Mg^{2+}.

반대편 끝에 있는 18족 원소는 다른 애랑 반응 안 하고 혼자 논다고 했지? 이온이 되지도 않아.

대신 그 왼쪽에 있는 17족 원소들은 전자를 한 개씩 뺏어와서 이온이 돼. 그럼 (-)가 한 개씩 많아지지?

그래서 이렇게 표시해.

Cl^-.

그럼 16족 원소는? 전자 두 개를 뺏어오겠지? 이렇게.

O^{2-}.

특이한 색을 나타내는 이온들을 그릇에 넣고 건전지와 전선을 연결해서 전기가 흐르게 하면 이온들이 이동하는 걸 볼 수도 있어.

즉, 원자는 (+)와 (-)를 띠는 입자 수가 같아서 전기를 띠지 않지만, 이온은 (-)를 띠는 전자의 수가 달라지기 때문에 전기를 띤다!

Ⅱ-5.

식물과 에너지에 대해
진정 알아야만 하는 건가!

에너지가 또 나왔어.

이젠 지겹다 못해 아무 느낌도 없을 정도지?

이럴 때 에너지에 대해 한 번 더 정리하고 넘어가야지.

에너지란 일을 할 수 있는 능력을 말함!

예전에 이 단원만 일주일에 한 시간씩 들어가며 가르친 적이 있어. 그때 학생들이 '광합성쌤'이라고 불렀어.

이 단원은 제목을 광합성으로 바꾸어도 돼.

괜히 어렵게 보이는 제목을 붙여 놨지?

식물에게 가장 중요한 게 광합성이야.

사실은 동물에게 더 중요하지.

왜냐하면 식물은 광합성이란 것을 해서 스스로 양분을 만들어서 살아가.

동물은 어때? 밥 안 먹고 살 수 있어?

동물은 항상 다른 생물을 먹어야 에너지를 만들어서 살 수 있어.

초등학교 때 먹이사슬이나 먹이그물 배웠지?

식물을 초식 동물이 먹고, 초식 동물을 육식 동물이 먹고, 사람은 모든 걸 다~ 먹고.

쌤은 이 파트 가르칠 때 학생들에게 꼭 말해. 식물에 감사하다고 절하라고.

왜냐고? 식물이 광합성을 하면 양분이 만들어지는데 그걸 식물의 몸에 잘 저장해.

그럼 우리가 맛있게 잘 먹는 거야.

게다가 광합성 결과 산소도 만들어 내.

우리가 숨 쉬고 살아가려면 산소가 꼭 필요한 건 알고 있지?

나무를 자꾸 베어 버려서 산소가 부족해질지도 모른다고 걱정하는 것 들어 봤어?

식물이 광합성을 해야 동물인 우리가 살아갈 수 있어.

그러니까 광합성이란 것에 대해 처음부터 끝까지, 모두, 완벽히, 싹 다 알아 놔야겠지?

광합성은 한자 말이겠지? 무슨 광?

'빛 광(光)'.

합성은 합쳐서 만들어 낸다는 뜻이야.

종합하면 빛을 이용하여 무언가를 만들어 내는 걸 뜻해. 여기서 질문!

광합성에서 빛은 에너지야.

눈에 안 보이는 능력이란 뜻이지.

그렇다면 식물이 아무 재료도 없는 상태에서 에너지만 가지고 양분을 뽕! 하고 만들어 낼 수 있을까?

만약 그렇다면 그건 과학이 아니라 마법이지.

결국 양분을 만들려면 재료가 있어야 한다는 뜻이야.

그래서 광합성에 필요한 재료를 먼저 알아보고, 무엇이 만들어지는지, 어떻게 하면 광합성이 잘 일어나는지 등을 알아볼 거야.

초등학교 다닐 때 광합성은 식물의 잎에서 일어난다고 배웠지?

이제 중학교에 왔으니까 수준 좀 올리자구.

식물의 잎을 현미경으로 관찰하면 잎을 이루는 세포 속에 초록색 알갱이들이 많이 보여.

이걸 '잎 엽(葉)', '푸를 록(綠)'을 써서 엽록체라고 불러.

잎에 있는 초록색 물체란 뜻이지. 들어 봤어?

초록색인 엽록체의 색소를 없앤 다음 아이오딘-아이오딘화 칼륨 용액을 떨어뜨리면 청람색으로 변해.

아이오딘-아이오딘화 칼륨 용액은 I-KI 용액으로 나타낼 수 있어. 원소기호 기억나지?

이 용액이 청람색으로 변했다는 말은 녹말이 있다는 뜻이야. 녹말은 감자나 빵에 많이 들어 있는 탄수화물이야. 이걸 보면 광합성 결과 **녹말**이 만들어진다는 걸 알 수 있지.

물풀을 잘 관찰하면 햇빛이 비치는 동안 기포가 뽀글뽀글 올라오는 걸 볼 수 있어.

이 기포를 모아서 분석해 보니 산소라는 기체인 거야.

그래서 과학자들이 식물이 광합성을 하면 **녹말**과 **산소**가 만들어진다는 걸 알게 되었어.

더 연구한 결과 녹말이 되기 전에 **포도당**이라는 더 작은 알갱이가 만들어진 다음 녹말로 바뀌어서 저장된다는 것도 알게 되었지.

지금까지 광합성 장소와 결과물을 알아봤지?

좀 전에 말했듯이 광합성은 마법이 아니라 과학이니까 재료도 있어야 하잖아.

그 재료를 알아보기 위해 해야 하는 필수적인 실험이 있어.

이 실험을 시험에 안 내는 과학 쌤 없으니까 잘 봐 둬.

먼저 I-KI 용액처럼 색깔이 변하면서 뭔가를 알려 주는 지시약을 하나 알아봐야 해.

초등학교 때 리트머스 종이나 적양배추 용액 같은 거 실험했지? 안 했다 하지 마. 기억을 못 할 뿐이야.

초등학교 쌤들이 얼마나 억울할까?

열심히 가르쳤는데 기억 못 하면 맨날 안 배웠다고 해.

그래서 쌤은 학생들이 대답 못 하면 안 배웠다고 하지 말고 기억이 안 난다고 말하라고 해.

여러 초등학교에서 같은 중학교에 입학하는 경우에는 학생들끼리 "우리 초등학교에선 했는데?" "우리는 안 했어." "아니야, 너 나랑 같은 초등학교 나왔잖아. 실험했어." 등등 해프닝이 벌어지지.

아주 중요한 지시약 중 하나인 BTB 용액의 색깔을 기억해야 광합성 재료를 알아보는 실험을 이해할 수 있어. BTB 용액은 산성일 때 황색(노랑), 중성일 때 녹색(초록), 염기성일 때 청색(파랑)이 되는 성질이 있어.

청색인 BTB 용액에 빨대로 입김을 불어 넣으면 이산화 탄소가 들어가게 되겠지?

이산화 탄소가 물에 녹으면 탄산이라고 하는 산성 물질이 되어 버려.

그럼 BTB 용액이 무슨 색이 될까?

그래, 황색(노랑)이 되지.

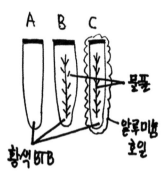

그림처럼 입김을 불어 넣어 황색으로 변한 BTB 용액을 넣은 시험관 세 개를 준비해서 B와 C 시험관에는 광합성을 할 수 있는 물풀을 넣어.

그리고, 뚜껑을 닫고 C 시험관은 알루미늄포일로 다 싸 버려.

이 세 개를 햇빛을 잘 받게 한 다음 관찰하면 B 시험관만 청색으로 변한 것을 알 수 있어.

그림에서 어느 시험관만 광합성을 했을까?

그래, B 시험관 속 물풀만 광합성을 했어.

A 시험관은 당연히 아무것도 없으니 아무 일도 없을 거고, B 시험관은 물풀이 햇빛이 잘 비치는 곳에서 광합성을 잘했을 거야.

BTB 용액이 청색이 되었다는 말은 물속에 녹아 있던 이산화 탄소가 없어졌다는 뜻이겠지?

뚜껑을 잘 덮어놨기 때문에 이산화 탄소가 공기 중으로 날아간 것도 아니니 결국 물풀이 꿀꺽했다는 거지.

물풀은 왜 이산화 탄소를 먹었을까? 뭐 하려고?

그렇지! 광합성을 하려고!

여기서 우리는 광합성에 필요한 재료 하나를 알아낼 수 있어.

광합성에 필요한 재료가 뭐다? **이산화 탄소!**

B 시험관과 C 시험관은 뭐가 달라?

포일로 싸 버리면 물풀이 햇빛을 받을 수 없겠지?

C 시험관이 황색이라는 말은 이산화 탄소가 그대로 남아 있다는 걸 뜻하고, 그건 물풀이 광합성을 못 했다는 거지.

왜? 뭐가 없어서? 그래! **햇빛!**

여기서 우리는 광합성에 꼭 필요한 재료 중에 햇빛이 있어야 한다는 걸 알 수 있어. 대단한 실험이지?

이 실험에서는 물풀을 사용했으니까 물이 꼭 필요하지? 물풀이 아니라도 모든 식물은 물이 꼭 필요하지?

물도 광합성에 꼭 필요한 재료야.

자, 이제 광합성에 필요한 재료가 모두 나왔어.

광합성 결과 만들어지는 물질도 다 나왔지?

간단하게 정리하면, 식물이 광합성을 하는 장소는 구체적으로 어디?

엽록체!

엽록체에서 광합성을 하려면 필요한 재료는 뭐?

이산화 탄소와 물.

이산화 탄소와 물이 있으면 이걸 포도당과 산소로 바꿔야 하는데 이 일을 하려면 에너지가 필요하지?

무슨 에너지? 빛 에너지!

식으로 정리하면 이렇게 돼. 무슨 일이 있어도 기억해!!!

$$\text{이산화 탄소} + \text{물} \xrightarrow[\text{(엽록체)}]{\text{빛에너지}} \text{포도당} + \text{산소}$$

사람은 엽록체가 없어서 광합성을 할 수 없어. 그러니

식물에게 광합성을 잘하라고 해야겠어, 하든 말든 상관없다고 해야 할까?

게임하기도 바쁜데 무슨 상관이냐고?

떽! 광합성이 중요하다고 그렇게 말했는데, 아직 이런 말을 해?

넌 숨 안 쉬고 얼마나 살 수 있어?

옛날엔 학생들이 2분 이상 참을 수 있었는데 요즘 학생들과 실험해 보니 1분도 못 참는 학생들이 더 많아.

물론 실험해 보자고 하면 서로서로 웃겨서 픽픽거리다 실패하지만.

우리 생명에 가장 중요한 산소를 식물이 광합성의 결과로 만들어 주는 거야. 고맙다고 절하라고 했지!!!

어쨌든 식물이 광합성을 잘해야 우리에게 좋으니까 광합성을 잘하기 위한 조건도 알아야겠지?

걱정 마. 과학자들이 실험 다 끝냈고, 친절하게 그래프까지 다~ 그려 놨어.

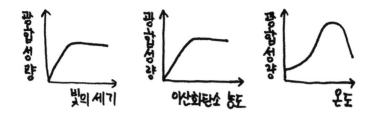

과학 시간에는 그래프 보는 게 중요하다고 했지?

첫 번째 그래프부터 분석해 봐.

처음엔 빛이 셀수록 광합성량이 늘어나지?

계속 늘어나? 아니지?

늘어나다가 조금 지나면 광합성량이 일정해져.

그 옆에 있는 이산화 탄소의 농도도 마찬가지지?

그 말은 빛의 세기나 이산화 탄소의 농도는 처음에는 세지거나 많아질수록 증가하지만, 일정 수준 이상이 되면 더 이상 세게 해 줄 필요가 없다는 거야.

근데, 마지막 온도 그래프는 봐. 모양이 좀 다르지?

온도가 올라갈수록 처음엔 광합성을 점점 더 잘하지만, 온도가 많이 올라가니까 갑자기 광합성량이 뚝 떨어져 버리지?

식물도 생명체니까 온도가 너무 높으면 살 수가 없어. 광합성이 제일 잘 되는 온도가 대략 우리나라 여름 온도니까 1년 내내 여름인 나라에서는 식물들이 광합성을 많이 많이 하고 있겠지?

1년 내내 온도가 높고 나무가 아주 많은 유명한 곳이 있어. 어딜까?

바로 아마존강 주변 밀림이지.

과학자들이 조사해 보니 지구 산소의 1/3을 거기서 만들어 낸다고 해.

근데 아마존강 주변에 사는 사람들이 돈이 없어서 나무를 베어 팔고,

그 자리를 밭으로 만들려고 하고 있어.

그 사람들은 살기 위해 하는 행동이지만 멀리 떨어져 살고 있는 우리는 나무를 베지 말았으면 좋겠지?

그래서 나무를 베는 대신 다른 경제적 지원을 해 주는 방향으로 협상하고 있다고 해.

이젠 지구 반대편에 있는 나라에 대해서도 잘 알고 협력해서 살아가야 해.

이 정도 하면 광합성에 대해 다 끝낸 것 같지?

미안하지만 아직 멀었어.

식물이 광합성 재료인 이산화 탄소와 물을 구체적으로 어떻게 흡수하는지를 알아야 해.

광합성 장소가 어디라고 했지?

그래, 엽록체. 엽록체는 어디에 있어?

주로 잎에 있는 세포 속에 있는 초록색 알갱이지.

식물을 관찰할 때 초록색으로 보이는 부분들은 '엽록체가 있구나~.'라고 생각하면 돼.

혹시 잎의 앞뒷면 색이 다른 건 관찰해 봤어?

물론 안 해봤겠지만 혹시 기억나는 사람들 대답해 봐. 잎은 앞면과 뒷면 중 어디가 더 진한 초록색이야?

초록색이 진하다는 말은 엽록체가 많다는 뜻이야.

앞면? 뒷면? 대부분 앞면이지.

왜 그럴까?

광합성을 하려면 무슨 에너지가 필요해?

빛 에너지. 빛을 잘 받는 면은 앞면, 뒷면?

그래. 앞면이지.

빛을 잘 받는 잎의 앞면에서는 광합성을 활발히 하고, 뒷면으로 이산화 탄소를 흡수하면 효율적이잖아?

그래서 잎의 뒷면을 현미경으로 관찰하면 세포들 사이에 작은 구멍들이 보이는데, 이 구멍을 공기구멍이란 뜻의 기공이라고 해.

기공을 통해서 이산화 탄소가 들어온다고 해.

광합성 결과 만들어진 산소도 나갈 땐 이 기공을 통해 밖으로 나가.

사람으로 치면 콧구멍과 같은 역할을 하는 곳이지.

그럼 광합성에 필요한 재료인 물은 식물이 어떻게 흡수해? 모두 다 알고 있듯이 뿌리로 흡수하지?

그런데 여기서 문제!

뿌리로 흡수한 물이 광합성을 하려면 어디까지 가야 해? 잎까지 가야 하지?

어떤 나무는 키가 100미터가 넘는다고 하는데 중력을 거스르며 100미터 높이까지 물이 저절로 올라갈 수 있을까? 생각 안 해 봤지?

물을 퍼 올리는 펌프라는 기계를 가지고도 100미터 넘게 올리기 힘든데, 식물들 대단하지?

잎의 뒷면에 있는 콧구멍을 뭐라고 한다고 했지?

그래, 기공.

기공을 통해서 이산화 탄소와 산소만 이동하는 게 아니라 식물의 몸속에 있는 물이 빠져나가는 현상이 있는데 이걸 **증산작용**이라고 해.

식물의 몸속에는 우리 몸속 혈관처럼 물이 지나다니는 길이 있는데 그걸 물관이라고 해.

뿌리에서 흡수한 물이 물관을 가득 채우고 있는데 물관 속 물은 다들 연결되어 있다고 해.

이 물관의 끝에 연결된 기공을 통해 물이 식물의 밖으로 빠져나가면, 그다음에 연결된 물이 차례차례 끌려 올라와서 그렇게 높은 곳까지 올라오는 거지.

생물 중에는 대단한 능력자인 애들이 많아. 신기하지?

안 신기하다고? 그러니 과학 공부를 못 하지. 쳇!!

안 신기해도 신기한 척해.

자꾸 신기한 척하다 보면 진짜 신기해지고, 과학에 재미가 붙는 거야. 알았어?!!!!

여기서 잠깐!

동물은 식물이 만든 양분을 먹어야 살 수 있잖아?

산다고 하는 건 여러 가지 일을 한다는 뜻이야.

어떤 거냐면 내가 살려면 심장도 뛰어야 하고, 밥 먹고 소화도 시켜야 하고, 공부도 하고 운동도 해야 하지?

이런 일들을 하려면 뭐가 필요할까?

그래! 에너지! 감동이야~.

에너지를 아직도 모르겠는 사람은 휴대폰 충전을 생각하면 돼.

아무리 좋은 휴대폰을 들고 있어도 충전하지 않으면 아무 일도 할 수 없지? 휴대폰은 전기 에너지가 필요해. 생물들도 마찬가지로 에너지가 필요하거든.

그런데 에너지는 보이지도 않지만 저절로 생겨나지도 않아. 에너지를 만들려면 재료가 있어야 해.

그 재료가 두 가지인데 하나는 양분이고, 하나는 산소야. 양분과 산소를 이용해서 에너지를 만들어 내야 우리가 살아갈 수 있는데, 이런 작용을 아~주 어려운 단어 **호흡**이라고 해.

쌤이 쉬운 말을 어렵다고 표현했어.

왜냐면 너희는 호흡에 대해 잘 모르고 있기 때문이야. 호흡이라고 하면 숨쉬기만 생각하지?

아니야, 실제 중요한 호흡의 의미는 숨쉬기가 아니라 에너지를 만들어 내는 작용이야.

호흡을 하려면 산소가 필요하다고 했지?

그리고, 호흡 결과 생기는 찌꺼기가 이산화 탄소야.

그래서 우리는 숨을 쉴 때 호흡에 필요한 산소를 마시고, 호흡 결과 만들어지는 이산화 탄소를 콧구멍을 통해 버리는 거야. 어렵지?

호흡은 **양분**을 분해하여 **에너지**를 얻는 과정이야.

호흡에 필요한 재료는 양분과 산소이고, 호흡 결과 만들어지는 찌꺼기는 물과 이산화 탄소야.

$$\text{포도당} + \text{산소} \xrightarrow{\text{"에너지"}} \text{이산화 탄소} + \text{물}$$

이거 뭔가 많이 본 것 같지 않아? 뭔가 익숙하지? ㅎㅎ

바로 광합성과 반대 과정이야.

뒤의 단원인 '동물과 에너지'에서 호흡이 또 나오니까 잘 기억해 둬.

광합성과 호흡을 합쳐서 식으로 나타내면 이렇지.

$$\text{이산화 탄소} + \text{물} \underset{\underset{\text{에너지}}{\text{호흡}}}{\overset{\overset{\text{빛에너지}}{\text{광합성}}}{\rightleftarrows}} \text{포도당} + \text{산소}$$

그렇다면 식물은 호흡을 할까?

식물도 일을 할 수 있는 에너지가 필요할까? 어때?

10초의 여유를 주겠어. 대답해 봐!

필요하지!

식물도 생명체니까 살아가기 위해 필요한 여러 가지 일들이 몸속에서 일어날 거야.

그럼 에너지가 필요하겠지?

다시 말해 식물도 호흡해야 살 수 있어.

동물은 광합성과 호흡 중 호흡만 하지만, 식물은 광합성도 하고 호흡도 해. 여기서 또 복잡해져.

하루 동안을 살펴볼게.

낮과 밤으로 나누어서 관찰하면 광합성은 언제 할까?

당연히 낮이지. 왜? 빛이 있어야 광합성을 하니까.

그렇다면 호흡은 언제 할까?

밤이라고? 그럴 줄 알았지.

그럼 넌 어때? 밤에만 호흡하고 살 수 있어?

아니지? 식물도 생명체야. 존중해 줘.

깔보면 안 된다고 했지?

우리는 식물 없이는 살 수 없다는 걸 이젠 인정해!!!

아무튼 식물도 생명을 유지하기 위한 여러 가지 일들이 끊임없이 몸속에서 일어나고 있어.

그 말은 에너지를 만들어 내는 작용인 호흡이 계속 일어난다는 뜻이야.

무시무시한 가정 하나 해 보자구.

만약 식물의 광합성과 호흡량이 똑같다고 생각해 봐.

그럼 광합성 결과 만들어진 산소를 버리지 않고 호흡하는 데 쓰겠지?

호흡 결과 만들어진 이산화 탄소는 어떻게 할까?

광합성에 쓰겠지?

그럼, 식물이 이산화 탄소와 산소를 공기 중에 버릴 필요가 있다, 없다?

없지! 식물은 혼자 잘 먹고 잘 살 수 있겠지?

그럼 동물은 살 수가 없지! 엄청나지?

근데 정말 다행스럽게도 식물의 광합성과 호흡량이 달라.

식물은 낮에 광합성과 호흡을 같이 하지?

그렇지만 광합성을 훨~~~씬 많이 해.

그 결과 산소가 많~이 만들어져서 식물의 호흡에 쓰고도 남으니까 기공을 통해 몸 밖으로 보내줘서 우리 콧속으로 들어오는 거야.

그럼, 밤에는? 식물도 호흡만 하잖아?

식물도 밤에는 산소를 마시고 이산화 탄소를 뱉어.

그래서 사람이 자는 침실에는 되도록 큰 나무를 두면 건강에 안 좋아.

자는 동안 나무랑 나랑 산소를 두고 경쟁해야 하니까.

자, 이제 진짜 마지막 질문!

식물은 광합성으로 만든 양분을 어디에 쓸까?

양분을 정리해 보면, 광합성 결과 **포도당**이라는 아주 작은 알갱이를 만들어.

근데 낮 동안 엽록체 안에서 기다려야 하는데 계속 포도당을 만드니까 저장하기 쉽도록 많이 뭉쳐서 **녹말**(앞에서 들어 봤지?)이라는 형태로 저장해 둬.

밤이 되어서 광합성을 못 하면 낮 동안 만들어 놓은 녹말을 온몸에 나눠 줘야 하는데, 물에 녹아야 이동할 수 있어. 근데, 녹말은 물에 안 녹아.

그래서 녹말을 다시 물에 녹을 수 있는 형태로 잘라.

그게 달콤한 **설탕**이지.

설탕으로 바꿔서 물관 옆에 있는 체관이라는 통로를 통해 온몸에 나누어 준다고 해.

이렇게 나누어 준 양분을 위에 나온 대로 일단 호흡을 해서 살아가는 데 필요한 에너지 만들어 내는 것에 쓰고, 키가 커지고 꽃을 피우는 것처럼 생장에도 쓴다고 해.

그래도 남는 게 있으면 버릴까?

아냐, 힘들게 만들었는데 왜 버려. 저장해야지.

우리도 밥 먹으면 아까우니까 저장하잖아.

쌤은 배에 주로 저장해. 너희는 어디에? ㅋㅋ

식물들은 열매, 뿌리, 줄기 등 다양한 곳에 남는 양분을 저장하는데, 쌤이 직접 캐 보기까지 했지만 이해 안 되는 게 있어.

감자랑 고구마.

감자는 줄기이고, 고구마는 뿌리래.

감자를 캐면서 감자한테 물어 봤어. '너는 왜 줄기니?'

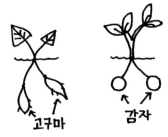

고구마   감자

II-6.

동물과 에너지에 대해서는
알아야 하겠군!

생물의 구성 단계 기억나?

어느 단원에서 했는지 기억하면 최소 천재!

했던 것 같기도 하면 과학 영재!

"그런 거 했었나요?" 하면 평범한 사람!

"안 했잖아요~!" 하면 대한민국 중학생!

맞지? 너희는 맨날 했던 것 안 했다고 우기기 천재잖아.

그래서 쌤이 증거를 제시하지.

I-2. 생물의 구성과 다양성 단원 31페이지 가서 봐.

있지? 있지?

생물은 세포가 모여서 조직, 조직이 모여서 기관, 기관이 모여서 개체
가 된다고 적혀 있어, 없어?

동물은 사실 한 단계가 더 있어.

너희가 어렵다고 하기 싫어할까 봐 간단하게 끝냈는데, 이젠 수준 높여도 알아듣잖아, 그렇지?

아니라는 사람 제일 첫 페이지로 가서 다시 읽고 와!

동물은 눈에 보이지 않는 작은 세포가 모여서 몸뚱이 전체인 개체를 이루고 있어.

자세히 관찰하면 세포들이 하는 역할에 따라 모양과 크기도 다양하거든.

같은 일을 하는 세포들을 묶어서 조직이라고 해.

예를 들면 지금 한창 성장 중인 너희 몸속 뼈조직이나 근육 조직 같은 것들.

쌤 근육 조직은 자꾸만 줄어들고 있어.

이제 근육은 없고 지방만 남은 것 같아. 슬퍼….

이런 조직들이 모여서 실제로 우리 몸에서 여러 가지 일을 하는 기관들이 돼.

기관은 어렵게 생각하지 마.

심장, 위, 폐와 같은 장기들을 말해.

쌤은 이 단원에서 항상 장기 자랑을 하거든.

자신이 잘하는 거 뽐내는 장기 자랑이 아니라 너희 몸속 장기를 자랑

하는 일이야.

너희는 몸속에 어떤 장기들이 있는지 여기서 확실히 알아 버릴 거야. 기대해!

우리 몸을 이루는 많은 장기 중에서 하는 일이 비슷한 장기들이 있어. 그것들을 묶어서 **기관계**라고 해.

'계'는 지구계와 태양계에서 설명했지?

모임을 뜻한다고?

이제 귀에 딱지 좀 앉을 때 되지 않았냐?

이 단원에선 우리가 생명을 유지하기 위해 꼭 해야 하는 일들을 다룰 거야.

그 일들을 하는 곳이 기관인 장기이고, 비슷한 일을 하는 기관을 묶어서 기관계라고 해.

어려운 말들 나오니 또 멘붕 오기 시작하냐?

처음부터 쉬운 사람은 없어.

여러 번 읽고 자꾸 보고 해서 아는 거지.

이 책을 포기하지 않고 이만큼 읽어오는 중이란 말은 전교 1등은 쌉가능하단 뜻이야. 대단!

쌤은 친절하진 않지만 거짓말이나 하는 사람은 아냐.

공부하기 싫어서 괜히 머리 나쁘다고 핑계 대는 사람 많은데 아이큐 90 이상이면 노력만 하면 전교 1등 가능하댔어.

참고로 우리나라 국민의 평균 아이큐가 세 자리로 전 세계에서 가장 높은 편인 거 들어 봤지?

너희는 공부를 못 하는 게 아니라 **안** 하는 거야.

마음 편히 안 하기 위해 머리가 나쁘다고 말하는 거야. 알겠어? 쌤은 대문자 T라고 했지?

그리고, 쌤이 25년 동안 중학교 과학을 가르치고 있어. 쌤은 25년 동안 중학생만 보고 있단 뜻이야.

쌤이 만난 중학생이 몇 명이나 될까?

자, 여기서 수학 타임!

일 년에 평균적으로 10반 정도 수업에 들어가.

그럼 한 반에 30명 잡으면 일 년에 300명 정도 만나지? 수업 들어가는 사람만 그 정도이고, 수업은 안 들어가지만 다른 학년 학생들도 보겠지?

그래도 일 년에 300명 잡으면 25년이면 7,500명을 만났단 뜻이지? 거기다 아마 너희들 부모님도 만났겠지?

이 말의 뜻은 쌤은 대한민국 중학생들이 무슨 생각을 하고 사는지를 평생 지켜보면서 지냈다는 것이지.

이제 그만 쌤 말 좀 인정해 주지?

아무튼 쌤은 너희에게 희망적인 말 하는 사람 아니고, 진실만 말하는 사람인 것 알겠지?

공부하기가 싫은 거지 아무 죄 없는 너희 뇌세포한테 뭐라고 하진 마. "저는 머리가 나쁩니다." 하지 말고 "저는 공부할 의지가 없습니다." 라고 말하는 게 맞는 거야.

공부 좀 하라고 쌤이 이렇게 열심히 손가락 두 개로 키보드 두드리고 있어.

감동이지? 더 열심히 읽어야겠지? 고럼고럼.

쓸 데 있는 소리는 이만하고 기관계로 돌아가서, 다시 복습.

우리 몸속 장기들을 기관이라고 하는데 기관은 비슷한 일을 하는 애들이 많아서 걔들을 묶어서 기관계라고 한다. OK?

그럼 우리 몸속 가장 중요한 일은 뭐냐?

잘 들어. 핵심 단어 네 개를 말할 거야.

눈으로만 읽으면 안 돼.

눈으로만 읽으면 읽고 나서 뭘 읽었는지 하~나도 생각 안 나잖아?

졸린 사람 빨리 가서 시원~한 물 한 컵 먹고 다시 앉아!

우리의 생명을 유지하기 위해 가장 중요한 일 네 가지는!
소화! 순환! 호흡! 배설!

어디선가 들어 본 것 같지만 정확하게 설명할 수 없는 것들이지?

전에도 한번 말했지만 일상 용어와 과학 용어는 차이가 있는 것들이 있어.

배설을 보는 순간 똥 싸는 거 생각했어, 안 했어?

하여튼 중학생들은 드~러운 거 참~ 좋아해요.

맞아, 아니야?

자, 정신 차리고, 소화, 순환, 호흡, 배설이 뭔지는 좀 있다가 설명하고, 소화에 관여하는 기관들을 묶어서 소화계, 순환과 관계있는 기관들을 묶어서 순환계, 마찬가지로 호흡계, 배설계라고 해.

그럼 너희는 일단 소화가 무엇인지, 소화에 관련된 기관들은 무엇인지, 소화가 일어나는 과정은 어떤지를 순서대로 알아갈 거야.

그 전에 우리 생명을 유지하는 데 필요한 이런 **일들을 하려면** 뭐가 필요할까?

이거 맞히면 콱쌤 수제자 될 수 있어.

설마 수제자가 뭔지도 모르는… 모를… 모르겠군.

무협지 보면 초고수 바로 밑에 있는 제자 있지?

아니면, 대학교에 교수님 보면 제일 능력 있어서 아끼는 제자 있지?

콱쌤 수제자 되면 뭐가 좋냐고? 쌤이 인정한다는 뜻이야. 다시 말하면 대한민국 중학생 상위 0.1% 안에 들어간다는 뜻이지. 자, 답은?

ㅇㄴㅈ.

그래, 또 에너지야. 언제까지 복습해야 할지는 모르겠지만 일을 할 수 있는 능력을 뭐라고 한다? 에! 너! 지!

우리 몸속에서 소화, 순환, 호흡, 배설이라는 일을 하려면 에너지가 필요해.

그 에너지를 만들어 내는 일을 뭐라고 했더라?

식물과 에너지 파트에서 나왔어. 광합성 반대!

그래! 호흡~!

호흡을 하려면 재료 두 가지 뭐가 필요하다?

기억해 내! 호흡 식까지 기억하면 더 좋고!

호흡 재료는 포도당과 산소였지?

식물과 에너지에 나왔던 호흡 식 한 번 더 적어 준다.

옛다! 받아랏!

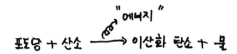

이제 기억나?

호흡을 하면 이렇게 에너지가 발생해서 우리가 살아가는 데 필요한 여러 가지 일을 할 수 있어.

근데 문제는, 호흡을 해서 에너지를 만들어 내려면 포도당과 산소가 필요해. 포도당은 영양소 중 한 가지야.

에너지를 내는 영양소가 3가지가 있는데 기가 시간에 3대 영양소 배 웠지? 안 배웠다고?

초등학교 때 나온 단어야. 탄! 단! 지!

그중에서 포도당은 탄수화물이 아주 잘게 쪼개진 거야. 우리가 먹는 감자나 빵 속에는 탄수화물이라는 영양소가 들어 있는데, 호흡을 해서 에너지를 만들어 내는 곳이 세포 속 어디?

자, 이젠 좀 기억해 봐. 제발… Please….

일곱 글자 단어. ㅁㅇㅌㅋㄷㄹㅇ.

세포도 엄청 작은데 그 속에 들어 있는 마이토콘드리아에서 에너지 를 만들어.

그럼 우리가 먹은 음식물을 세포 속에 들어갈 수 있는 크기로 잘라야 겠지?

그걸 소화라고 해.

근데. 다시 위에 있는 식을 보면 산소도 필요하잖아?

산소가 콧구멍으로 들어오는데 산소랑 포도당을 온몸 구석구석에 있 는 세포에 다 배달해 줘야 해.

그걸 순환이라고 해.

세포 속에 있는 마이토콘드리아에서 에너지를 만들어 내면 찌꺼기가 두 가지 생기지. 뭐야?

이산화 탄소와 물.

찌꺼기를 계속 세포 속에 두면 세포가 어떻게 되겠어? 빵! 터져 버리 겠지?

너희 집에 쓰레기봉투를 버리지 않고 계속 모아 두면 집에 사람이 살 수 있겠어?

그래서 이런 찌꺼기를 버리는 작용을 배설이라고 해.

이산화 탄소와 물을 버리는 거니까 똥이랑 상관없지?

ㅋㅋㅋㅋㅋㅋ

동생이 배설을 똥 싸는 거라고 하면 과학 공부 좀 하라고 해.

자, 이제 정~말 중요한 핵심!

우리는 생명을 유지하기 위해 에너지를 써서 여러 가지 활동을 해야 하는데, 에너지를 만들어 내기 위한 재료인 영양소를 잘게 쪼개는 **소화**를 하면서, 동시에 산소를 흡수하는 **호흡**을 하며, 영양소와 산소를 세포에게 보내 주는 **순환**을 하고, 남는 찌꺼기를 버리는 **배설**을 한다.

그럼 이제 **소화**부터 달리자구!

우리가 음식을 먹는 이유는 살아가는 데 필요한 에너지를 만들어 내기 위해서라고 했지?

근데 에너지를 만들어 내는 장소는 어디?

그래, 세포 속 마이토콘드리아.

현미경으로 겨우 볼 수 있는 세포 속에 들어갈 수 있도록 음식을 작게 만드는 과정을 소화라고 해.

그렇다면 소화와 관계 있는 기관, 즉 장기들은 아는 거 있어? 일단 소화계부터 정리하고 가야지.

음식이 제일 먼저 어디로 들어가?

그렇지, 입부터 시작이지.

그다음에 잘 씹은 음식을 꿀꺽하면 어디로 가?

식도를 지나서 위로 가지.

아래위 할 때 위가 아니라 음식이 들어가는 위 알지?

위에서 소화가 끝나면 다시 작은 창자인 소장, 소장에서 필요한 영양소를 흡수하고 나면 큰 창자인 대장으로 갔다가 남은 찌꺼기는 똥이 되어서 항문으로 나가는 거야.

소화에 관련 있는 소화계는 이게 다가 아니야. 더 있어. 이런 게 진짜 싫지?

그냥 간단하게 한 줄로 쭉 이어져 있는 입-식도-위-소장-대장-항문으로 끝나면 좋을 건데, 이 기관들 사이 사이에 소화에 도움을 주는 기관들이 또 있어.

대표적으로 간, 쓸개, 이자가 있어.

얘들도 소화에 꼭 필요한 애들이야.

그럼, 소화를 위한 음식물의 여행 시작해 봅시다!

멘트가 참 구리지?

미안해, 쌤이 중학교 졸업한 지 30년이 더 지났어.

'응답하라 1988' 드라마 알아? 그때 쌤 중2였어.

너희 부모님보다 쌤이 나이가 더 많지?

마음 넓은 너희가 이해해 줘.

우리가 여러 가지 음식을 먹으면 그 속에 있는 다양한 영양소가 필요하지만 일단 에너지 내는 데 필요한 3대 영양소만 알아볼 거야.

더 많은 영양소 궁금하냐?

고개를 절레절레 흔드는 너희들 모습이 보이네. ㅋㅋ

우리는 지금 딱! 필요한 것만으로도 머리가 터져 나가는데 더 할 필요는 없겠지?

자세한 건 학교 과학 쌤께 배워.

밥, 빵, 면에 많이 들어 있는 탄수화물이라는 영양소를 쪼개면 중간 크기인 엿당이 되었다가 최종 단계인 제일 작은 알갱이인 포도당으로 분해돼.

너희가 좋아하는 고기에 들어 있는 단백질은 쪼개면 아미노산이라는 영양소가 되고, 지방은 쪼개면 지방산이라는 성분과 이름도 어려운 모노글리세리드라는 성분으로 나누어져.

정리하면 **탄수화물**, **단백질**, **지방**인 상태로는 너무 커서 세포 속으로 들어갈 수 없으므로 **포도당**, **아미노산**, **지방산**, **모노글리세리드**로 부수어 주면 세포 속으로 들어가서 우리가 살아가는 데 필요한 에너지를 만들 수 있어. 정리됐어?

자, 지금부터 너희들에게 실험을 하나 시키겠다!

지금 즉시 부모님께 가서 꽉쌤이 시켰다고 하고 제일 먹고 싶은 사탕을 한 봉지 이상 사 달라고 해.

왜 필요하냐고? 일단 사 와서 얘기해.

눈앞에 사탕 있냐? 그럼 사탕 봉지를 깐다, 실시!

깠으면 지금부터 본인이 할 수 있는 모든 방법을 동원해서 사탕을 작게 만들어.

눈으로 볼 수 없는 크기면 더 좋고.

얼마나 작아졌어? 어떻게 했는데?

설마… 망치 들고 와서 깬 건 아니겠지?

맞다고? ㅎㅎ

그렇게도 가능하지만 가루는 눈에 보이잖아?

더 작게 하려면?

지금 편안하게 사탕을 입에 넣고 굴리면서 맛있게 먹고 있는 사람이 우승! ㅋㅋ 속았다고?

흥분하지 말고 들어.

사탕을 힘을 줘서 부수는 것과 침으로 녹이는 것 두 가지 방법을 같이 쓰면 더 빨리 작게 만들 수 있어.

힘을 줘서 부수는 방법을 물리적인 방법이라고 하고, 침으로 녹이는 걸 화학적인 방법이라고 해.

어디서 들어 본 듯하지?

물리적인 것과 화학적인 것의 차이를 이해하기 쉽게 설명해 줄게. 힘으로 밀어붙이는 경우를 물리적, 약품과 반응시키는 걸 화학적이라고 생각하면 돼.

쌤이 집안일 중에 제일 하기 싫은 게 청소인데….

참! 설마 중학생이나 되었는데 아직 집안일 아무것도 못 하는 건 아니지?

쌤이 학생들과 수업 중 대화하다 해마다 깜짝 놀라는 일이, 중학생이나 되었는데 자기 방 청소나 설거지 한 번 안 해 봤거나, 달걀 프라이는 커녕 라면도 못 끓이는 사람이 있더라는 거야.

심지어 중3인데 운동화 끈을 못 묶는 사람도 봤어.

그래서 수업 한 시간을 빼서 파라코드 팔찌 만들기 수업을 한 적도 있어.

파라코드 팔찌를 만들려면 어려운 매듭을 반복해야 하거든.

혹시 위에 말한 사항에 하나라도 해당하는 사람은 빨리 반성하고 지금부터 부모님께 부탁드려서 안전한 상황에서 연습해.

첫째도 안전! 둘째도 안전! 셋째도 안전! 알지?

혼자서 라면 끓이다가 화상 입지 말고 처음 세 번 정도는 꼭 부모님 감독하에 연습해. 숙제야.

물리적, 화학적 방법 얘기하고 있었지?

어쨌든 쌤이 청소를 무지 싫어하는데 특히, 화장실 청소. 화장실 청소를 하려면 물리적 방법과 화학적 방법 두 가지를 다 사용해야 해.

어떤 경우는 스프레이 형식으로 된 약품을 뿌려 놓고 한 시간쯤 지난 후에 물을 뿌려서 청소해.

또 어떤 경우는 솔을 이용해서 변기를 박박 닦아.

두 경우를 물리적 방법과 화학적 방법으로 나누어 보고, 두 경우 중 어떤 경우가 더 깨끗해질지 대답해 봐.

첫 번째는 화학적 방법, 두 번째는 물리적 방법이지?

그럼 더 깨끗해지려면?

그렇지! 두 가지를 같이 쓰는 방법이지.

혹시 둘 중 하나를 고른 건 아니겠지?

지금은 중간고사, 기말고사 시간이 아니에요~.

과학은 정답이 중요해, 창의성이 중요해?

그래, 창의성! 창의성을 기르려고 과학을 공부하는 거야.

쌤과 같이 공부하는 학생들은 쌤이 위와 같은 질문을 던지면 세 번째 방법을 생각해 내.

그러다 보니 어떨 땐 정말 두 가지 중 하나가 답인데도 애들이 "쌤, 두 개 다 답 아니죠? 이제 안 속아요."라고 하면서 둘 중 하나가 답이라고 해도 안 믿어서 한참 실랑이하는 때도 있어.

쌤이 워낙 수업 시간에 창의성을 요구하는 사람이거든. 그래서 어쩔 땐 정말 주제를 벗어난 답이 나오는데, 꽤 획기적인 것들도 있어.

그럴 땐 미친 듯이 그 학생을 칭찬하지.

솔직히 너희들이 중간, 기말고사를 쳐야 하니까 정답을 바라지, 그렇지 않다면 쌤 질문에 획기적인 답이 나오는 정답이 없는 수업을 하겠지.

고대 그리스 로마 시대에는 학교도 없고 교실도 없이, 스승과 제자가 있으면 그냥 돌아다니면서 구경한 것에 대해 서로서로 묻고 대답하면서 공부했대.

너무 재밌었겠지? 쌤도 그런 수업 너무 해 보고 싶어. 그저 과학과 관련된 아무 말 대잔치, 대환장 파티 같은 거 말야.

자꾸 딴 데로 새고 있네. 다시 돌아가자!

아무튼 소화에도 물리적인 소화와 화학적인 소화가 있어.

가장 대표적인 물리적인 소화는 입에서 일어나지. 뭘까? 그래, 음식을 이로 씹는 거야.

그럼 일차적으로 음식이 작아지겠지?

그러면서 동시에 화학 약품이 나와. 뭘까?

그래! 침! 우리 입에서 나오는 침이라는 약품 속에는 다양한 물질들이 섞여 있어.

조금만 다치는 경우 침 바르면 낫는다는 말 들어 봤지?

실제로 아~주 적은 양이지만 침 속에 상처를 아물게 하는 성분이 들어 있다고 해.

근데 우리는 소화에 관련된 물질만 볼 거야.

우리 몸속에서 소화를 잘되게 하는 성분을 만들어 내는데, 이런 성분들을 **소화 효소**라고 해.

소화 효소는 종류가 여러 가지인데, 침 속에는 일단 아밀레이스라고 하는 애가 들어 있어.

근데 소화 효소들은 한 가지 영양소만 분해해.

쉽게 말해 한 놈만 조지는 거지. ㅋㅋㅋ

그래서 미안하지만 영양소 별로 소화 효소가 나오는 곳과 이름을 외워야 해.

아~ 물론 지금은 외울 필요 없지.

학교 수업 시간에 외우면 돼.

지금부터 음식물을 따라 입에서부터 항문까지 내려가면서 어떤 기관에서 어떤 영양소가 분해되고, 그때 어떤 소화 효소의 도움을 받는지 알아볼 거야.

준비됐냐?

우리가 먹는 음식에는 여러 영양소가 들어 있어. 한 가지 음식이라고 해도 마찬가지야. 다양한 영양소들이 들어 있지.

일단 입 속으로 음식물이 들어오면 이빨이 아닌 이로 잘 씹어야 해. 동물들에게 이빨이라고 하고 사람에게는 이라고 해야 한대.

입 속에선 침이 나오지?

침 안에는 어떤 소화 효소가 있다?

그래, **아밀레이스**.

참고로 부모님들은 아밀라아제로 배웠어.

명칭만 달라진 거야. 당연히 쌤도 아밀라아제로 배웠는데 아밀레이스로 가르치고 있어. ㅋㅋ

침 속 아밀레이스는 탄, 단, 지 중 뭐를 소화시킨다?

맞혀봐! 한국인이 제일 많이 흡수하는 영양소 1위!

탄수화물이야.

아밀레이스는 탄수화물을 잘게 부수어서 엿당으로 만들어 줘.

잘 씹은 음식물이 목 안에 있는 음식이 지나가는 길인 식도를 타고 내려간 후 위에 도착하게 돼.

입에서는 음식이 솔직히 10초 이상 안 머무르지?

몇 번 씹지도 않았는데 음식이 저절로 사라져 버리지? 그렇지만, 위에서는 음식들이 좀 오래 머물러.

몇 시간 정도.

상상해 봐. 온갖 종류의 음식과 물이 섞여서 우리 몸의 체온인 평균 36.5℃에서 몇 시간을 위라고 하는 주머니 속에 있으면 음식물이 어떻게 될까?

으… 꼭 한여름 음식물 쓰레기통 속처럼 되겠지?

힘들게 비싼 음식 먹었는데 버리면 안 되겠지?

그래서 신기하게도 위에서 음식물의 부패를 막기 위해서 염산이 나와.

헉! 염산이라뇨!

맞아, 너희가 알고 있는 강한 산성을 띠는, 쇠도 녹이는 그 염산이야.

염산이 나와야 음식물의 부패를 막을 수 있다고 해.

그리고, 염산과 같이 소화 효소도 나오는데 기억해.

펩신이라고 하는 효소가 나와.

얘는 탄, 단, 지 중 어떤 걸 소화시킬까?

단백질이야.

단백질을 중간 크기의 단백질로 쪼개는 역할을 해.

여기서 염산이 있어야 펩신이 활동을 할 수 있대.

무시무시하지만 우리에겐 많은 도움을 주는 물질이지?

여기서 잠깐! 염산은 위산이라고도 하는데 나오는 시간이 일정해.

우리가 밥 먹는 시간을 알고는 때맞춰서 나와.

근데 밥 먹는 시간을 일정하게 하지 않으면 염산이 나왔을 때 위 속에 음식물이 없겠지?

그럼 염산이 위에 묻어 버리겠지?

그럼 위가 어떻게 될까? 그래, 위 벽을 녹이는 거야.

점점 녹이다 보면 아프겠지?

그렇게 속이 쓰려서 병원에 가면 위염이라고 하고 약을 줄 거야. 그런데도 정신을 못 차리고 계속 불규칙적으로 밥을 먹으면 위궤양이라는 병도 걸릴 수 있다고 해.

규칙적으로 밥 잘 먹어. 알았지?

나중에 수능 치다가 위염으로 아파서 119 불러서 병원에 실려 가서 재수하지 말고.

아직 소화 효소가 나오지 않은 건 뭐야?

지방이지? 조금만 기다려.

위에서 더 내려가면 작은창자, 소장이 나와.

소장은 놀라지 마.

한 사람 몸속의 소장 길이가 약 6~7m 정도야.

쫌 길지? 쌤은 수업 시간에 학교 건물에 비교해.

한 층의 높이가 2.5m라고 하면 대략 3층 높이 정도 되지. 엄청 길지?

그래서 옛날에 소장을 수술하면 배를 째야 했기 때문에 꺼내서 수술하고 난 후에 그냥 막 집어넣고 꿰맸대.

음식물이 위에서 소장으로 내려가는 길에 주변에 있는 다른 기관에서 소화에 도움 주는 물질들이 같이 나오는데, 대표적으로 위의 반대편에 있는 간에서 어떤 물질이 나와. 얘는 헷갈려. 조심해.

일단 이름은 쓸개즙이야.

우리 몸에서 가장 큰 장기인 간을 뒤집어 보면 그 밑에 아주 작은 쓸개라는 기관이 숨어 있고, 쓸개는 위와 소장 사이의 통로인 십이지장이라는 곳에 연결되어 있어.

십이지장은 12지장인데, '지(指)'는 손가락, '장(腸)'은 소장을 뜻해. 무슨 말이냐면 손가락 마디 12개만 한 길이를 갖고 있는 장이라는 뜻이야.

그냥 위와 소장 사이의 통로라고 알고 있으면 돼.

정리하면, 간에서 쓸개즙을 만들어.

근데 간에서 만들어진 쓸개즙이 쓸개에 저장되었다가 십이지장으로 분비가 돼.

옛날에 쓸개에서 나와서 쓸개즙이라고 했는데, 알고 보니 간이 만들었던 거야.

지금도 쓸개즙이라고 부르는데 간이 조금 억울하겠지?

이 쓸개즙에 아주 중요한 물질이 들어 있어.

얘는 소화 효소는 아니야.

직접 영양소를 분해하지는 않거든.

근데 얘가 지방을 만나면 지방이 효소를 만나 분해될 수 있도록 도와주는 역할이야.

한 마디로 쓸개즙이 나오지 않으면 지방이 소화가 안 된다는 뜻이지.

그래서 쓸개에 문제가 생겨서 떼어 낸 사람의 경우 지방을 소화 못 시켜서 살이 많이 빠졌다는 얘기를 들었어.

나중에 가면 알겠지만 소화를 시키지 못하면 우리 몸이 흡수를 못 한다는 뜻이거든.

다시 말해서 똥으로 다 버린다는 뜻이야.

이건 배설이 아니라 그냥 버리는 배출이라고 해.

그리고, 한 가지 더.

위 바로 뒤에 옥수수처럼 생긴 기관이 있는데 이자라고 해.

췌장이 이자와 같은 말이야.

이자는 소화과정에서 아주아주아주아주 중요한 기관이야.

3학년 단원에서 호르몬 배울 때도 정말정말정말정말 중요한 호르몬들이 나오는 곳이니까 이름을 잘 기억해 둬.

이자에서 이자액이라는 액체가 나와서 십이지장으로 분비되면 음식물과 같이 소장으로 내려가는데, 이자액 속에는 3대 영양소를 소화시키는 효소가 종류별로 다 들어 있어.

탄수화물을 소화시키는 **아밀레이스**, 단백질을 소화시키는 **트립신**, 지방을 소화시키는 **라이페이스**.

아밀레이스는 침 속에도 있었지?

탄수화물을 소화시키고, 트립신은 단백질, 라이페이스는 쓸개즙의 도움을 받아서 지방을 분해해.

왜 이자액이 중요한지 알겠지?

3대 영양소를 분해하는 소화 효소가 다 들어 있어.

소장에서도 소장액이 나오는데 여러 가지 소화 효소가 들어 있어. 자세한 건 고등학교 가서 공부해. ㅋㅋ

소화과정은 엄청 복잡하고 수많은 소화 효소가 있는데 중학생이 그걸 다 알 필요는 없겠지?

쌤이 지금 말한 것만 해도 머리가 터져 나갈 건데, 그렇지?

소장이 워낙 기니까 소장을 지나가면서 음식물 속 필요한 영양소의 소화는 다 끝나.

탄수화물은 최종 물질인 **포도당**으로, 단백질은 **아미노산**으로, 지방은 **지방산과 모노글리세리드**로.

이렇게 분해된 영양소들을 흡수하는 곳도 소장이야.

돼지의 소장을 깨끗이 씻고 그 속에 당면과 피, 여러 가지 재료들을 넣고 쪄 낸 음식이 뭐야?

그래, 순대야. 쓰읍~. 쌤은 순대를 좋아해. ㅎㅎ

소장 안쪽을 자세히 보면 쭈글쭈글하게 주름이 있는데 그 주름 표면에 카페트처럼 많은 털이 나 있어.

그 털을 융털이라고 해.

수많은 융털이 있어서 그대로 몸 밖으로 빠져나가려는 영양소들을 잡아서 쏙쏙 흡수하게 되어 있지.

이제 흡수되지 않고 남은 찌꺼기들은 대장으로 이동해.

대장을 지나면서는 물이 많이 흡수되거든.

그래서 적당한 굳기를 가진 똥이 만들어져 있다가 하루에 한 번씩 몸 밖으로 배출하는 거지.

똥을 더럽다고 생각하면 안 돼. 물론 더럽지만.

그 더러운 똥을 못 만나서 힘든 사람들 많지?

변비나 치질인 사람.

대장에서 물을 적당히 흡수해서 하루에 한 번씩 바나나 크기 정도의 똥을 배출하는 사람은 건강한 사람이래.

대장에 탈이 나서 장염 같은 거 걸리면 대장이 물을 흡수를 못 한대.

그럼 어떻게 돼?

화장실 변기가 터져 나가지?

나중엔 내 몸에 있는 물이 다 빠져나가는 것 같지?

반대로 똥을 너무 참는 사람은 똥이 배 속에 오래 있으면 자꾸자꾸 대장이 물을 흡수해 버리겠지?

그럼 똥 속의 물이 다 빠져서 똥이 딱딱해지는 거야.

똥은 적당히 물렁해야 항문을 해치지 않고 잘 빠져나가.

똥이 딱딱해지면 항문을 잘 빠져나오지 못해서 변기에 앉아 있기만 하고 똥 싸기에 실패하잖아?

이게 변비이고, 지속되면 똥 쌀 때 항문이 찢어지거나 항문 속 장기가 똥과 함께 밀려 나오는 거야.

그럼 치질이 되는 거지.

우리는 똥 잘 싸는 것도 감사하게 생각해야 해.

똥은 건강의 척도야.

참! 똥 색깔 관찰도 잊지 마.

똥이 노랗거나 갈색이면 평범해.

근데 빨강이나 녹색, 검정색이면 몸속 장기 중 어딘가 고장이 났을 가능성이 있다고 해.

우리 모두 황금 바나나똥을 위해 건강하자!

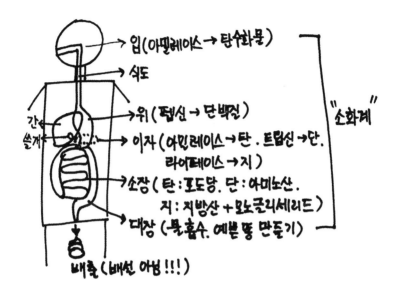

소장에서 소화가 끝난 영양소들을 흡수한다고 했지?

소화를 왜 시켜야 한다고?

그래, 영양소들을 세포 속에 들여보내기 위해서.

소화가 끝난 영양소들은 소장에서 몽땅 흡수한 다음에 온몸 구석구석에 있는 세포들한테 보내 줘야 해.

택배랑 비슷해. 만약 전 국민에게 뭔가를 나누어 줘야 할 경우 서울에서 전국으로 배달을 나가려면 택배차가 5,000만 대가 필요할까?

아니겠지?

혹시 택배시키면 배달이 어떻게 되는지 들어 봤어?

온라인 쇼핑몰에서 물건을 주문하면 일단 여러 가지 물건들이 공장에서 택배 회사의 창고로 모여.

거기서 전국 어디로 갈 건지 분류한 다음 각 지점으로 보내줘.

그럼 지점에서도 각 동네로 배달 나갈 물건을 분류해서 택배 기사님들이 가까운 동네를 돌면서 배달하시는 거지. 체계적으로 되어 있지?

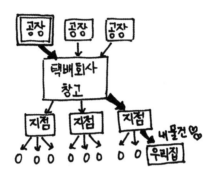

우리 몸도 마찬가지야.

흡수는 소장에서 했지만, 온몸에 있는 수십조 개에 해당하는 세포에 영양소를 다 보내 줘야 해.

그래서 우리 몸에도 택배 회사의 창고에 해당하는 곳과 온몸 구석까지 이어져 있는 길이 다 깔려 있지.

이렇게 우리가 살아가기 위해 필요한 물질들을 운반하는 역할을 하는 기관들을 다 모아서 **순환계**라고 하는데, 심장, 혈관, 혈액이 순환계에 해당해.

먼저 택배 회사의 창고처럼 모든 물질이 모여서 출발하는 곳이 바로 심장이야.

심장은 영어로 heart, 하트라고 하지. ♡♡♡

학교에서 심폐 소생술 배우지?

심폐 중 '심'이 심장이야.

심장이 운동하면 혈액(피) 속에 들어 있는 물질들이 혈관을 타고 온몸 구석구석까지 배달을 가.

심장은 우리 주먹만 한 크기의 근육 덩어리인데, 얘는 1분에 평균 60~100번 정도 수축과 이완을 반복해.

쉽게 말해 두근두근거린다는 뜻이야.

심장은 아주 과학적이고 체계적으로 잘 만들어져 있는데, 혈액이 온몸을 돌아다니면서 세포에게 필요한 물질을 주고, 버리는 찌꺼기를 다시 받아서 심장으로 돌아오거든.

그때 심장에서 나가는 혈액과 심장으로 들어오는 혈액이 섞이면 될까, 안 될까?

마트에서 장을 보고 나면 종량제 쓰레기봉투에 담아오는 경우 있지?

쓰레기봉투에 마트에서 사 온 음식 재료가 담겨 있는데 모르고 화장실에서 나온 휴지를 같은 봉투에 넣었다고 생각해 봐.

먹을 수 있을까? 안 되겠지?

뭐? 호호 불어서 3초 안에 먹으면 된다고?

넌 급식 시간에 남은 거 버리는 짬밥통에 든 음식들 먹을 수 있냐?

이런 걸 하나하나 반응하는 나도 이상하고, 이런 질문에 하나하나 이상한 대답하는 너도 이상하고….

아무튼 깨끗한 혈액과 더러운 혈액이 섞이면 안 되니까 심장에는 혈액이 지나다니는 방이 총 4개가 있어.

왜 4개씩이나 있을까?

심장에서 나가는 혈액이 있는 방 하나와 심장으로 들어오는 혈액이 있는 방 하나, 총 2개만 있으면 될 것 같지만 4개야.

이건 뭘 뜻할까?

그래, 혈액이 나가는 게 2번, 들어오는 게 2번이란 뜻이야.

혈액이 심장에서 나가서 돌아오는 걸 총 2번 한다는 뜻이야. 그래서 방이 4개지.

먼저 방 이름부터 알아보고 가자구.

심장에 있는 방의 이름을 위쪽 두 개는 심장에 있는 방이란 뜻에서 심방이라고 하고, 아래쪽 두 개는 과학실, 미술실처럼 '실(室)' 자를 써서 심실이라고 해.

1층은 심실, 2층은 심방.

심실과 심방은 두 개씩 있는데 좌우로 구분되어 있어.

왼쪽은 좌심방, 오른쪽은 우심방.

왼쪽은 좌심실, 오른쪽은 우심실.

여기서 조심할 것! 우리가 보고 있는 심장은 우리 심장이 아니고 우리와 마주 보는 사람의 심장이야.

그래서 좌우가 반대야.

거울 속 모습을 보고 있다고 생각해도 돼.

그래서 그림을 그려 보면 이렇게 돼.

여기서 심실은 혈액이 출발하는 곳이고, 심방은 들어오는 곳이야.

다시 말하면 1층에서 나가서 2층으로 돌아와.

근데 출발할 때와 도착할 때 좌우가 다른 곳에서 출발하고 도착하거든.

그럼 좌심실에서 출발하면 어디로 들어오~~~게?

그렇취! 우심방!

그럼 우심실에서 출발하면 어디로 도착할까?

그렇취! 좌심방!

심장에서 출발할 땐 많은 양의 피를 가지고 출발해.

이때 혈액이 지나다니는 길을 혈관이라고 해.

혈액은 심장에서 출발할 땐 온몸을 돌고 와야 하니까 아주 힘차게 출발해야 해.

그래서 심장이 아주 세게 꾹! 눌러지는 거지.

그러면 혈관을 통해 많은 혈액이 쏨~ 하고 나가겠지?

출발 후 혈관이 상체와 하체 쪽으로 나누어지고, 상체 쪽 방향의 혈관은 다시 오른쪽과 왼쪽으로 나누어져야겠지? 그러다 손목에 도착하면 다시 손가락 다섯 개 방향으로 나누어지고….

결국에는 손가락 끝에 있는 세포 하나하나 사이를 돌아다닐 만큼 가늘어져야 해.

우리 온몸 구석구석에 있는 세포들은 혈액에 있는 영양소와 산소를 공급받지 못하면 에너지를 만들어 내지 못해서 살 수가 없거든.

그래서 찔러서 피가 나지 않는 부분이 거의 없잖아?

온몸 구석구석에 있는 세포 사이를 돌아다니면서 세포에 필요한 물질들을 나누어 주고, 찌꺼기는 다시 혈액에 버리게 되어 있어.

세포 사이를 돌아다니며 찌꺼기를 받은 혈액들은 다시 심장으로 돌아오는데, 돌아올 땐 출발할 때와 마찬가지로 모여서 심장으로 돌아오는 거야.

그럼 심장 가까이에 올 때는 다시 혈관이 아주 커져 있겠지?

혈관을 정리해 보자.

심장에서 출발할 땐 굵게, 점점 가늘어지다 온몸 세포 사이를 돌아다닐 때 아주 가늘게, 다시 심장으로 돌아올 땐 다시 굵게. OK?

심장에서 출발하는 굵은 혈관을 동맥이라고 하고, 돌아오는 혈관은 정맥이라고 해.

그 사이에 아주 가늘게 생긴 혈관은 모세혈관이라고 해.

한 번쯤은 다 들어 본 이름이지?

모세혈관은 엄청 엄청 가늘어서 혈관벽이 세포 한 겹으로 되어 있을 정도야.

얼마나 얇을지 상상이 안 되지?

심장에서 출발하는 혈관을 동맥, 심장으로 돌아오는 혈관을 정맥이라고 하면, 심장에 있는 4개의 방 중에서 동맥과 연결된 방과 정맥과 연결된 방을 연결할 수 있겠어?

동맥과 연결된 방은 어디?

혈액이 출발하는 곳이니까, 1층에 있는 좌심실, 우심실.

정맥과 연결된 방은 혈액이 도착하는 곳이니까 2층에 있는 좌심방과 우심방이지.

그럼, 동맥도 2군데, 정맥도 2군데 있으니까 이름이 달라야겠지?

외워 놓아야 과학 수업 시간에 편해질거야. ㅋㅋ

혈액이 좌심실에서 나가면 어디로 들어 온다고?

그래, 우심방으로 들어오고, 우심실에서 나가면 좌심방으로 교차해서 들어온다고 했지?

이때 좌심실에서 출발한 애는 온몸 구석구석을 돌고 오고, 우심실에서 출발한 애는 폐(허파)에 갔다 와.

그럼 두 군데 중 어디로 출발하는 혈액이 더 힘차게 출발해야 할까?

당연히 좌심실에서 출발하는 혈액이지?

그래서 좌심실에 연결된 동맥을 '큰 대(大)'를 써서 대동맥, 온몸을 돌고 우심방으로 들어오는 길에 있는 정맥을 대정맥이라고 해.

폐를 향해 출발하는 우심실은 폐동맥과, 돌아오는 좌심방은 폐정맥과 연결되어 있어.

머릿속으로 그림이 그려져? 쌤이 그려 주기 전에 먼저 내용을 읽으면서 머릿속으로 그림이 그려져야 해.

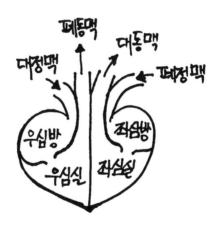

지금까지 그림이 안 그려지면 눈으로만 읽은 거야.

그건 읽은 게 아니지.

다시 처음부터 가서 읽어!

플라스틱으로 만든 작은 물총을 주먹으로 꽉 쥐면 물이 튀어 나가지?

그것처럼 심장이 수축하면 혈액이 심장에서 힘차게 출발해.

이때 잘못하면 심장에 있는 4개의 방 속에서 혈액이 섞여 버릴 수 있 잖아?

그리고, 심장이 수축했다가 바로 이완(물총을 쥐었다가 놓으면 물총 이 다시 커지는 것)하면 나가던 혈액이 다시 심장 속으로 역주행할 수 도 있잖아?

그걸 방지하려고 심장 속 심방과 심실 사이와 심실과 동맥 사이에는 **판막**이라는 것이 있어.

판막은 일종의 문 역할을 하는 건데 화장실이나 가게 들어갈 때 가끔 보는 문인데, 한쪽으로만 열려.

그래서 혈액이 출발할 때는 문이 열리다가 반대 방향으로 돌아오려 면 문이 닫혀서 못 들어오게 되어 있어.

가끔 심장 속 판막이 덜 만들어져서 태어나는 아기들의 경우에는 심 장 속 혈액들이 섞여 버리게 되니까 건강하지 못하겠지? 너희는 건강하 게 학교 잘 다닐 수 있는 것만으로도 부모님께 정말 감사해야 해.

판막은 심장에만 있는 게 아니라 정맥 속에도 있어.

특히 발까지 내려갔다가 올라오는 정맥을 생각해 봐.

정맥은 심장으로 돌아오는 혈관이니까 혈관이 움직이는 속도가 매우 느리겠지?

게다가 중력과 반대 방향이야.

발끝에서 다시 심장을 향해 올라오려면 힘들겠지?

그래서 가끔 피가 역류하기도 해.

그걸 방지하려고 정맥에도 군데군데 판막이 있다고 해.

우리가 낮 동안 하루 종일 서서 생활하니까 피가 다리 쪽에 몰려서 저녁이 되면 다리가 퉁퉁 붓기도 하잖아.

그래서, 자기 전에 다리를 들어 올리거나, 머리 쪽으로 피가 잘 갈 수 있도록 물구나무서기를 가끔 해 주는 것도 좋다고 해.

헬스장이나 동네 공원에 있는 물구나무서기 장치 알지?

이젠 이 혈관 속을 흐르는 피, 혈액에 대해 알아보자구.

쌤은 혈액을 국에 비유해서 설명해.

국을 먹으면 국물과 건더기가 있지?

혈액도 마찬가지로 국물인 액체 성분인 혈장과 건더기인 고체 성분인 혈구로 이루어져 있어.

혈장은 대부분 물 성분인데 여기에 세포들에 나누어 줄 영양소나 세포가 내놓은 찌꺼기를 녹여서 운반하지.

혈구는 3종 세트로 이루어져 있어.

백혈구, 적혈구, 혈소판.

백혈구는 혈구 중에서 크기가 큰데 제일 큰 역할은 세균 없애는 일이야.

피검사를 해 보면 백혈구가 평소보다 많은 경우가 있거든.

그건 몸에 세균이 많이 들어 와서 백혈구가 늘어난 후 열심히 세균을 잡아먹고 있다는 뜻이야.

그리고, 백혈병 들어 봤어?

병원 무균실에 머리 박박 깎고 마스크 끼고 있는 애기들 봤지?

백혈병은 몸에서 건강하지 못한 백혈구를 만들어 내는 병이야.

그래서 세균이 들어오면 백혈구가 세균과 싸울 수가 없어서 다른 병에 잘 걸리는 거지.

너희는 너희 백혈구가 건강한 데에도 감사해야 해. 맞지?

적혈구는 무슨 색? 그렇지, 빨간색.

헤모글로빈이라는 빨간색 색소가 있어서 빨간색이고 혈구 중에서 적혈구가 제일 많거든.

그래서 우리 피가 빨간색인 거야.

적혈구는 산소를 운반해 줘.

적혈구도 없으면 안 되겠지?

축구 국가대표 선수들이 다른 나라에 경기하러 갈 때 적응한다고 일찍 출국하잖아?

멕시코 수도인 멕시코시티의 경우는 해발고도가 2,200m 정도 되는데, 참고로 백두산이 2,700m 정도야.

높은 곳에 있으니 산소가 적겠지?

그럼 우리나라에 있을 때보다 산소가 부족해서 선수들이 잘 못 뛰게 된다고 해.

멕시코 사람들은 우리나라 사람보다 적혈구 수가 어떨까? 많을까, 적을까?

우리는 한 번 숨을 마시면 산소가 많아서 적혈구도 많이 필요 없지만 멕시코는 산소가 적으니까 적혈구가 많아야 필요한 산소를 얻을 수 있어.

그래서 고산지대에 사는 사람들이 낮은 곳에 사는 사람들보다 적혈구 수가 많다고 해.

다른 나라에 안 가더라도 평소에 어지러운 사람들 있지?

빈혈이라고 들어 봤어?

빈혈은 적혈구가 부족해서 산소 흡수를 잘 못해서 생기는 병이야.

적혈구가 부족하면 산소를 세포들한테 적게 배달해 주겠지?

그럼 세포가 에너지를 잘 만들어 내지 못해서 여러 가지 일을 못하게 되는 거야.

여학생들은 한 달에 한 번 생리를 하니까 적혈구가 혈액과 함께 많이 빠져나가서 남학생들보다 빈혈에 걸릴 가능성이 더 높아.

이제, 혈소판 차례.

혈소판도 너무너무 중요해.

얘는 피를 멈추게 해.

다쳐서 상처가 나면 조그만 상처의 경우 조금만 누르고 있으면 곧 피가 멈추지?

그리고, 여드름 짜고 나면 시간 지나면 딱지가 생기지?

그 딱지를 만드는 게 혈소판이야.

혈소판이 몸 밖으로 나오면 공기와 만나서 딱지를 만들어. 그러면 딱지 속에서 상처를 치료하는 거지.

근데 딱지를 못 참고 떼 버리는 사람 있지?

딱지를 떼면 좀 있다 또 딱지가 생기지?

그걸 또 떼고 또 딱지가 생기고….

제발 혈소판 좀 괴롭히지 마.

딱지는 너희 상처를 치료하기 위한 방어막이야.

근데 이 혈소판이 또 정상 혈소판이 아니어서 피를 멈추게 하지 못하는 병이 있어.

피가 멈추지 않는 병을 혈우병이라고 하는데 혈우병은 영국 왕실에 유전이 되었다고 해.

자, 이제 혈액의 순환을 정리하면 혈액의 출발지와 도착지는 어디?
심장. 심장에는 혈액이 출발하는 곳 두 군데와 도착하는 곳 두 군데가
있지?
그러므로 순환은 크게 두 가지로 나누고.
심장의 좌심실에서 출발한 혈액은 어디를 돌고 온다고 했어?
온몸을 돌고 온다고 했지?
그래서 온몸 순환이라고 불러.
심장의 우심실에서 출발하면 어디 갔다 온다고?
폐. 그래서 폐순환이라고 불러.
그럼 **온몸 순환**을 정리해 보자.

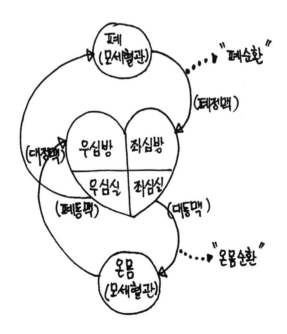

심장의 좌심실에서 대동맥으로 나가서 온몸의 모세혈관을 돌면서 영양소와 산소를 나누어주고 노폐물을 받아서 다시 대정맥을 통해 우심방으로 돌아오는 코스!

머릿속에 그림이 그려져?

이번에는 **폐순환**.

심장의 우심실에서 폐동맥으로 나가서 폐에 도착하면 세포들이 혈액 속에 버린 찌꺼기인 이산화 탄소를 버리고, 깨끗한 산소를 받아서 다시 폐정맥을 통해 좌심방으로 돌아와.

그림 그려져?

쌤이 그린 거랑 같은지 확인해 봐.

소화와 순환을 끝내고 이제 세 번째 **호흡**으로 가 봅시다!

호흡은 숨쉬기뿐만 아니라 에너지를 만드는 과정을 의미한다고 했지? 호흡식 기억나지?

호흡을 통해 에너지를 만들어 내려면 산소가 꼭 필요해. 호흡 후 이산화 탄소와 물이 생겨서 얘들을 버려야 하는 것도 알고 있지?

이렇게 우리 몸은 산소를 마시고 이산화 탄소를 뱉어야 해.

그 과정에 관여하는 코, 기관, 기관지, 폐와 같은 기관들을 호흡계라고 해.

우리가 숨을 들이마시는 걸 들숨, 내뱉는 걸 날숨이라고 하는데, 들숨 때 공기가 코를 통해 들어오면 코와 연결된 통로인 기관으로 내려가.

기관은 양쪽 폐와 연결된 많은 통로인 기관지로 연결되고, 기관지 끝에는 폐를 이루는 작은 공기주머니인 폐포들이 포도송이처럼 붙어 있어.

폐포는 폐를 이루는 세포라고 생각하면 돼.

기관지가 코와 연결된 빨대, 빨대 끝의 풍선을 폐포라고 생각하면 되는데 사람 몸에 있는 폐포를 다 펴면 테니스코트 반을 덮을 수 있을 정도래.

폐포가 얼마나 작은지 알겠지?

근데, 폐포가 모여서 이루어진 폐는 심장과 다르게 근육이 없어.

그 말은 폐는 혼자 움직일 수가 없다는 말이야.

그래서 폐를 움직이려면 폐를 둘러싸고 있는 갈비뼈와 횡격막이 움직여 줘야 해.

갈비뼈는 알지만 횡격막은 처음 들어봤지?

먹어 본 사람은 있을 거야.

돼지고기 가게에서 갈매기살 구워 먹어 봤어?

갈매기살이 날아다니는 갈매기가 아니라 돼지의 횡격막이야. 몰랐지? ㅋㅋ

횡격막은 배와 가슴을 가로 방향으로 나누는 칸막이라고 생각하면 돼.

들숨 한 번 쉬어 볼까? 공기를 마시는 거야.

폐는 혼자 못 움직인다고 했지?

숨을 마시고 멈춘 상태로 자기 갈비뼈를 봐.

어때? 갈비뼈가 올라왔어, 내려갔어?

올라왔지?

횡격막은 보이지 않지만 내려가 있어.

그럼 갈비뼈와 횡격막 사이의 공간을 흉강이라고 하는데, 흉강이 넓어지지?

흉강의 부피가 증가하면 흉강 속에 있는 폐 속 공기의 압력이 어떻게 될까?

어? 이것도 앞에 있었던 것 같지?

기체의 부피와 압력은 어떤 관계?

반비례! 반비례가 무슨 뜻?

하나가 커질 때 다른 하나가 작아지는 것.

다시 말해, 부피가 커지면 압력은 낮아져.

흉강이 커지면 흉강 속 기체의 압력이 낮아져.

그럼, 우리 몸 밖에 있는 공기의 압력이 상대적으로 더 세지는 거지.

그럼, 또 공기가 어디서 어디로 이동할까?

생각해! 빨리!

그래, 몸 밖에서 몸속으로 들어오는 거야.

그걸 들숨이라고 해.

반대로 갈비뼈가 내려가고 횡격막이 올라가면 흉강의 부피가 어떻게
될까?

부피가 작아지겠지?

부피가 작아지면 흉강 속 기체의 압력은?

커진다! 그럼 기체가 어디서 어디로 이동?

몸 안에서 밖으로 이동.

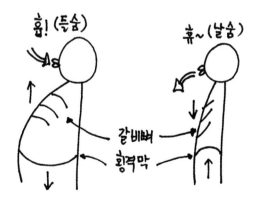

퓨~~~우~~~우~~.

공기를 뱉는 날숨이 되는 거야.

들숨 땐 공기가 들어오니까 폐가 부풀어지고, 날숨 땐 공기가 나가니까 폐가 다시 줄어드는 거야.

이때 폐를 이루는 폐포들 표면을 모세혈관이 둘러싸고 있는데, 폐로 들어온 혈액이 폐포 표면의 모세혈관을 지나가면서 폐포에 이산화 탄소를 버리고 산소를 받아서 다시 폐정맥을 거쳐 좌심방으로 들어가는 게 무슨 순환?

폐순환.

그럼, 순환에서 산소가 많은 혈액이 지나가는 혈관 이름 두 가지 맞혀 볼까?

하나는 위에 나왔지? 폐정맥.

하나 더? 온몸 순환 시작하는 대동맥이지.

그럼, 산소가 거의 없고 이산화 탄소가 많은 혈관 두 군데는?

당연히 대정맥과 폐동맥이지.

머리 속에 그려지지? ㅎㅎ

쌤 이제 안 그려도 되지?

쌤 그림 어때?

너희 선배들이 책에 있는 그림이 훨씬 선명하고 예쁜데 꼭 나보고 다시 그려 달라고 해.

쌤은 맨날 사람도 졸라맨으로 그리는데 왜 그러냐고 하니, 핵심만 그려서 알아보기가 좋대.

그런 것 같아?

아님 말고! 아부는 거절하겠음!

이제 마지막 배설로 가자, Go!

각 세포가 호흡을 통해 에너지를 만들면 찌꺼기가 만들어진다고 했지?

이런 찌꺼기들을 몸 밖으로 버리는 작용이 **배설**이야.

대부분의 영양소에서는 이산화 탄소와 물이 만들어지는데, 단백질은 암모니아라고 하는 게 더 만들어져.

암모니아는 몸에 좋을까, 안 좋을까?

암모니아는 몸에 안 좋고 독성이 강해.

이런 안 좋은 성분이 혈관을 타고 온몸을 돌아다니면 건강에 안 좋잖아?

그래서 암모니아는 독성을 빨리 없애줘야 해.

혹시 우리 몸에서 해독 작용을 하는 기관이 뭔지 알고 있어?

물론 모르겠지만 혹시라도 아는 사람 있냐 싶어서 물어본 거야.

아버지가 술을 좋아하시면 알 수도 있겠지?

술도 우리 몸에 들어오면 독이야.

그래서 독을 없애 주는 해독 작용을 해 줘야 하는데 그걸 담당하는 기관이 간이야.

간은 암모니아를 몸에 덜 해로운 요소라는 성분으로 바꾸어 준 다음 배설작용을 통해 버리게 되어 있어.

단백질 많이 먹는 사람은 암모니아가 몸속에 많이 생길 거니까 조심해.

그럼 우리가 배설해야 할 성분들이 정리가 되었어?

뭐야?

이산화 탄소, 물, 요소(암모니아).

이산화 탄소는 바로바로 배설하고 있잖아. 어떻게?

그래, 날숨으로.

그럼 물과 요소는 어떻게 버리는지 가 볼까?

일단 배설계에는 콩팥, 오줌관, 방광, 요도가 있어.

콩팥은 우리 배 부분의 안쪽으로 들어가면 거의 등과 가까운 위치에 있는 콩 모양을 닮은 장기야.

콩팥에 찌꺼기를 많이 포함한 혈액이 들어가면 콩팥이 정수기처럼 찌꺼기를 걸러내서 깨끗한 혈액으로 만들어 줘.

그러면 다시 혈관을 타고 콩팥에서 나와서 심장으로 가는 거지.

그럼 콩팥에서 걸러진 찌꺼기들은 오줌으로 만들어져서 오줌관이라고 하는 통로를 타고 내려가 방광이라고 하는 주머니에 모여 있다가 오줌 마려우면 화장실에 가서 요도를 통해 몸 밖으로 배설해.

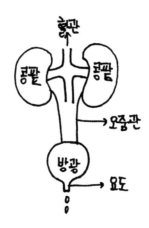

콩팥 안에는 **네프론**이라고 하는 오줌 만드는 작은 단위가 있는데, 한쪽 콩팥에 약 100만 개의 네프론이 있어.

그럼 네프론은 우리 눈에 보일까?

물론 안 보이겠지.

네프론은 사구체, 보먼주머니, 세뇨관이 모인 건데 이름이 다 어렵지?

정수기 필터 세트라고 생각하면 돼.

콩팥으로 혈관을 따라 찌꺼기가 많은 혈액이 들어오면 아주 작은 모세혈관으로 바뀌면서 뭉쳐져 버리는데 그걸 사구체라고 해.

갑자기 길이 좁아지니까 혈액들이 뒤에서 밀겠지?

결국 압력이 커져서 사구체 밖으로 물질들이 새어 나와.

사구체 밖에서 그 물질들을 받아 주는 게 보먼주머니야.

보먼주머니에 걸러진 물질들은 연결된 관인 세뇨관을 따라가는데 여기에 몸에 좋은 성분도 섞여 있어.

사구체에서 다 걸러지지 않은 찌꺼기들도 연결된 모세혈관을 따라 흘러가거든.

그러다 세뇨관과 모세혈관이 만나.

그럼 서로서로 물물교환하는 거야.

버릴 것들은 어디로? 세뇨관? 모세혈관?

세뇨관으로.

몸에 좋은 성분들은? 모세혈관으로.

모세혈관으로 들어온 혈액들은 깨끗해져서 심장으로 돌아가.

세뇨관으로 흡수된 물질들은 버릴 것들이니까 오줌관을 따라 방광에 저장되어 있다가 몸 밖으로 나가.

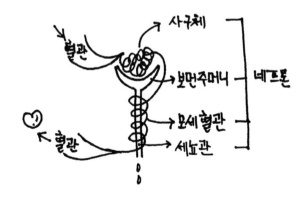

콩팥이 망가지면 혈액 속의 찌꺼기가 온몸을 돌아다니게 돼.

그래도 다행히 요즘은 병원에 가서 혈액을 몸 밖으로 빼서 인공 콩팥을 이용해서 깨끗하게 걸러진 혈액을 다시 몸 안으로 넣는 일을 할 수 있어.

귀찮지만 생명을 유지할 수 있지.

그래서 콩팥 이식을 해야 하는데 우리 몸엔 콩팥이 두 개라서 하나는 기증해 줄 수 있어.

너희는 가족이 아프면 콩팥 기증해 줄 수 있어?

누구라면 해 줄 수 있어?

누군가가 제일 먼저 떠오르면 넌 그 사람을 제일 사랑하는 거야.

방광은 오줌을 모아 두는 곳인데, 새들은 방광이 없어.

그래서 그냥 날아다니면서 싸 버려.

새똥 한 번 맞아봤어?

쌤은 몇 번 맞아봤어. ㅋㅋ

Ⅱ-7.

전기와 자기
보고 싶다 우리 자기

드디어 나왔다~! ㅋㅋ

중학생들이 가장 어려워하는 단원!

쌤이 아무리 쉽게 설명해도 못 알아듣는 사람이 반은 되는 대단한 단원!

너는 아니라고? 그래, 그럴 거야.

이 책을 여기까지 읽었다는 말은 전기와 자기도 그냥 부숴 버릴 수 있는 능력이 충분히 있다는 말이거든!

자만심 아니야, 자신감 뿜뿜해도 돼.

그럼, 시작해 볼까?

전기와 자기의 공통점이 뭐야?

뭔지도 모르는데 답을 아냐고?

글자만 봐도 알잖아. 둘 다 '기' 자로 끝나는 거.

한자 말이고, '기운 기(氣)'라는 글자야.

근데, 여기서 기운이라는 말이 문제야.

기운은 눈에는 보이지 않고 감각기관으로 느껴지는 현상이라는 뜻이거든.

결국 보이지도 않는 걸 공부해야 하는 거야.

그래서 학생들이 어려워해.

그렇지만 여기까지 따라온 너희들은 자신 있겠지?

쌤만 믿고 따라와.

전기와 자기는 이름부터 비슷해서 비슷한 점이 너무 많아.

심지어 나중에 가면 전기와 자기는 떼려고 해도 뗄 수 없는 관계여서 전자기라고 불러.

고등학교에서 전자기력이라는 이름으로 배우게 될 거야.

우선 전기는 많이 들어 봤잖아.

요즘 전기 없이 할 수 있는 게 없지?

일단, 제일 중요한 스마트폰, 전기밥솥, 전기장판, 에어컨, TV, 컴퓨터 등등….

자기는 초등학교 때 배운 자석 생각하면 돼.

신기하게도 자석이 쇠붙이를 당겨서 붙여 버리지?

그럼 전기와 자기의 비슷한 점 먼저 볼까?

일단, 전기와 자기는 각각 두 가지 성질이 있어.

전기는 (+) 전하와 (-) 전하로 나누어지고, 자기는 N극과 S극으로 나누어지지.

그리고, 전기와 자기 둘 다 같은 성질끼리는 밀어내는 척력을 받게 되고, 다른 성질끼리는 서로 당기는 인력을 받아.

어릴 때 자석 두 개 가지고 놀아 봤지?

같은 색끼리는 서로 밀어내고, 다른 색끼리는 서로 당기고.

이때 전기를 띤 물체끼리 작용하는 인력이나 척력을 전기력이라고 하고, 자기를 띤 물체끼리 작용하는 힘들을 자기력이라고 해.

그럼, 전기 먼저 시작한다?

일단, 전기는 물체에 잠깐 머물렀다 사라지는 전기와 전선을 타고 어디로든 흐를 수 있는 전기로 나눌 수 있어.

물체에 잠시 생겼다 사라지는 전기는 '고요할 정(靜)'을 써서 **정전기**라고 하고, 전선을 타고 흐르는 전기는 전기가 흐른다는 뜻에서 '흐를 류(流)'를 써서 **전류**라고 해.

정전기에 대해 먼저 보고, 그다음으로 전류에 대해 알아보자구.

정전기는 고대 그리스 시절부터 알려져 있었어.

마른 수건으로 물건을 닦다가 정전기가 발생해서 알게 된 사실인데, 정전기를 만드는 법은 두 가지가 있어.

제일 간단한 방법은 두 물체를 비비는 거야.

마찰시킨다는 뜻에서 마찰 전기라고 해.

앞에서 했던 원자의 구조 기억해!

이젠 기억나냐고 묻지 않을 거야. 무조건 기억해 내!

원자는 중심에 무슨 전기를 띠는 원자핵과 주변에 무슨 전기를 띠는 전자가 있다고 했어?

(+) 전하를 띠는 원자핵과 (-) 전하를 띠는 전자로 이루어져 있다고 했어.

이제 전기에 대해 배우니까 정식 명칭인 전하라는 표현을 써야 해.

(+) 전기가 아니라 (+) 전하가 올바른 표현이야.

물론 (+) 전기라고 해도 알아는 듣지만.

일반적으로 한 원자 속에 (+) 전하를 띠는 양성자의 개수와 (-) 전하를 띠는 전자의 수가 같아서 원자는 전기를 띠지 않는다고 배웠지? 그걸 뭐라고 한다?

중성!

근데 두 물체를 마찰하면 한 물체에서 다른 물체로 전자가 이동해.

즉, 한 물체는 전자를 잃어버리고, 다른 물체는 전자를 얻는 거야.

그럼 두 물체 모두 (+)와 (-) 전하의 수가 달라져서 전하를 띠게 되는 거야.

전자를 잃은 물체는 (+) 전하가 많아지겠지?

그래서 (+) 전하를 띠게 되고, 전자를 얻은 물체는 (-) 전하를 띠게 되는 거야.

여기서, 전하를 띠는 것을 대전이라고 하고, 대전된 물체를 대전체라고 불러.

도시 이름 대전이 아닌 거 알지?

여기까지는 알아들으면서 오고 있지?

아직은 안 어렵지?

벌써 "어려워요~." 하는 사람은 다시 돌아가서 처음부터 읽어!

정리하면 두 물체를 마찰시키면 한 물체는 전자를 얻어서 (-) 전하로 대전되고, 다른 물체는 전자를 잃어서 (+) 전하로 대전되는데….

지금 두 물체가 다른 종류의 전하로 대전되었잖아?

그럼 두 물체를 가까이하면 어떤 힘을 받게 될지 생각해 봐.

서로 끌어당길까, 밀어낼까?

헷갈리면 자석을 생각해.

두 물체를 마찰시키면 무조건 다른 종류의 전하로 대전되니까 두 물체 사이는?

끌어당기게 되지. 그 힘을 한자로 인력이라고 해.

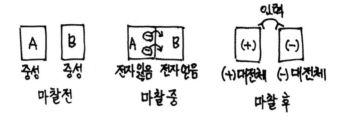

뉴턴의 ㅁ ㅇ ㅇ ㄹ ㅂ ㅊ 맞혀 봐.

만유인력 법칙이지?

'만(萬)'은 세상에 있는 전부를 뜻하고 '유'는 다들 알고 있는 '있을 유(有)'야.

이게 뭐냐면 세상 모든 물체 사이에는 서로 끌어당기는 힘인 인력이 작용한다는 걸 뉴턴이 알아내서 정리한 법칙이야.

지구 주변에 달이 돌고 있는데, 지구와 달 사이는 아무것도 묶여있지 않은데 계속 떨어지지 않고 붙어서 돌고 있지?

그건 지구와 달 사이에 인력이 작용해서 서로 끌어당기고 있기 때문에 멀어지지 않는다는 거야.

태양과 지구도 마찬가지겠지?

무서운 건 다음 단원과 관련되는데 우주 속 모든 천체가 서로 끌어당기고 있다 보니 별과 별끼리, 또는 은하와 은하끼리도 끌어당기는 인력이 작용해서 충돌하기도 한대. 무시무시하지?

어쨌든 같은 종류의 전하로 대전된 물체끼리는 서로 밀어내는 척력, 다른 종류의 전하로 대전된 물체끼리는 서로 당기는 인력이 작용한다는 것!

겨울에 머리를 빗으면 빗에 머리카락이 달라붙어서 불편한 적 있지?

머리를 빗으로 빗으면 머리카락과 빗 사이에 마찰 전기가 발생해서 빗은 (-), 머리카락은 (+)로 대전되어서 서로 끌어당기게 되니까 붙는 거야.

그때 해결 방법은?

빗에 물을 조금 묻히거나, 머리에 물을 뿌리면 돼.

지금까지 마찰 전기에 대해 알아봤는데 마찰 전기가 뭐야?

설명해 봐.

마찰 전기는 두 물체를 마찰시킬 때 전자가 한 물체에서 다른 물체로 이동하여 한 물체는 (+) 전하, 다른 물체는 (-) 전하로 대전되어 생긴다!

여기서 정말 중요한 핵심!!!

결국 전기라는 건 누구의 이동?

전자의 이동!!!!!

전기가 생겼다는 건 뭐가 이동했다고?

전자!

전자는 어디에 있는 애야?

원자 속에!

원자 중심? 가장자리?

가장자리!

꼭 기억해! 두 번, 세 번, 네 번 기억해!

전기의 정체는 뭐다? 누구의 이동?

전자의 이동!

쌤이 왜 이렇게 강조하는지 알겠어?

전기는 이해가 어렵다고 했지?

그래서 쌤이 25년 동안 전기 단원 가르칠 때마다 계속 강조한 게 이

거야.

무슨 전기에 대해 배우든 전기는 전자의 이동이라는 걸 머릿속에 그냥 콱! 박아 놓는 거야.

자다가도 누가 전기가 뭐냐고 물으면 자동응답기처럼 "전자의 이동이지~흠냐…"라고 할 수 있을 정도로 만들라는 뜻이야.

내용을 이해 못 할 때마다 전자의 이동만 생각하면 해결돼.

이제 정전기를 만드는 두 번째 방법을 설명해 볼게.

물체를 마찰시키지 않고도 정전기를 만드는 방법이 있어.

한자 말로 되어 있어. 무슨 뜻인지 맞혀봐.

정전기 유도.

정전기는 물체에 머물러 있다 사라지는 전기를 뜻한다는 건 배웠고, 유도는 무슨 뜻이야?

운동 종류인 유도 아니야!

쌤이 지금 너희들에게 답을 유도하고 있지?

무슨 뜻이야?

답이 나올 수 있도록 힌트를 주면서 그 길로 이끌어 주는 거야.

그럼 정전기 유도는?

정전기를 살살 이끌어 내는 거야.

신기하게도 마찰 전기처럼 두 물체를 접촉시키지 않고도 만들어 낼 수 있어.

정전기 유도만 잘 활용하면 마법사인 척 뻥을 칠 수도 있어.

쌤이 시키는 대로 해 봐.

먼저, 필통 속 플라스틱 필기구와 찢어도 되는 아무 종이나 준비해. 그런 다음 종이를 손톱만큼 찢어.

그리고 필기구를 자기 머리에 대고 마구 비벼.

마찰 전기가 생기도록.

그런 다음 찢어놓은 종이 조각에 접촉은 시키지 말고 가까이만 가 봐. 어때? 무슨 일이 생겼어?

종이가 필기구에 달라붙었지?

안 된다고?

안 되는 사람은 필기구 종류를 바꾸든지, 다른 사람 머리에 비벼서 해 보면 될 거야.

혹시 이 책을 여름에 습기 많은 장마철에 읽고 있다면 실험이 잘 안 될 수도 있어.

공기 중에 수증기가 많으면 정전기가 잘 발생하지 않거든.

우리나라는 겨울이 건조해서 실험이 제일 잘 돼.

실험이 잘 되면 종이 조각을 더 크게 해서 해 보면 재밌을 거야.

잘 되는 사람은 더 재밌는 실험 한 가지 더.

좀 전에 쓴 마찰 전기 잘 발생하는 필기구를 가지고 수돗가에 가.

수도꼭지를 아주 잘 조절해서 물이 끊어지지 않으면서 최대한 가늘게 흘러나오도록 해 봐.

그런 다음 마찰시킨 필기구를 물줄기에 가까이 가져가면 마법이 벌어질 거야.

어때? 물줄기가 휘어지지?

지금까지 한 실험은 모두 마찰 전기가 발생한 물체를 이용해서 한 실험들이야.

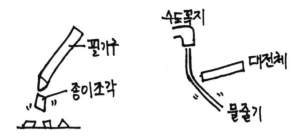

　정확하게 정전기 유도라고는 할 수 없지만 비슷한 원리로 할 수 있는 재미있는 실험이었지.

　그럼 진짜 정전기 유도에 대해 알아볼까?

　실험은 재밌는데 이론은 정말 싫지?

　쌤 수업 시간에 실험은 재미있게 하다가 원리 알아보자고 하면 다 같이 풍선 바람 빠지는 소리를 내.

　너희도 그렇냐?

　정전기 유도는 금속에서 일어나는 현상인데, 금속은 특별한 성질이 있어.

　전자들은 무슨 전하를 띤다고 했어?

　(-)라고 했지? 그럼, 원자핵은?

　(+) 전하를 띤다.

　그렇다면 (+) 전하를 띠는 원자핵과 (-) 전하를 띠는 전자는 서로 끌어당길까, 밀어낼까?

　그렇취! 서로 끌어당기는 인력이 작용하지.

　그래서 사실 전자들이 원자 속에서 튀어나오기는 어려워.

그런데! 금속 원자들 속에는 정말 말을 안 듣는 너희 같은 천방지축 전자들이 있다는 거야.

전자들이 아무리 도망가려 해도 원자핵의 (+) 전하들이 전자들을 당기고 있는데 그 인력을 무시하고 원자 밖으로 자유롭게 놀러 다니는 전자들이 많아.

그걸 **자유 전자**라고 불러.

이름 잘 지었지?

너희 중에서도 자유로운 영혼들 있지?

수업 중 선생님 허락도 없이 마음대로 밖으로 나가는 영혼들!

교실이 원자라고 하면 선생님이 원자핵, 너희가 전자라고 할 수 있어.

자유롭게 교실 밖을 나갔더라도 안전하게 볼 일 보고 돌아오면 다행이지만, 마음대로 나갔다가 꼭 사고를 내잖아.

다른 반 수업을 방해하든지, 혼자 돌아다니다가 다치든지, 학교 밖으로 나갔다가 교통사고를 당하든지….

그런 일들이 자주 벌어져서 학교에선 수업 중 또는 일과 중 마음대로 나가지 못하게 하는 거야.

제일 중요한 건 안전이라는 거 잊지 마!

어쨌든 이런 자유로운 전자들이 많은 게 금속의 특징이야.

전기라고 하는 건 정체가 뭐라고 했지?

누구의 이동? 그래! 전자의 이동!

금속의 경우엔 자유롭게 돌아다닐 수 있는 전자들이 많으니까 전자의 이동이 더 활발하겠지?

이런 금속에 대전체를 가까이 가져가면 정전기 유도 현상이 일어나.

대전체가 뭐라고 했더라? 그래, 전기를 띤 물체.

대전체는 어떻게 만들어?

두 물체를 마찰시키기만 하면 되지? 쉽지?

마찰 전기를 띤 대전체를 금속에 접촉하지 않고 가까이만 가면 금속에 전기가 생겨.

그걸 정전기 유도라고 해.

대전체가 금속의 정전기를 이끌어 내는 거야.

자세히 설명해 볼게.

고개 한 번 들고 천장을 바라봐.

눈을 위, 아래, 오른쪽, 왼쪽으로 움직여.

양손을 깍지 끼고 뒤집어서 앞으로 쭉 밀어.

그대로 위로 올렸다가 오른쪽으로 최대한 내려갔다가 왼쪽으로 내려갔다가 뒤로 넘겼다가 풀어.

너희가 자주 사 먹는 음료수 캔은 가벼우면서 손으로 조금만 힘을 줘도 잘 찌그러지는 캔이 있고, 그것보다 무거우면서 힘을 많이 줘도 잘 찌그러지지 않는 캔이 있지?

잘 찌그러지는 알루미늄으로 만든 캔을 준비해.

이럴 때 콱쌤 찬스 쓰는 거야. ㅎㅎ

부모님께 알루미늄 캔 음료수 종류별로 사 달라고 해.

쌤이 실험해 보니 제일 실험이 잘 되는 캔이 뚜껑을 돌려서 여는, 전체가 알루미늄으로 되어 있는 커피 캔이야.

다 먹은 알루미늄 캔을 바닥에 눕혀.

그러고는 마찰 전기 실험할 때 제일 전기가 잘 발생했던 필기구를 쥐고 미친 듯이 문질러서 마찰 전기를 만들어.

그다음 알루미늄 캔에 필기구를 가까이 가져가 봐.

이렇게!

어떻게 돼?

캔이 움직이지?

과학실에 있는 실험 도구 중에서 마찰 전기가 제일 잘 만들어지는 게 플라스틱 막대와 동물의 털가죽인데, 털가죽에 문지른 플라스틱 막대만 있으면 알루미늄 캔 멀리 굴리기 경기를 할 수 있어.

털가죽과 플라스틱 막대를 문지르면 플라스틱 막대가 털가죽의 전자를 뺏어 와.

그럼 플라스틱 막대는 어떤 전하로 대전되겠어?

전자가 많아지니까 (-) 전하를 띠게 되겠지?

이 막대를 알루미늄 캔에 가까이하는 거야.

그럼 알루미늄 캔을 이루고 있는 수많은 원자 속의 원자핵들은 무슨 힘을 받게 될까?

인력? 척력?

원자핵이 (+) 전하를 띠니까 (-) 전하를 띠는 막대를 만나면 인력이 작용하겠지?

근데 원자핵은 원자의 중심에 있어.

원자핵이 움직이면 알루미늄 캔이 분해된다는 뜻이야. 그것보다는 더 움직이기 쉬운 애들이 있지?

알루미늄 캔 속 원자들의 전자들은 막대를 만나면 무슨 힘을 받게 될까?

같은 (-) 전하끼리는 무슨 힘?

그렇지! 척력을 받겠지?

게다가 금속은 어떤 전자가 많다고 했어?

자유로운 영혼들, 자유 전자!

자유 전자들이 금속 안에서 이동하는 거야.

막대와 가까운 쪽일까, 먼 쪽일까?

당연히 척력이니까 먼 쪽으로 가겠지?

자, 여기서 잘 생각해 봐.

알루미늄 캔을 반으로 나누어서 생각해 보면, 막대와 가까운 쪽은 원자핵의 (+) 전하와 전자의 (-) 전하를 계산해 보면 뭐가 더 많아져?

원자핵은 안 움직여.

캔 전체에 고르게 퍼져 있는 상태야.

전자가 막대와 먼 쪽으로 많이 이동했으니까, 막대와 가까운 쪽은 (+) 전하가 더 많고, 막대와 먼 쪽은 (-) 전하가 더 많겠지?

그럼 끝났네.

막대와 가까운 쪽은 무슨 전하로 대전되고, 먼 쪽은 무슨 전하로 대전된다?

가까운 쪽은 (+), 먼 쪽은 (-).

잠깐! 아직 안 끝났어.

그럼 막대와 알루미늄 캔 사이는 무슨 힘을 받게 될까?

막대는 (-), 알루미늄 캔은 (+)니까 인력을 받게 되겠지?

그럼 알루미늄 캔이 아주 가벼우면 어떻게 될까?

그래! 끌려오는 거야.

그럼 막대를 천천히 움직이면 캔도 천천히 따라오겠지?

그렇게 해서 누가 제일 멀리까지 가는지가 이 게임의 최종 목표야.

그럼 멀리까지 가려면 어떻게 해야겠어?

막대에 최대한 많은 마찰전기가 생길 수 있도록 많이 비벼야겠지?

그래서 실제로 교실에선 너무 많이 비벼서 털가죽의 털이 공중에 날릴 정도로 비비는 사람도 있었어.

교실 바닥에서 실험했는데, 최대 5m 정도까지 굴리는 사람도 있었어. 신기하지?

쌤은 겨울만 되면 정전기 때문에 미칠 것 같아.

겨울엔 옷을 여러 겹 입으니까 옷끼리 마찰이 되어서 마찰 전기가 잘 생겨.

내 몸에 마찰 전기가 많이 발생된 상태에서 금속으로 된 문고리를 잡으려고 하면 순간적으로 정전기 유도가 발생해서 전기가 흘러 버리는 거야.

그래서 겨울만 되면 쌤은 피카츄가 되어 버려.

어쩔 땐 치지직거리는 소리가 나기도 하고, 가끔 작은 불꽃이 보이기도 하는데, 그게 몇만 볼트나 된다고 해.

피카츄는 백만 볼트, 쌤은 몇만 볼트. ㅋㅋ

겨울에 택시 타려고 금속 손잡이 잡을 때나, 지하철 탄 후 금속으로 된 봉을 잡다가 불꽃이 튀어서 창피했던 기억이 좀 많아.

쌤보다 약한 사람은 피츄, 쌤보다 센 사람은 라이츄.

지금까지 살펴본 정전기는 물체에 잠시 생겼다가 사라지기 때문에 사용하기가 불편해.

그렇지만 전선을 타고 계속 흐르는 전기인 전류는 코드만 꽂으면 되니까 편하지.

전류가 없으면 너희는 살 수가 없을 거야.

스마트폰 충전을 할 수 없으니까.

쌤은 지금 여름이라서 전류가 없다면 에어컨을 못 켜서 미칠 것 같아. 너무 더워!!!!!

이제 여름에 아프리카에 피서 가야 할 것 같아.

우리나라가 더 더운 것 같아!

전기의 정체가 뭐라고 했는지 기억나?

ㅋㅋ. 당연히 기억 못 하겠지.

자다가도 기억하랬잖아!!!

머리는 쓰라고 있는 거야!!!

쌤이 이 책에서 말하는 건 너희가 학교 과학 시간에 배우는 것 중 가장 중요한 핵심만 간단하게 설명하는 거야.

그중에서도 기억하라고 강조했었지!

전기 단원 어렵다고 했지?

여기까지 읽어 놓고 포기한다고?

누구야? 누가 포기해? 콱!!!

휴… 답을 아는 사람에겐 미안.

전기는 전자의 이동이라고 했지?

그럼 전자가 잘 움직이려면 어떤 물체가 좋을까?

그래! 금속! 그래서 금속처럼 전기가 잘 흐르는 물체를 도체라고 하고, 반대인 애들을 '아닐 부(不)'를 써서 부도체라고 해.

그럼 어디서 많이 들어봤을 반도체는 뭘까?

말 그대로 도체와 부도체의 중간쯤 돼.

주변에 있는 전기 제품 아무거나 코드를 보면 고무나 플라스틱으로 싸여 있지?

고무나 플라스틱은 전류가 잘 흐르지 않아.

그래서 금속인 전선을 고무나 플라스틱으로 싸 놓으면 사람이 코드를 뽑을 때 사람 몸속으로 전류가 흐르지 않게 해 줘.

충전기를 오래 쓰다 보면 전선을 감은 고무나 플라스틱이 벗겨져서 속에 있는 약간 붉은 색의 금속선이 보이는 경우 있지?

그 금속선이 전선이야.

그건 도체라서 전류가 잘 흘러.

모르고 그 부분을 잡으면 우리 몸에 전류가 흘러서 위험해질 수도 있어. 조심해.

도체는 대부분의 금속과 연필심이나 샤프심에 사용되는 흑연이 해당해.

고무, 플라스틱, 종이 등은 전류가 흐르지 않는 부도체야.

반도체는 요즘 정말 많이 쓰이는데, 필요에 따라서 전류가 흐르게도, 흐르지 않게도 할 수 있는 물질이래.

예를 들어 냉장고 온도를 2℃로 맞춰 놓았는데, 온도가 올라가면 냉장고 속 전류가 흐르게 해서 온도를 낮추는 거야.

만약 온도가 너무 낮아지면 다시 올려야겠지?

그럼 반도체가 전류를 못 흐르게 해서 냉장고가 돌아가지 않아서 온도가 올라가는 거야.

요즘 첨단 기계 속에는 반도체가 없는 곳이 없다고 해.

다시, 전류로 돌아가자.

금속 같은 도체를 이용해서 전선을 만들어 놓고 전지를 연결하면 전자들이 잘 움직여서 전류를 흐르게 해.

전지를 연결하지 않거나 전기 제품의 코드를 빼 버렸을 때, 전선 속의 전자들은 무얼 하고 있을까?

금속 속의 전자들은 마음대로 움직인다고 했지?

자유 전자가 많아서 자유로운 영혼처럼 제각각으로 움직여.

그러다가 코드를 꽂거나 전지를 연결하면 전선 속 전자들이 한 방향으로 움직여.

쌤은 전자를 학생으로 비유를 많이 해.

교실에서 자유롭게 놀고 있다가 선생님이 들어오시면 다들 자기 자리에 앉고 수업 준비를 하지?

그럼 선생님이 무슨 역할이야?

전지 역할이지.

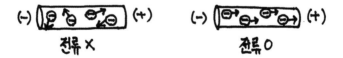

전류는 '흐를 류(流)'를 써서 전하의 흐름이란 뜻인데, 전하는 두 종류가 있잖아?

둘 중 어떤 걸까?

그래, (-) 전하를 띠는 전자가 움직인다는 거 너희는 알고 있잖아?

그런데, 옛날 과학자들은 전선을 타고 전류가 흐르는 건 알고 있었지만 (+) 전하가 흐르는지, (-) 전하가 흐르는지 몰랐던 거야.

그래서 그만! 그만! 하나를 정한 거야.

뭐가 움직인다고 정했을까?

크흐흑….

쌤이 우는 이유 짐작이 가지?

"(+) 전하가 움직인다고 하자!"라고 정한 거야.

실제로는 누가 움직여?

그래, (-) 전하를 띠는 전자가 움직여.

그래서, 너희는 두 가지를 동시에 기억해야 해.

전류의 방향이 어디냐고 물어보면 전지의 (+) 극에서 (-) 극으로 움직인다고 말해야 하고, 전자의 이동 방향을 물어보면 (-) 극에서 (+) 극으로 움직인다고 대답해야 해.

전류의 방향과 전자의 방향이 반대야.

슬픈 현실이지? 흑흑….

바꾸면 안 되냐고?

전류의 방향을 (+)에서 (-)로 정해 놓은 후 과학자들이 그 사실을 이용해 완성해 놓은 자료가 너무 많아서 바꾸기가 어려워.

예를 들어 세종대왕의 이름을 지금 바꾸려면 조선 시대부터 있었던 자료 속 이름을 모두 바꿔야 하는데, 어때? 힘들겠지?

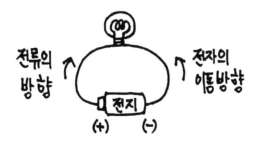

위 그림처럼 전지, 전선, 전구 등을 연결해 놓은 걸 전기회로라고 하는데, 전선을 자세히 살펴보면 같은 시간 동안 어떤 회로는 전자가 많이 지나가고, 어떤 회로는 전자가 조금 지나가.

그럼 둘 중 어느 경우가 전류가 센 거야?

같은 시간 동안 전자가 많이 움직이는 게 센 거겠지?

근데, 1초 동안만 세더라도 너무 많은 전자가 지나가.

그래서 과학자들이 전류의 세기를 단위로 나타내기로 했어.

손님이 많이 와서 달걀이 만약 90개 필요하면 마트에 가서 달걀 90개를 하나하나 세어서 봉투에 담고 있어?

아니지? 간단하게 달걀 3판을 사 오면 되겠지?

달걀은 30개를 1판이라고 해서 판이라는 단위를 쓰고 있는 거야.

달걀 90개 세기도 힘든데, 1초에 전자가 625경 개가 지나간다면 셀 수 있을까?

625경 개면 625 다음에 0이 몇 개 있는 거야?

16개야. 컥! 너무 많지?

전자의 크기가 어느 정도야?

눈에 보이지 않는 원자 속에 있잖아.

그래서, 과학자들이 1초라는 짧은 시간 동안에도 전자가 너무 많이 지나가니까 1초에 625경 개의 전자가 지나가는 걸 1A라는 단위로 쓰기 시작한 거야.

A는 암페어라고 읽어. 프랑스 과학자 앙페르의 이름을 딴 거래.

전기회로에서 전지를 빼 버리거나 전지가 다 닳으면 전류가 흐를까?

교실에서 쓰는 리모컨이 작동이 안 되면 제일 먼저 뭐부터 봐야 할까?

건전지가 다 되었는지 갈아 봐야겠지?

그런데 무조건 리모컨이 고장 났다고 하는 학생들이 있어. 그럼 안돼.

특히 어른들도 그런 경우가 많아서 AS 기사님들이 허무하다고 해.

집에서 많이 쓰는 인터넷 TV가 고장 났다고 신고가 들어와서 출장을 가 보면 그냥 리모컨 건전지가 다 된 경우가 있대.

쌤은 그러면 화가 날 것 같아.

전기 제품들은 전류가 흘러야 작동을 해.

전류가 흐르려면 전지가 있어야 해.

그럼 전지가 무슨 일을 하는지 볼까?

전선 속의 전자들은 자유롭게 놀고 싶어 해.

그렇지만 전기 제품이 제대로 작동하려면 전류가 흘러야 하고, 전류가 흐른다는 말은 전자들이 한 방향으로 움직여야 한다는 뜻이거든.

그런데 전자들은 말을 잘 안 듣잖아. 너희처럼. ㅋㅋ

이럴 때 누가 필요할까?

선생님.

지진대피 훈련 같은 거 할 때 운동장에 모두 모여 있으면 앞에서 아무리 줄 서라고 해도 말 안 듣잖아.

그때 담임 선생님들이 나서면 어느새 줄을 다 서 있잖아?

그런 것처럼 전류는 전자의 이동인데, 전자가 한 방향으로 이동해야 하니까 이런 전자를 한 방향으로 계속 움직일 수 있게 하는 능력을 **전압**이라고 해.

전류와 전압에 관련된 아주 중요한 예가 있는데 높은 곳에 있던 물이 아래로 떨어지면서 물레방아를 돌리는 경우를 잘 봐야 해.

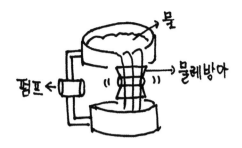

이 그림에서 물이 계속 흘러야 물레방아를 돌릴 수 있어.

우리의 퀘스트는 물레방아를 계속 돌리는 일이야.

그런데 물은 한 번 바닥으로 떨어지면 끝이잖아?

이럴 때 펌프라는 장치를 이용하면 바닥에 있는 물을 위로 다시 올릴 수 있어.

그럼 물이 다시 아래로 떨어지면서 물레방아를 돌릴 수 있는 거지.

그럼 물레방아를 계속 돌리려면 펌프도 계속 돌아가야겠지?

자, 여기서 전자, 전류, 전지, 전압 역할을 하는 걸 찾아봐.

이걸 찾을 수 있으면 전류와 전압을 완벽히 이해한 거야.

찾았어? 어렵지?

하나도 못 찾은 사람은 미안하지만, 전류에 대해 전혀 이해하지 못한 거야.

두 가지 이상 찾은 사람은 반쯤 이해한 거고.

먼저 전자는 뭐에 해당해?

물이겠지. 전류는?

물의 흐름이고. 전지는?

당연히 펌프지. 전압은? 물의 높이차.

전압은 V(볼트)라는 단위를 사용하는데, 이것도 과학자 이름을 딴 거야.

이 질문에 대답 모두 할 수 있는 사람 최소 과학 영재.

리모컨에 들어가는 건전지 하나는 몇 V?

과학상자나 로봇 조립할 때 많이 쓰는 네모난 건전지는?

미국과 일본에서 쓰는 전압은?

우리나라에서 쓰는 전압은 몇 V?

답은 순서대로 1.5, 9, 110, 220.

리모컨에 들어가는 AA 사이즈나 AAA 사이즈 건전지는 한 개가 1.5V야.

그 말은 전자들이 한 방향으로 움직이게 하는 능력이 1.5라는 뜻이야.

전지의 (-) 극에서 (+) 극을 향하는 방향으로 1.5만큼 밀어 준다고 생각하면 이해가 잘되지?

아니면 수로 모형에 적용해 보면 물의 높이 차가 1.5만큼 된다는 뜻이야.

그럼 110V는 110만큼 세게 전자들을 움직이게 하거나 물의 높이 차가 110만큼 된다는 뜻이지.

우리나라 전압이 미국이나 일본에서 쓰는 전압과 다르면 어떤 일이 벌어질까?

요즘 해외 쇼핑몰에서 바로 구입하는 걸 해외 직구라고 하는데, TV 나 자동차도 해외 직구가 된다고 해.

일본의 경우 자동차는 운전석의 위치가 우리나라와 반대로 되어 있어서 자동차를 구입할 때 조심해야 하는데, 전기 제품도 마찬가지야.

옛날에 일본에서 많이 수입하던 제품 중에 전기밥솥이 있었어. 근데 이걸 바로 사용하지를 못해.

왜냐하면 일본 제품은 110V용이라서 우리나라 콘센트에 꽂으면 220V니까 밥솥이 어떻게 될까?

전류가 더 세게 흐를까, 약하게 흐를까?

당연히 세게 흐르겠지?

그래서 밥통이 고장이 나 버려.

반대로 우리나라 밥통을 일본 사람이 구입해서 사용하려면 220만큼 밀어줘야 쓸 수 있는 제품을 110V에 꽂으니 작동이 잘 안 되겠지?

쌤도 미국에서 구입한 커피머신이 있는데 이걸 우리나라에서 쓰려면 전압을 바꿔주는 장치를 하나 더 연결해야 해서 불편하니까 잘 안 쓰게 돼.

참고로 전압이 다르면 콘센트 구멍 모양과 코드 끝에 달려 있는 쇠로 된 부분도 달라서 돼지코라고 하는 물건을 하나 구입해야 해.

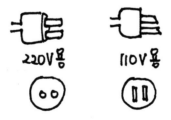

만약 건전지가 수명이 다했다면 전선 속의 전자들은 어떻게 움직일까?

전압이 사라지니까 전자들이 아~~주 자유롭게 움직이겠지?

그 말은 그 물건이 작동하지 않는다는 뜻이지.

그러니까 제발 리모컨이 작동이 안 되면 건전지부터 새 건전지로 갈아 끼워 보고 서비스를 신청하도록.

참! 혹시 리모컨에 건전지 끼울 때 (+) 극과 (-) 극은 구별할 줄 알지?

(+) 극은 튀어나온 곳, 편평한 부분이 (-) 극이야.

(-) 극에 닿는 부분이 주로 스프링처럼 튀어나와 있는 경우가 많지.

극을 반대로 끼워놓고 작동 안 된다는 사람도 많아.

제발 건전지 정도는 좀 바로 끼울 줄 알고 살자!

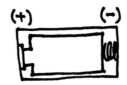

좀 전에 전압이 클수록 전류가 잘 흐른다고 했어, 작을수록 전류가 잘 흐른다고 했어?

전압이 큰 수록 전류가 잘 흐르지?

그럼 전압과 전류는 무슨 관계야?

과학에서 무슨 관계인지 물으면 두 개 중 하나지?

정비례? 반비례?

벌써 까먹었지?

하나가 커질 때 따라 커지면 정비례, 하나가 커질 때 반대로 작아지면 반비례.

정비례는 같이 가는 것, 반비례는 거꾸로 가는 것.

그럼 전압과 전류는 무슨 관계?

그렇취! 정비례 관계야.

똑같은 전기회로를 두 개 만들어서 하나는 1.5V, 다른 하나는 15V 전압을 주면 어느 회로가 더 센 전류가 흐를까?

당연히 센 전압을 주는 회로가 더 센 전류가 흐르겠지.

근데, 똑같은 전압을 주는데 전류가 달라지는 경우가 있어.

전기회로에 어떤 물체를 어떻게 연결하느냐에 따라 달라져.

그러면 전압(같은 건전지)이 같아도 전류가 달라지거든.

다시 말하면 스위치를 켰을 때 동시에 움직이는 전자의 수가 달라진다는 거야.

전기회로에 어떤 물체를 연결하느냐에 따라서 전류의 흐름을 방해하는 정도가 다른데, 이렇게 전류를 방해하는 정도를 **저항**이라고 해.

길 위에서 걸어갈 때랑 허리까지 잠긴 물속에서 걸어갈 때랑 똑같은 힘으로 걸어도 속도가 완전히 다르지?

그런 것처럼 전자들이 전기회로를 흐를 때도 마찬가지로 저항이라는 게 생겨.

그럼 저항은 전류를 방해하는 정도를 말하니까 전류와 저항은 정비례야, 반비례야?

저항이 클수록 전류가 잘 흐를까, 못 흐를까?

저항과 전류는 반비례하지?

좀 전에 전압과 전류는 정비례하고, 방금 저항과 전류는 반비례한다고 했어.

정리하면 **전류는 전압에 정비례하고, 저항에 반비례해.**

이걸 그래프로 정리하면 이렇게 돼.

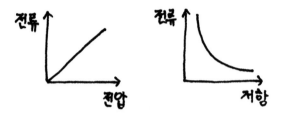

A가 B와 정비례하고 C랑 반비례하는 걸 나타내면 이렇게 돼.

$$A \propto B, \; A \propto \frac{1}{C}$$

$\propto$: 이건 양쪽 두 개가 정비례한다는 걸 나타내는 수학 기호야.
정비례하는 건 그대로 쓰면 되는데, 반비례하는 건 따로 기호가 없어.
그럼 어떻게 하느냐? 분모에 쓰면 돼.
그래서 두 가지를 동시에 쓰면 이렇게 되지.

$$A \propto \frac{B}{C}$$

그럼 전류가 전압에 비례하고 저항에 반비례하는 걸 식으로 나타내면 이렇게 돼.

$$전류 \propto \frac{전압}{저항}$$

옴이라는 과학자가 전류, 전압, 저항 세 가지 요소의 관계를 정리해서
옴의 법칙이라는 걸 만들어 냈어.
미안하지만 받아들여.
너희가 꼭 기억해야 하는 식이야.

전기에 있어서는 무조~~~~건 기억해야 하는 식이야.

$$전류 = \frac{전압}{저항}$$

이 식을 이해할 수 있으면 전류를 세게 흐르게 하려면 전압은 크게, 저항은 작게 해야 한다는 걸 알 수 있지.

이해 안 되면 넘어가.

이 식을 다르게 바꾸면 전압 = 전류 × 저항이 되는데 이 모습이 쉬우면 이렇게 외워 놓아도 돼.

이제 저항에 대해 조금 더 살펴봐야 해.

저항이 달라지려면 일단 물질의 종류를 다르게 하면 돼.

전기 제품에 달려 있는 전선을 잘라보면(물론, 그랬다간 부모님께 야단 좀 맞겠지? ㅋㅋ) 속에 약간 붉은색 금속이 들어 있어.

붉은색 금속은 구리인데, 실제로 과학자들이 저항이 작은 금속을 찾아보니 은이 제일 저항이 작은 걸로 나왔어.

저항이 작으면 전류가 잘 흐르잖아?

그럼 전선을 은으로 만들면 어떻게 될까?

전기 제품들이 모두 비싸지겠지?

그래서 2등으로 전류가 잘 흐르는 물질, 즉, 저항이 작은 물질을 찾아보니 구리였어.

그래서 대부분의 전선은 구리를 쓰고 있지.

근데 똑같은 구리를 전선으로 쓰더라도 구리선의 길이가 어떠냐, 굵기가 어떠냐에 따라서 또 전류가 달라지더라는 거야.

참~ 대충하고 말지, 왜 그렇게 과학자들은 열심히 연구해서 우리를 힘들게 하냐~ 싶지?

근데 과학자들은 지금도 열심히 연구 중이야. 우리 생활을 더 편하게 해 주려고.

만약 과학의 발전이 없었다면 지금도 산에 가서 나무를 잘라 와서 불을 붙여서 밥을 하고, 밤이 되면 양초를 이용해서 촛불을 밝혀서 살고, 학교에 가려면 새벽에 일어나 걸어서 두 시간을 가야 하고….

이렇게 살 수 있겠어?

구리선의 길이랑 굵기 공부해야겠지?

저항은 물질의 종류에 따라 달라진다고 했는데, 같은 구리선이라도 길이가 길어지면 전류가 잘 흐를지, 못 흐를지 생각해 보고 답을 말해 봐.

지금부터 넌 전자야.

구리선 속을 이동할 거야.

구리선이 길어야 잘 움직일까, 짧아야 잘 움직일까?

잘 모르겠어?

그럼 너희 뒤에 사자가 따라오고 있어.

도망가야 해. 도망가는 길에 좁은 통로가 있어.

통로가 길어야 빨리 도망갈 수 있어, 짧아야 빨리 도망갈 수 있어?

하나 더!

도망가다가 이젠 통로의 길이는 같은데 굵기가 달라.

굵은 통로로 도망쳐야 할까, 좁은 통로로 도망쳐야 할까?

어때? 통로의 길이는 어떨수록, 굵기는 어떨수록 잘 통과할 수 있겠어?

길이는 짧을수록, 굵기는 굵을수록 빨리 지나가겠지?

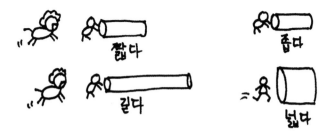

초등학교 때 배운 직렬연결, 병렬연결 기억나?

배웠는데 많이 헷갈리지?

직렬과 병렬은 전자가 지나갈 수 있는 길이 하나인지, 여러 개인지의 차이야.

너희가 집에서 나와서 학교에 갈 때 학교로 갈 수 있는 길이 하나뿐이야, 아님, 여러 개야?

길이 하나뿐인 사람은 집에서 학교까지 직렬연결이고, 여러 개인 사람은 병렬연결이야.

대부분 병렬연결이 많지?

전기회로에서도 전류가 흐를 수 있는 길이 하나면 직렬, 여러 개면 병렬이야.

전기회로에 전구를 달 때와 달지 않을 때 언제가 더 저항이 커서 전류가 약하게 흐를까?

전구가 없으면 저항이 작아서 잘 흐를 건데, 전구를 하나 달면 저항이 커져서 전류가 약하게 흘러.

만약 전구를 두 개를 달게 된다면 어떻게 될까?

전구를 두 개를 달면 두 개를 일직선으로 달 수도 있을 거고, 나란히 달 수도 있겠지?

일직선으로 달아주면 직렬연결, 나란히 달아주면 병렬연결이라고 해.

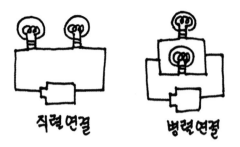

직렬 연결　　　　　　병렬 연결

　그림처럼 직렬로 연결하면 전구를 하나만 달았을 때보다 전류가 통과해야 하는 길이가 길어지지?

　그럼 저항이 커져, 작아져?

　그렇취! 저항이 커지지. 그럼 전류는?

　당연히 작아지지.

　반대로 병렬로 전구 두 개를 달면 전구 하나일 때보다 저항과 전류가 어떻게 될까?

　생각해 봐.

　이건 좀 어려울걸?

　그림처럼 전구 두 개를 병렬로 달면 전자가 동시에 지나갈 수 있는 길이 두 갈래가 되니까 통로가 넓어지는 결과가 되잖아.

　그럼 원래보다 지나가기가 쉬워져, 어려워져?

　쉬워지지?

　정리하면 전구 두 개를 병렬 연결하면 저항이 작아져서 전류가 커진다!

　이렇게 헷갈리는 걸 왜 배우느냐?고 물으신다면 가르쳐 드리는 게 인지상정! ㅋㅋ

　집에 전기 제품 동시에 하나만 쓰는 집 있어?

웬만하면 24시간 돌아가는 냉장고는 다 있을 거고, 전등도 방마다 여러 개에, 충전기도 동시에 꽂아서 쓰고 있지?

자, 그럼 이렇게 많은 전기 제품을 동시에 쓰려면 직렬연결을 해서 써야 할까, 병렬연결을 해서 써야 할까?

직렬연결과 병렬연결은 장단점이 있어.

직렬연결의 경우 치명적인 단점이 있어. 전류가 흐를 수 있는 길이 하나밖에 없어서 어디선가 끊어 지면 전체가 다 멈춰 버려.

집에서 쓰는 전기 제품인 가전제품을 직렬로 연결해서 쓴다면 안방 전등을 끄는 순간 온 집안의 전기 제품이 다 꺼지게 되겠지?

크리스마스트리에 장식용 전구가 주로 직렬연결이 많아서 전구 중에서 하나만 고장 나도 모두 다 쓸 수 없어서 버려야 하는 경우가 많지.

그래서 집 안의 전기는 병렬로 연결되어 있어.

병렬로 연결하면 하나를 꺼도 다른 길로는 전자들이 이동할 수 있잖아.

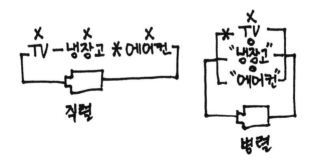

그림처럼 직렬로 연결하면 선이 하나라도 끊어지면 모든 전기 제품을 쓸 수가 없어.

병렬로 연결하면 그림처럼 TV로 연결된 선이 끊어지더라도 냉장고나 에어컨으로 가는 전선은 멀쩡하니까 켤 수 있는 거야.

쌤이 학교에 운전해서 갈 때 빠르게 갈 수 있는 외곽도로를 이용하는데, 빨라서 좋지만 단점은 사고가 나면 정리가 될 때까지 학교에 갈 수 없다는 거야.

그러면 지각할 수밖에 없지.

시내 도로를 이용하면 사고가 나도 다른 길로 돌아갈 수가 있는 대신 신호등이 많아서 시간이 더 많이 걸려.

너희라면 어느 길을 이용해서 학교에 갈래?

집안 전기 제품들을 병렬로 연결해서 쓴다고 했는데 병렬도 치명적인 단점이 있어.

집에 가서 TV, 전등, 에어컨, 충전기를 동시에 사용하는 경우 병렬로 많은 제품이 연결되어 버리면 전자들에게는 지나갈 수 있는 통로가 많아져서 저항이 점점 작아지겠지?

그럼 전류는 어떻게 될까? 점점 세어지겠지?

센 전류가 갑자기 흐르면 잘못하면 화재가 발생할 수 있어.

그래서 멀티탭을 사용할 때도 동시에 너무 많은 전기 제품을 꽂아서 사용하면 위험하니까 조심해!

집에서 이렇게 다양한 전기 제품을 사용하면 우리가 사용한 만큼 전기세를 내지?

쌤 집은 9월쯤 전기세가 가장 많이 나와.

이유는? 8월에 쓴 에어컨! 두둥!

우리나라가 이젠 너무 더워서 여름에 에어컨을 안 켜면 살 수 없지?

그럼, 이런 전기세는 어떻게 계산할까?

소비 전력이라는 걸로 계산해.

전력은 그 제품이 사용하는 전압과 전류를 곱한 값이야.

전기 제품에 붙어 있는 스티커를 자세히 보면 소비 전력이 쓰여 있거든.

단위는 W로 쓰고 와트라고 읽어.

소비 전력이 큰 제품은 주로 열을 많이 내는 장치야.

전기 제품은 코드를 콘센트에 꽂으면 전기 에너지가 제품으로 들어오는데 제품마다 전기 에너지를 다른 에너지로 바꿔서 이용해.

선풍기는 전기 에너지를 선풍기 날개를 돌리는 운동 에너지로 바꾸어 주고, 드라이기는 전기 에너지를 열에너지로 바꾸어 주지.

근데, 이때 운동 에너지보다는 열에너지로 바꾸어서 사용하는 제품이 전기를 많이 써.

그래서, 전기밥솥의 경우에는 대부분 소비 전력이 1,000W가 넘어.

전기세는 소비 전력에다 사용 시간을 곱해서 계산하거든.

그럼 짧게 사용하는 제품은 몰라도 24시간 사용하는 냉장고나 오랜 시간 켜 두는 전등 같은 건 되도록 소비 전력이 어떤 제품을 사야 절약이 될까?

그렇지, 소비 전력이 작은 제품을 사야지!

너희 집엔 돈이 많아서 상관없다고?

그런 생각하는 사람이 많으니까 화성에 이사 가려고 하잖아!

지구를 아껴 써서 후손에게 깨끗하게 잘 물려 줘야지, 망가뜨리고는 다른 행성에 도망가서 살겠다니, 이런~~ 배은망덕한 것들!

쌤이 지구라면 인간들을 멸종시키고 싶을 거야.

우리 잘하자~ 응?

이 넓은 우주에 지구는 하나밖에 없어.

곱게 살다가 곱게 물려주자구.

지속가능한 삶을 살자구!

여기까지 전기에 대해 했고, 이제부터 **자기**에 대해 들어가 봅! 시! 다!

자기는 자석 생각하라고 했지?

자석은 같은 극끼리는 어쩐다?

그래, 밀어낸다.

다른 극끼리는? 당긴다. 그걸 두 글자로 하면?

인력!

하나 더! 자석은 같은 자석끼리뿐만 아니라 쇠붙이를 만나면 무조건 끌어들이지? 무슨 힘? 인력!

이런 힘들을 자기력이라고 하고, 전기력이랑 비슷하지?

자기력은 아무 데나 작용하는 게 아니라 가까이 있을 때 작용하잖아?

자석마다 자기력이 작용하는 공간의 크기가 달라지지?

만화영화에 보면 사람보다 큰 자석을 가져와서 철로 된 갑옷을 입고 있던 사람들이 끌려가서 자석에 달라붙는 장면 같은 거 나오잖아?

응? 요즘은 그런 만화영화 없다고?

라떼는 있었는데?

하여튼 자석 주변에 자기력이 작용하는 공간을 자기장이라고 해.

시험 치는 공간은 시험장, 운동하는 공간은 운동장, 그럼 자기력이 작용하는 공간은? 자기장!

참~~ 쉽죠잉?

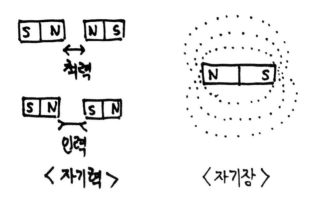

〈 자기력 〉　　　　　〈 자기장 〉

　　1800년대에 외르스테드라는 이름도 어려운 과학자가 전류와 관련 있는 실험을 하고 있었대.

　　쌤은 이거 생각하면 조금 슬퍼져.

　　우리나라는 조선 시대에 과학과 과학자를 아~~~주 무시했는데 그때 외국에선 전기 실험까지 하고 있었다니, 기분이가 나빠!

　　사실 우리나라 조상님들이 얼마나 똑똑했는데….

　　쌤이 예전에 학생들과 대회를 준비하느라 경주에 있는 유명한 신라 시대 종인 성덕대왕신종을 연구했는데, 1,300년 전에 만든 작품인데 AI가 생활에 사용되는 지금도 그만한 종을 만들 수 없다고 해. 대단하지?

　　다시 외르스테드로 와서 이 과학자가 전기회로를 만들어서 전류를 흐르게 하는 실험을 하고 있었는데, 우연히 옆에 나침반이 있었던 거야.

　　근데, 전류가 흐를 때 나침반 바늘이 움직이지 뭐야!

　　나침반은 지구 때문에 움직이는 거거든.

　　지구가 자석이라는 말 들어 봤어?

　　지구 어디서든 나침반을 보면 항상 나침반 바늘의 빨간색인 N극은 지구의 북극 쪽을 향해.

나침반 바늘도 자석이거든. 몰랐지?

그럼 나침반 바늘 자석의 N극이 지구의 북극을 가리킨다는 말은 지구의 북극이 자석의 어느 극이라는 거야?

자석은 어떤 극끼리 인력이 작용해서 서로 끌어당긴다?

그렇취!

다른 극끼리니까 지구의 북극이 자석의 S극이라는 거지.

알고 있었어, 처음 들었어?

나침반만 있으면 바늘의 N극이 항상 북쪽을 가리키니까 내가 원하는 방향으로 갈 수 있는 거야.

북쪽을 찾아서 뒤로 돌면 남쪽, 북쪽을 바라보고 오른쪽이 동쪽, 반대가 서쪽이라고 했었지?

이쯤~되면 이제 쌤이 복습하는 내용 나올 때마다 어디서 봤는지 찾아보는 게 어때?

두 번째로 이 책 읽을 땐 계속 찾아보면서 읽어.

그럼 어느새 머릿속에 내용이 싹! 정리가 되어 버릴 거야.

그리고, 지금 네가 초등학교 5~6학년이라면 이해되는 내용만 읽어 넘어가도 충분해.

중1이라면 최소 1학년 단원은 확실히 이해하고 넘어가고, 나머지 내용은 마찬가지로 이해되는 부분만 읽고 넘어가.

만약 이 책을 중2 때 읽어도 처음부터 읽어.

1학년 내용을 복습하고 연속해서 2학년 내용을 공부하면 훨씬 이해가 잘 돼.

너희가 만약 중3이라면 이 책을 던져 버려야 되느냐?

노! 노! 아니야!

쌤은 이 책을 계속 들고 있는 게 좋을 것 같아.

사실 과학 전공자가 아니라면 중학교 과학 내용만 알아도 세상 살아가기가 무지 편해지거든.

과학 전공할 사람도 기초가 중요하니까 이 책을 여러 번 읽어 보도록 하고.

지금까지 **'불친절한 과학쌤의 불편한 과학 수업'** 홍보였습니다~.

ㅋㅋ

고등학교 쌤들은 친절하게 중학교 내용 복습 안 해 줘!

중학교 졸업생들이 고등학교 첫 중간고사 치고 나면 항상 중학교에 찾아와서 하는 말이 "중학교 쌤들이 친절하고 좋았어요~. 엉엉~."이라고 해.

당연하지!

중학생은 아직 어리니까 쌤들이 아이 취급을 하잖아.

그래서, 생활면에서도 친절하게 보살펴 주시지만, 고등학생은 거의 성인이 다 되었잖아?

어른 취급 해야지!

어른은 자기 일을 스스로 할 수 있는 사람들이잖아?

쌤도 지금 중학교에 있으니까 학생들을 자세히 살펴보고 보살피지, 고등학교에 있다면 수업은 신경 쓰지만 생활적인 면은 세세히 보살피지 않을 거야.

어른이 되면 혼자서 할 수 있는 일도 많아지지만 혼자서 책임져야 할 일도 많아져.

그런 것들을 혼자서 잘해 낼 수 있어야 훌륭한 어른이 될 수 있어.

대학을 졸업하고 직장에 취업했는데도 부모님께 직장 상사에게 대신 전화해 달라는 어른도 있대.

참 못났지?

무슨 내용 하고 있었지?

맞다! 외르스테드의 실험이었지.

전류가 흐르는 전선 옆에 있던 나침반이 움직였다는 말은 무슨 말일까?

전류가 흐르든, 흐르지 않든 나침반 바늘의 N극은 지구의 북극을 가리키고 있어야 정상이잖아?

근데 전류가 흐르는 순간 나침반 바늘의 N극이 다른 곳을 보고 있던 거야.

전류를 끊어 버리면 다시 지구의 북극을 가리키고.

신기하지?

나침반 바늘은 자석이니까 자석이 움직이려면 다른 자석이 하나 더 있어야겠지?

어디에 있을까?

바로~~~바로~~~~ **전류가 흐르는 전선**이 자석 역할을 한 거야.

전선에 전류가 흐르면 전선 주변에 자기력이 작용하는 공간인 자기장이 생긴다는 사실을 알아낸 거야.

쉬운 말로 전선에 전류가 흐르면 그게 자석과 같다는 거야. 신기하지?

전선의 모양에 따라 다양한 자기장 모양이 생기는데 그중 코일에 대해서 알아볼까?

이름은 어렵지만 별거 없어.

전선을 스프링처럼 뱅글뱅글 감아 놓은 거야.

초등학교 때 전자석 실험했지?

안 했다고 하지 마. 무조건 했어!

기다란 쇠못 주변에 노란색 에나멜선을 칭칭 감고 전지에 연결해서 스위치를 닫으면 쇠못에 클립이 붙고, 스위치를 열면 클립이 떨어졌던 거.

했지?

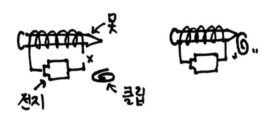

초등학교 땐 클립이 잘 달라붙으려면 어떻게 해야 하는지에 대해 실험만 했지만 이젠 중학생이니까 왜 그런지 원리를 이해할 수 있는 나이가 되었어.

과학은 초등 과학과 중학 과학이 많이 연결되어 있는데, 초등 과학이 주로 여러 가지 현상을 관찰하고 실험하는 것 위주라면, 중학 과학은 그런 현상들의 원리를 다루는 게 많아.

그래서 중학교에 와서 과학을 싫어하게 되는 사람이 많지.

근데, 잘 생각해 봐.

초등학교 때처럼 계속 그런 공부만 하겠다는 말은 수학에서 더하기 빼기만 평생 하겠다는 말과 같잖아?

곱하기와 나누기도 하고, 인수 분해도 하고, 미적분도 해야지?

평생 어린이로 살 거야?

다시 전자석으로 돌아가서, 전자석의 원리를 이제 설명할 수 있겠지?

스위치를 닫으면 전선에 전류가 흐르게 되니까 전선이 자석이 되어 버리고, 전선을 쇠못에 감아 두었으니까 쇠못도 자석이 되어서 주변의 클립들을 끌어당기는 거야.

여기서 스위치를 열면 전류가 흐르지 않으니까 다시 평범한 쇠못으로 돌아가는 거야.

이거 잘 쓰면 괜찮겠지?

일반 자석의 단점이 뭐야?

계속 자기력이 작용하니까 자석에 철가루가 붙을 경우 떼려면 어때?

쌤도 실수로 자석 주변에 철가루를 쏟은 적이 있는데 결국 포기했어.

자석이 생명을 다하기 전에는 자기력이 작용하기 때문에 그 작은 철가루 하나하나 모두 다 떼 내는 건 도저히 할 수가 없었어.

나중엔 자석을 던져 버렸지…. ㅋㅋ

자석을 던져서 자석이 조각나 버리면 어떻게 돼?

조각난 부분이 다시 반대 극이 되어 버리지?

지독~~한 놈!

이럴 때 전자석은 어때?

전류가 흐를 때만 자석이야.

고물상에서 많이 쓰는 장치 중 하나인데 혹시 커다란 트럭 위에 넓적한 쇳덩어리가 쇠줄에 달려 있어서 고철 중에서 철만 골라내는 장치 본 적… 물론 없겠지만…!

일반 자석을 쓰는 경우 고철 중에서 철만 골라서 자석에 달라붙게 하고 다시 떼어 내려면 힘이 들잖아.

이럴 때 전자석을 이용하면 전기만 끊어 버리면 자석이 아니니까 전자석에 붙어 있던 철들이 와르르 떨어져 버리니까 골라내기 쉽겠지?

지금까지 전류가 흐르는 전선 주변에 생기는 자기장에 대해 알아봤는데, 말이 너무 어렵지?

쉽게 말해서 전선에 전류가 흐르면 자석이 된다! 두둥!

그렇다면 전류가 흐르는 전선으로 만든 가짜 자석과 진짜 자석이 만나면 어떻게 될까?

가짜라도 자석이니까 자석과 자석이 만나면 무슨 힘이 생길까?

기억해! 기억해!

자기력! 인력이나 척력이 생겨서 힘을 받게 되겠지?

이걸 이용해서 과학자들이 또 장난을 쳤어.

말발굽처럼 U자 모양으로 생긴 말굽자석 사이에 전류가 흐르는 전선을 넣는 거야.

그럼 말굽자석이 만드는 자기장과 전선이 만드는 자기장이 만나겠지?

그럼 둘 사이에 힘이 작용하는 거야.

이때 말굽자석은 무거우니까 가만있고, 가벼운 전선이 움직이게 되는 거지.

어때, 이해돼?

이해되는 사람은 정말 신기하지?

이해 안 되면서 신기한 척하지 마!

다시 돌아가서 읽어!

혼자서 책 읽으면서 뭘 모르면서 아는 척하고 있어?

그럼, 말굽자석이 만드는 자기장 안에서 전류가 흐르는 전선이 받는 힘의 방향을 한번 알아볼까?

모르고 싶다고?

모르고 싶은 사람이 왜 이 책을 보고 있어?

칭얼대지 말고 잘 읽어 봐.

쌤이 최대한 쉽게 해 줄게.

쌤 믿지?

지금쯤 "믿쑵니닷! 꽉쌤!" 정도는 나올 법한데….

크게 말해 봐. 쌤한테 들릴 정도로!

자석의 자기장 방향은 항상 N극에서 S극을 향하는 방향이야. 기억해.

말굽자석은 N극과 S극이 마주 보고 있으니까 자기장 방향이 직선이 겠지?

 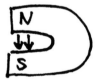

이건 쉬우니까 통과!

지금부터 전선이 받는 힘의 방향 알아내는 법을 공부할 건데, 걱정하지 마. 과학자들이 쉬운 방법 다~~~ 생각해 놨어.

우린 그냥 받아먹으면 돼.

일단 오른손을 펴! 왼손은 안돼! 오른손!

오른손 엄지와 나머지 네 손가락이 직각이 되게 손을 펴서 손바닥을 쳐다봐.

그때 엄지는 전류의 방향, 네 손가락은 자기장의 방향, 손바닥이 가리키는 방향이 힘의 방향이 돼.

무슨 말인지 모르겠지?

엄지가 전류의 방향이니까 전류는 전지의 어느 극에서 어느 극으로?

그래 (+)에서 (-)극으로 흐른다고 했지?

그 방향대로 엄지를 잡아 주는 거야.

그다음 네 손가락은 자기장 방향이니까 말굽자석의 N극에서 S극을 향하는 방향으로 틀어 주는 거지.

그럼 끝났어.

손바닥이 어딜 가리키는지 봐.

손바닥이 향하는 방향이 힘의 방향이야.

그림으로 다시 해 볼게.

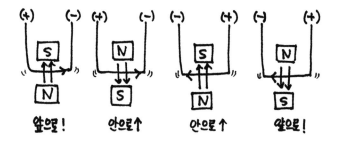

첫 번째 경우, 엄지 척!을 한 다음 전류가 오른쪽이니까 엄지를 오른쪽으로 보게 하고, 자기장은 위를 향하니까 네 손가락을 위로 펴.

그럼 손바닥이 어딜 보고 있어?

손바닥이 네 얼굴을 향하는 방향이지?

힘을 너희 얼굴을 향하는 방향, 즉 앞쪽으로 나오는 방향으로 받고 있다는 거야.

두 번째 경우, 자기장만 반대니까 엄지는 오른쪽으로 한 다음에 네 손가락을 밑으로 뻗어.

그럼 손바닥이 책 안쪽으로 들어가는 방향을 보고 있지?

세 번째와 네 번째도 같은 방법으로 해 보자. 세 번째는 책 안쪽을, 네 번째는 책에서 앞으로 나오는 방향으로 전선이 힘을 받게 돼.

조금 이해가 돼?

근데, 과학자들 진짜 너무해.

이걸 한 번 더 우려먹어.

자석이 만드는 자기장 속에 전류가 흐르는 전선을 넣으면 힘을 받는다는 걸 이용해서 힘을 계속 받게 만드는 거야.

그럼 한 방향으로 전선이 계속 회전할 수 있도록 만든 거지.

그걸 **전동기**라고 하고 장난감 자동차 속이나 너희가 들고 다니는 선풍기 속에 들어가 있어.

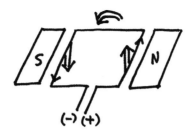

이게 전동기 원리를 그린 건데 이해가 돼?

전선의 오른쪽과 왼쪽의 전류 방향이 다르지?

전선을 일부러 그런 모양으로 만들어 놓은 거야.

오른쪽과 왼쪽의 전류 방향이 다르면 힘의 방향도 다르겠지?

오른손으로 해 봐.

그래서 오른쪽이 위로 힘을 받으면 왼쪽은 아래로 힘을 받는 거야.

그럼 전선이 시계 반대 방향으로 돌아가는 거지.

신기하지?

원리를 이해하는 사람은 신기할 거고, 이해 안 되는 사람은 이게 뭐야~ 하겠지.

이해 안 되면 넘어가.

너희 학교에 계신 친절하신 과학 쌤들이 잘 설명해 주실 거야.

쌤 방법이 이해 안 되면 다른 과학 쌤들의 방법으로 더 잘 이해될 수 있어.

이 책 읽고 이해 안 된다고 울지 말고, 학교 수업 시간에 졸지 말고 잘 들어!

II-8.

별과 우주는
조금 궁금하긴 해

밤하늘의 별을 관찰하고 망원경으로 우주의 신비를 관측한다!

캬~~ 낭만을 모르는 너희도 낭만적이지?

지금부터 대략 30년 전 쯤은 그런 낭만을 꿈꾸며 지구과학교육과에 입학했지….

일 년에 두 번 야외답사를 나가는데 낮에는 해머로 돌을 깨고, 밤에는 들고 간 무거운 망원경으로 관측하고….

그런데! 대학교 3학년쯤 현실을 알게 되었어.

망원경으로 하는 관측은 아마추어 천문가들이 취미로 하는 일이고, 진짜는 컴퓨터와 씨름하는 거라는 걸….

망원경이 알아서 관측해 주면 사람은 그 자료를 가지고 분석하는 게 주된 일이었어.

천문학 시간에 교수님은 칠판 가득 알지도 못하는 수식을 적으셨지….

쌤이 너무 꿈과 희망을 없애 버렸어?

미안하지만, 현실을 알아야 해.

가끔씩 과학이 좋아서 과학고등학교에 입학하고 싶다는 학생들이 있는데, 미안하지만 수학을 잘해야 과학고등학교에 적응할 수 있어.

쌤이 너무하냐?

나 같은 T도 있단다, 얘들아~!!

자, 이 파트는 지구계의 구성 요소 중 어디에 해당할까?

쌤이 무슨 질문하는지 모르겠는 사람 실망이야~.

지구계 구성 요소 몇 가지 있어?

다섯 가지 이름 말해 봐.

지권, 수권, 기권, 생물권, 외권.

그럼 이 중 이 단원은 어디에 해당할까?

그렇지! 외권.

지구 밖을 다루는 부분이야.

그럼 다 같이 우주로 나가볼까요~~~?

(멘트 구리다 하는 사람은 어떤 드립이 좋은지 쌤 메일로 보내 봐. X세대의 위엄을 보여주마! 드러와! 알파 세대!)

우주에는 수많은 별이 있잖아. 그 별들이 지구에서 얼마나 멀리 떨어져 있는지를 어떻게 알 수 있을까, 하는 의문부터 해결해 볼 거야.

등산을 가서 산꼭대기에 올랐어. 거기서 내려다보면 멀고 가까운 걸 어떻게 알 수 있어?

가까이 있는 건 크게 보이고, 멀리 있는 건 작게 보이지?

근데 그런 건 다들 지구 안에 있기 때문에, 다시 말해 가까이 있기 때문에 구별이 되는 거야.

우주에 있는 별들은 우리 상상을 초월할 만큼 멀리 떨어져 있어.

가까이 있으면 큰일 나.

만유인력 법칙 기억나?

태양과 가까이 있는 별이 있으면 인력으로 서로 당겨서 부딪혀 버릴 거야.

으… 끔찍하겠지?

이렇게 별들이 너무 멀리 있어서 보이지도 않으니까 망원경이 필요한 거야.

어떤 별은 너무 멀리 떨어져 있어서 지구에선 볼 수 없고 우주에 쏘아 올린 망원경으로 봐야 겨우 보일 정도야.

일단 상상할 수 없을 만큼 멀리 있는 별들을 누가 더 가까운지 별까지의 거리를 구하는 방법을 한번 시작해 보자구.

엄지 척! 해 봐.

그런 다음 팔을 앞으로 쭉 뻗어.

엄지를 그대로 둔 채로 왼쪽 눈 감아.

엄지손톱 뒤로 뭐가 보여?

이제, 왼쪽 눈 뜨고 오른쪽 눈 감아.

이젠 엄지손톱 뒤로 뭐가 보여?

양쪽 눈을 번갈아 뜨면서 엄지의 위치를 관찰해 봐.

신기하지?

뭐가 신기한지 모르겠다고?

엄지는 그 자리에 가만히 있는데 어느 쪽 눈을 뜨냐에 따라서 엄지 뒤에 있는 물체가 달라지잖아.

이제 엄지는 그대로 두고 팔을 접어서 얼굴 바로 앞에 엄지가 오게 해 봐.

그런 다음 다시 양쪽 눈을 번갈아 뜨면서 뒤에 뭐가 보이는지 확인해 봐.

팔을 쭉 뻗었을 때랑 비교하면 어때?

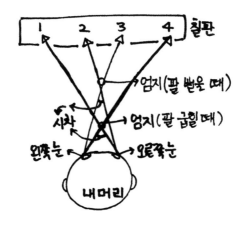

칠판에 숫자를 가로로 써 놓고, 팔을 굽혀서 실험하면 엄지가 숫자 1 앞에 있다가 반대쪽 눈을 감으면 숫자 4 앞에 있는 것처럼 보이잖아.

팔을 뻗어서 실험해 보면 숫자 2와 3 사이를 왔다 갔다 하고.

이렇게 물체는 가만히 있는데 어느 쪽에서 보느냐에 따라 물체의 위치가 달라 보이는 정도를 **시차**라고 해.

지구 반대편 나라에 갔다 와서 시차 적응이 안 될 때의 시차는 시간의 차이를 말하고, 여기서 말하는 시차는 '볼 시(視)'를 써서 보기에 따라 생기는 차이를 말해.

이해가 좀 돼?

그림에서 엄지가 나한테서 멀어질수록 시차가 작아지지?

칠판은 나한테서 너무너무 멀기 때문에 거리가 무한이라고 생각하면 돼. 거리를 측정할 수가 없어.

우주에 있는 별도 마찬가지야.

그림에서 내 머리를 지구라고 생각하면, 엄지를 별, 칠판은 너무 멀리 떨어져 있어서 거리 측정을 포기한 별들이야.

그럼 별의 시차를 측정하면 어느 별이 가까이 있고 어느 별이 멀리 있는지를 알겠지?

지구는 태양 주변을 공전하니까 위치가 변해.

태양 주변을 1년에 한 바퀴씩 도니까 6개월이 지나면 지금 위치에서 태양을 중심으로 반대쪽에 있게 되겠지?

그럼, 6개월 전은 나의 왼쪽 눈, 지금은 나의 오른쪽 눈에 해당하는 위치에 지구가 있는 거야.

6개월 전과 지금의 별의 위치를 관측하면 시차가 나오겠지?

그 시차의 반을 **연주 시차**라고 불러.

연주 시차는 지구에서 6개월 간격으로 별을 관측해서 그 사이의 각도를 잰 다음 반으로 나눈 값이야.

연주 시차를 이용해서 별까지의 거리를 구하니까 꼭 알아야 해.

그림에서 ①번 별의 연주 시차가 더 크지?

가까운 별은 연주 시차가 크고 = 각도가 크고, 먼 별은 연주 시차가

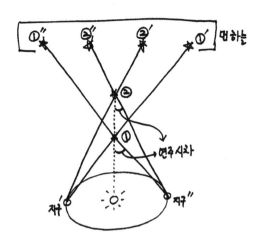

작고 = 각도가 작고, 이제 알겠어?

연주 시차를 실제로 측정해 보면 너무 작아.

그래서 각도를 재야 하는데 도(°)라는 단위를 못 써.

각도가 1도보다 작거든.

1도를 60개로 나누면 1개가 1분이 되고, 1분을 60개로 나누면 1초라고 불러.

쉽게 말해서 1도를 3,600개로 나누어서 1개를 1초라고 불러.

그 정도 각도가 보일까?

근데, 별까지의 거리가 너무 멀어서 가능해.

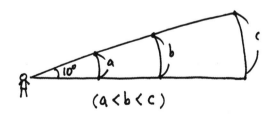

똑같이 10도 차이가 나더라도 나에게서 멀어질수록 두 지점 사이의 거리가 점점 멀어져.

먼 우주에서는 각도가 1도보다 작게 차이가 나더라도 지구에서 너무 멀리 떨어져 있으니 당연히 차이가 크겠지.

연주 시차를 측정한 후 별까지의 거리를 어떻게 나타내는지 알아볼게.

연주 시차가 1초인 별까지의 거리를 1파섹(pc)이라고 해.

연주 시차가 0.1초이면 별까지의 거리가 1파섹보다 멀까, 가까울까?

어렵지? 헷갈리지?

지구에서 가까울수록, 다시 말해 내 눈에 가까울수록 시차는 커진다고 했어.

1년 동안 관측해도 그 자리에 가만히 있어서 연주 시차를 측정할 수 없을 만큼 멀리 있는 별도 있다고 생각하면 헷갈리지 않을 거야.

버스 타고 갈 때 가까이 있는 가로수는 빨리 휙휙 지나가지만 멀리 있는 산은 계속 그 자리에 있는 것처럼 보이지?

조금 다른 예시이지만 이런 개념이라고 생각하면 돼.

연주 시차는 커질수록 가까운 별, 작아질수록 멀리 있는 별.

이제 정리가 되지?

별까지의 거리를 파섹이라는 단위 말고 광년이라는 단위도 써.

미친년 아니야! '빛 광(光)'과 '해 년(年)'을 써.

빛이 1년 동안 가는 거리라는 뜻이지.

신기하게도 영어로도 light year야.

빛은 1초에 지구를 7바퀴 반을 돌아.

쬐~끔 빠르지?

1초에 지구를 7바퀴 반을 도는 빛이 1년을 가는 거리면 상상이 돼?

1광년 = 1LY = 빛이 1년 동안 갈 수 있는 거리.

연주 시차가 1초인 별까지의 거리를 1pc이라고 하는데, 이걸 광년으로 바꾸면 3.26광년이 된다고 해.

빛이 3년하고 조금 더 가야 그 별을 만날 수 있다는 뜻이지.

지금 머리가 어지러운 사람 있어?

근데 우주에선 3.26광년 정도는 옆 동네 친구 집 놀러 가는 정도야.

그럼 우주 관련 만화영화에 자주 등장했던 100만 광년이란 말이 이젠 어떻게 들려?

엄청 멀게 느껴져?

빛의 속도로 백만 년 가야 하는 거리야.

이렇게 연주 시차를 이용해서 거리를 구할 수 있는 별들은 가까운 별이라고 했지? ㅋㅋ

우주는 너무 커서 얼마나 큰지를 설명하기도 힘들어.

좀 전에 했던 질문, 연주 시차가 1초인 별까지의 거리를 1파섹(pc)이라고 하면 0.1초인 별은 더 멀겠지?

반비례하니까 연주 시차의 역수를 구하면 별까지의 거리를 구할 수 있어.

역수는 뭐다? 분수를 거꾸로 하면 된다.

$$\frac{1}{0.1} = 10pc$$

별까지의 거리는 이렇게 알아보고, 이젠 별의 밝기에 대해 알아볼게.

캄캄한 밤에 길을 갈 때 멀리 있던 자동차가 가까이 다가올수록 전조등 불의 밝기가 어떻게 느껴져?

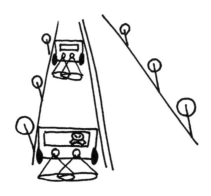

점점 눈이 부시지?

자동차 전조등을 나에게 가까이 올수록 더 밝게 켰을까? 아니지? 밝기는 그대로인데 자동차와 나 사이의 거리가 가까워져서 그렇지?

별의 밝기도 마찬가지로 내가 그 자리에서 보는 밝기랑 실제 밝기가 차이가 나.

밤하늘의 별을 본 적 있어?

밝은 별도 보이고 어둡고 흐려서 잘 보이지 않는 별도 있지?

고대 그리스 시절에 히파르코스라는 사람이 맨눈으로 별들의 밝기를 관찰해서 등급을 매겼대.

그땐 당연히 망원경이 없었겠지?

참고로 고대엔 군인을 뽑을 때 흐린 별을 잘 찾아내는지를 가지고 시력검사를 했대.

수능은 점수가 높으면 1등급이고, 낮으면 숫자가 커지지?

히파르코스도 눈으로 보기에 가장 밝은 별을 1등급이라고 하고, 가장 어두운 별을 6등급이라고 했어.

밝기가 1등급인 별을 '별 성(星)'을 써서 1등성이라고 해.

쌤은 히파르코스가 참 대단한 사람인 것 같아.

밤에 하늘을 보면 검은색 바탕에 빛나는 점으로밖에 안 보이는데 그걸 다 구별해서 등급을 매겼다는 건 정말 대단한 사람 맞지?

참! 밤에 별을 관찰하려면 도시의 불빛이 없는 곳에서 봐야 해. 가로등이나 간판등이 너무 밝으면 어두운 별이 잘 보이지 않거든.

그래서, 캠핑 가서 시골 밤하늘을 보면 별들이 많이 보이잖아.

근데, 시골에 갔는데도 밤하늘에 별이 없다고 투덜대는 사람이 있었어. 왜 그럴까?

날씨를 확인하지 않고 간 거야.

밤에도 구름은 있거든. 흐린 날은 낮에도 하늘이 잘 보이지 않지만 밤도 마찬가지야.

그런데 밤은 구름이 있는지 없는지를 모르잖아.

그래서 혹시 밤하늘의 별을 관찰하고 싶으면 꼭 일기예보를 확인하고 날씨가 맑은 날을 골라서 가도록 해.

어쨌든 히파르코스가 별의 등급을 매기기 시작했는데, 시간이 지나서 망원경이 발명되었지?

더 어두운 별도 관찰이 가능해진 거야.

그래서 어두우면 등급이 어떻게 된다고 했지?

그래, 숫자가 커지지. 수능 생각해.

또 히파르코스가 살았던 그리스에서는 보이지 않지만 다른 나라에서는 보이는 별들도 있겠지?

태양도 별이라는 거, 이젠 알지?

여기서 잠깐! 복습 타임! 별이 뭐야?

스스로 빛을 내는 항성을 말하지.

태양은 너무 밝아서 다른 별들이 하나도 보이지 않게 낮을 만들어 버릴 정도잖아.

그래서 등급을 매겨보면 1등급보다 더 작아지다 0등급을 지나서 더 작아지면 어떤 숫자가 나와?

0보다 더 작은 숫자를 음수라고 하고 마이너스(-)를 앞에다 붙여.

0보다 더 어두운 별은 -1등성, 더 어두우면 -2등성….

거기다 소수점까지 붙여.

으웩! 미치겠지?

태양은 과학자들의 계산에 따르면 -26.8등급이래.

장난 아니지? 숫자가 작을수록 밝다, 기억해.

자, 여기서 짚고 넘어갈 게 있어.

태양이 엄청 밝아서 등급이 -26.8등급이라고 했잖아.

근데, 다른 별은 지구에서 멀기 때문에 어두워 보이잖아.

앞에서 얘기했었지?

그럼, 태양을 다른 별들처럼 멀리 보내면 지금만큼 밝을까? 당연히 아니겠지.

지금까지 히파르코스가 했던 방식의 밝기는 지구에 있는 우리가 눈으로 관찰한 밝기였어.

별들의 거리는 고려하지 않았지.

그럼 별들의 진짜 밝기를 비교하려면 어떻게 해야 되겠어?

별들을 모두 지구에서 같은 거리에 가져다 놓고 다시 비교해 봐야겠지?

너희는 내 눈앞에 있는 볼펜과 멀리 떨어져 있어서 아주 작게 보이는 가로등을 보면서 '아~, 가로등보다 볼펜이 크네~.'라고 해? 아니잖아?

과학자들도 이제 별들의 진짜 밝기를 비교하기 시작한 거야.

그래서 모든 별을 지구에서 10파섹이 되는 거리에 가져다 놨어. 물론 이론상으로. 실제는 불가능!

연주 시차가 1초인 별까지의 거리가 1파섹이라고 하면, 10파섹인 별은 연주 시차가 0.1초가 나와.

좀 멀지? 광년으로 바꾸면 32.6광년.

빛의 속도로 32.6년을 가야 하는 거리에 우주의 모든 별을 가져다 놓고 줄을 세워 놓은 거야.

그러고는 다시 제일 밝은 애를 1등급, 2등급… 하면서 등급을 매긴 거지.

이해가 좀 돼?

안 되면 미래의 너에게로 넘겨 버리고 넘어가!

지금까지 설명한 별의 등급 두 가지를 정리해 볼게.

고대 그리스 시대처럼 별까지의 거리는 생각하지 않고 그냥 사람의 눈으로 매긴 등급을 **겉보기 등급**이라고 해.

모든 별을 지구에서 10파섹인 거리에 있다고 생각하고 계산해서 나온 진짜 밝기를 비교한 등급을 **절대 등급**이라고 해.

너희에겐 어떤 등급이 중요해?

겉보기 등급이 중요하지!

과학자들에겐? 절대 등급이겠지.

라고 대답하면 안 된다고 했지?

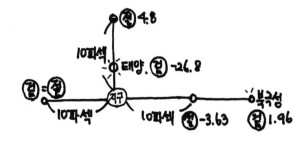

과학자들에겐 두 가지가 다 중요해.

왜냐하면 두 등급을 비교하면 별까지의 거리도 대충 알 수 있거든.

태양은 겉보기 등급이 -26.8등급이고, 절대 등급이 4.8등급이야.

이걸 해석해 봐.

숫자가 작을수록 밝은 거랬지?

겉보기 등급이 절대 등급보다 훨~~씬 작잖아.

겉으로 보기엔 엄~~청 밝은데, 실제로는 아니라는 뜻이지.

그 말은 지구에 아~~주 가까이 있다는 말이야.

북쪽을 알려주는 북극성이라는 별은 겉보기 등급이 1.96등급인데, 절대 등급이 -3.63등급이야.

해석해 봐.

겉보기 등급이 더 크다는 말은 보기에는 어둡다는 말이지.

그 말은 실제는 더 밝은데 멀리 있어서 어두워 보인다는 뜻이야.

그럼, 겉보기 등급과 절대 등급이 똑같은 별이 있다면 그건 무슨 뜻이야?

이거 알면 천재!

지구에서 보기에도 그 등급, 10파섹 거리에 갖다 놓아도 그 등급.

그 말은 그 별이 원래부터 지구에서 10파섹 떨어져 있다는 뜻이지.

쪼금 재밌지 않아?

아니라고? 힘들어 죽겠다고? 미안. (I'm So Cool~)

지금부턴 별의 색깔에 대해 알아볼 거야.

밤하늘에 별을 보면 다 똑같은 색으로 보이지?

'아는 만큼 보인다.'라는 말 알아?

알고 나면 똑같은 색이 아닌 걸 알 거야.

유튜브에 '용광로'나 '쇳물'을 검색하면 영상이 많이 나올 건데 자세히 보면 용광로에서 철을 녹인 쇳물이 금방 나올 땐 흰색이다가 점점 식으면서 노란색, 더 식으면 붉은색으로 변하는 걸 볼 수 있어.

바로 검색해 보고 와!

쇳물이 온도에 따라 색이 다른 것처럼 별들도 표면 온도에 따라 색이 달라.

표면 온도가 제일 높으면 파란색이고, 점점 낮아지면서는 흰색, 노란색, 빨간색이야.

어릴 때 크레파스로 태양을 색칠하면 무슨 색으로 칠했어? 빨간색으로 칠했지?

미국 애들은 무슨 색으로 칠하는지 알아?

노란색이야.

우리나라에선 태양이 뜨거나 질 무렵 빨간색으로 보이는 걸 표현한 것이고, 미국에선 태양의 표면 온도에 따라 노란색으로 보이는 걸 표현한 거야.

문화적 차이라고 봐야지.

태양이 노란색으로 보인다는 말은 표면 온도가 별로 높지 않다는 뜻이지?

얼마 안 돼. 6,000도 정도밖에 안 돼.

파란색으로 보이는 별은 표면 온도가 2만도 정도 되거든.

그런 별에 비하면 태양은 시원~~~하겠지? ㅋㅋ

밤하늘에 별자리 찾을 수 있는 거 있어?

북두칠성 정도는 찾을 수 있어?

사실 별자리는 찾기가 어려워.

만약 겨울밤 9시 무렵 밖에 나가서 별자리를 관찰하면 오리온자리라고 하는 유명한 별자리가 있어.

이 별자리의 대각선 방향으로 끝에 있는 두 별이 색깔이 달라.

하나는 베텔게우스라고 하는 별인데 표면 온도가 낮아서 빨간색으로 보이고, 반대편에 있는 리겔이라는 별은 표면 온도가 높아서 파란색에 가까운 흰색으로 보여.

꼭 관찰해 봐.

쌤은 시력이 안 좋은데도 (안경 없이 관찰해도) 한참을 보고 있으면 두 별의 색이 다른 게 보여.

꼭 해 봐!

이제 우리가 살고 있는 은하에 대해 알아볼 시간!

은하는 많은 별이 뭉쳐 있는 걸 말해.

이런 은하들이 우주에 셀 수 없을 정도로 많거든.

그중에서 태양이 속해 있는 은하를 우리은하라고 해.

이름이 참 쉽죠잉? ㅋㅋ

우리은하는 옆에서 보면 가운데가 볼록한 납작한 원반 모양이고, 위에서 내려다보면 소용돌이 모습을 하고 있어.

이걸 누가 관찰했냐고?

물론 직접 눈으로 본 사람은 없지.

우리가 있는 태양계가 우리은하 속에 있어서 우리은하의 관측을 해보면 그런 모습일 거라는 거야.ㅎㅎ

우리은하를 위에서 내려다 보면 길죽한 막대 모양의 중심부가 있고, 주변에 별들이 나선 모양으로 분포하는 나선팔이 있다고 해.

태양계가 나선팔 중 하나에 위치하고 있어.

우리은하의 지름이 약 10만 광년인데, 빛의 속도로 움직이는 우주선을 타고 우리은하의 끝에서 끝까지 여행하려면 10만 년이 걸린다고 해.

근데 이런 은하가 우주에 셀 수 없을 만큼 많다고 하니 도대체 우주의 크기는 얼마나 큰 거야?

우리은하를 살펴보면 별과 별 사이 공간에 기체와 먼지들이 퍼져 있는데 이걸 '별 성(星)'과 '사이 간(間)'을 써서 **성간물질**이라고 해.

가끔 성간물질이 많이 모여 있어서 구름처럼 보이는 곳이 있는데 그걸 **성운**이라고 하지.

무슨 운? '구름 운(雲)'.

주변에 있는 별이 뜨거워서 열을 나누어 받아서 온도가 높아져서 반짝거리는 방출 성운, 주변의 별빛을 반사해서 보이는 반사 성운, 뒤에서 오는 별빛을 가려서 검게 보이는 암흑 성운으로 나누어지지.

한 번쯤 사진으로 봤을 말머리성운은 암흑 성운에 해당해.

우리은하에는 수많은 별이 있는데 별들이 집중적으로 모여 있는 것들이 있어.

별들의 모임이니까 '모일 단(團)'을 써서 성단이라고 해.

성단은 모양에 따라 산개 성단과 구상 성단으로 구분하는데, 산개는 퍼져 있다는 뜻이고, 구상은 둥근 구의 모양을 하고 있다는 뜻이야.

학교 시험에 산개 성단과 구상 성단을 비교하는 문제는 무조건 나오거든. 지금 외워 둬.

산개 성단과 구상 성단은 사람과 비교하면 쉬워.

너희들이 친구들과 어울려 놀 때와 할아버지들이 친구들과 놀 때를 구별하면 돼.

누가 더 많은 친구가 모여서 놀아?

할아버지들이지.

커다란 버스에 30~40명씩 타고 놀러 다니시지?

그래서, 구상 성단은 할아버지 별들의 모임이야.

산개 성단은 어린 별들의 모임이고.

자, 그럼 구분하러 갑니다!

구상 성단과 산개 성단 중 별의 수가 많은 건?

구상 성단이지.

구상 성단은 할아버지 별들의 모임이니까 표면 온도가 높을까, 낮을까?

표면 온도가 높다는 말은 빛에너지를 많이 만들어 뿜뿜하고 있다는 뜻이야.

구상 성단의 별들은 나이가 많으니까 에너지를 많이 못 만들겠지? 표면 온도가 낮아.

그럼 무슨 색? 기억해!

붉은색.

산개 성단은 반대겠지?

구성하는 별의 개수는 구상 성단보다 훨씬 적고, 표면 온도가 높아서 푸른색 별들이 많아.

우리은하랑 성운, 성단은 인터넷에서 예쁜 사진으로 찾아봐.

쌤이 그리면 이상해서 더 알아보기 힘들어.

풍선과 사인펜 하나 준비해.

풍선에 바람 넣기 전에 풍선 표면에 사인펜으로 점을 몇 개 찍어.

점 옆에 숫자도 1부터 적어 넣고.

그런 다음 풍선을 불어.

불고 나서 보면 점 사이의 거리가 어떻게 돼?

당연히 멀어지지?

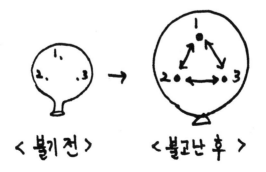

여기서 질문 하나 더!

점과 점 사이가 모두 멀어졌지?

과학자들이 우주를 관측하다 이걸 발견한 거야.

우주에 있는 별과 별 사이가 멀어지고 있다는 것을.

이건 무슨 말일까?

점과 점 사이가 멀어지려면 풍선이 커져야 하듯이, 별과 별 사이가 멀어지려면 별이 들어있는 우주가 커지고 있다는 뜻이잖아? 두둥!

과학자들의 말로는 우주가 점점 커지고 있다고 해.

이걸 듣고 어떤 과학자는 거꾸로 생각한 거야.

우주가 계속 커지고 있다면 과거로 거슬러 가면 점점 작아지겠지?

작아지다 작아지다 결국~ 두둥! 한 점으로 다 모이겠지?

우주의 시작은 모든 게 모인 한 점이었고, 이 점에서 엄청난 폭발이 일어나 점점 팽창하면서 지금처럼 만들어졌다고 설명한 거야.

이걸 대폭발 우주론 또는 **빅뱅 우주론**이라고 해.

빅뱅이라는 그룹이 있지?

가요계에 빅뱅을 일으켰잖아.

역시 이름이 중요해….

우리나라도 늦었지만 우주 개발에 관심이 많아서 다른 나라와 공동으로 엄청 거대한 망원경도 만들고 있고, 달에 가기 위한 프로젝트도 준비하고 있어.

옛날 중세에는 바다를 점령하는 나라가 세계 최강이었어. 영국이나 스페인처럼.

지금은 우주를 정복하는(?) 나라가 세계 최강이 될 거야.

우주에 나가기 위해서는 엄청난 과학 기술과 돈이 필요하거든.

그런 기술들이 지구에 있는 우리에게도 도움이 되지.

대표적으로 요즘 흔히 볼 수 있는 정수기나 전자레인지는 사실 우주에서 우주인들이 사용하기 위해 개발되었던 거야.

예전 세계 최강 두 나라 미국과 러시아는 먼저 인공위성을 쏘아 올리겠다고 경쟁하다 결국 러시아가 이겼어.

그래서 미국 학생들이 고생 좀 했지.

왜냐고? 러시아에 진 이유가 과학 공부를 열심히 안 해서 그렇다고 학생들에게 과학 공부를 엄청나게 시켰거든.

지금은 중국과 인도가 우주에 엄청 투자하고 있어.

우리나라 우주인은 러시아의 도움을 받아 우주에 나간 사람 한 명밖에 없는 것 알지?

우리나라 기술로는 사람은 아직 우주로 못 보내고, 나로호로 인공위성을 쏘아 올리는 데 성공했지.

너희가 열심히 공부해서 쌤도 우주여행 한번 가 보자.

열심히 해!

그때까지 쌤은 건강관리 잘하고 있을게~!

파고들기

요즘 과학 쫌 한다하는 중학생들, 특히 1학년들이 쌤 앞에서 필수적으로 내뱉는 단어가 있어.

양자역학. 슈뢰딩거의 고양이.

쌤은 양자역학이 너무 어려운데 중학생들은 쉬운가 봐.

그런데 질문 몇 개만 하면 다들 실력이 탄로 나거든.

아는 척하고 싶을 때 제일 있어 보이는 단어가 양자역학인가 봐. ㅎㅎ

처음 듣는 사람들은 몰라도 돼.

사실 고등학교 과학에도 잘 나오지 않는 단어야.

쌤도 자세히 배운 적 없고.

그런데, 슈뢰딩거의 고양이는 알면서 광합성이 뭔지, 소화 효소의 종류는 무엇인지 설명할 줄 모르는 학생이 대부분이라면 어때?

겉멋 들었다는 말을 알아?

좀 아는 척하고 싶고, 남들 모르는 단어 아니까 어깨가 으쓱해지는 것 같고 그렇지?

그렇게 어려운 건 알면서 대한민국 중학생들이 다 아는 광합성은 왜 설명을 못 할까?

쌤은 그게 늘 궁금했어.

기초가 튼튼한 건물은 무너지지 않지만, 기초를 대충 올리고 외관만 화려하게 만든 건물은 금방 무너져.

쌤이 무슨 말 하고 싶은지 알겠지?

지금 남들이 모르는 단어 알고 뽐내기 전에 남들 다 아는 단어부터 확실히 내 것으로 만드는 사람이 진짜 기초가 튼튼한 사람이야.

중학교 과학부터 기초를 확실하게 세워 놓으면 고등학교 과학 시간에 화려하게 꾸밀 수 있고, 더 확실하게 꾸며서 놀고 싶은 사람은 대학교 과학 전공을 선택하면 돼.

근데 놀라운 사실은 대학교 과학 전공을 마쳐도 과학에 대해서 모르는 게 더 많다는 사실이야.

석사 과정, 박사 과정을 거친 사람도 자신이 연구한 분야는 잘 알지만, 그 나머지 분야에 대해선 잘 몰라.

그래서 항상 자신이 알고 있는 지식에 대해선 겸손해야 해.

그리고 더 중요한 건 과학은 늘 변하는 학문이라는 거야.

어제까지 세상 사람들이 다 알았던 지식이 오늘 갑자기 바뀔 때도 있고, 어제까지 쓰던 단어를 오늘부터 다른 단어로 바꾸어 쓰기도 하고, 어제까지 세상에서 제일 편한 물건이었는데 더 편한 물건이 발견되기도 하고….

그래서 쌤도 항상 교과서 바뀔 때마다 어떤 것이 달라졌는지 공부하고, 작년에 예시로 들었던 사실이 아직도 맞는지 찾아보곤 해.

천동설과 지동설이라는 거 들어 봤지?

못 들어봤으면 지금 들으면 돼.

하늘을 보면 우리는 가만있는데 태양과 달이 우리 주변을 돌고 있잖아?

그래서 지구 주위를 다른 천체들이 돌고 있다는 내용을 천동설이라고 해.

아주 오랜 세월 믿어왔던 거야.

근데 과학자들이 관측해 보니 천동설로는 설명이 안 되는 일들이 발견되고, 망원경이 발명되어서 더 많은 관측을 하다 보니 지구가 태양 주위를 돌고 있다는 걸 알게 된 거야.

그걸 지동설이라고 해.

'하늘 천(天)'을 써서 천동설, '땅 지(地)'를 써서 지동설.

수천 년 동안 믿어 왔던 천동설을 지동설로 바꾸려니 사람들이 잘 안 믿었겠지?

그래서 갈릴레이는 목숨이 간당간당했던 거였고.

지금까지 중학교 2학년 내용을 정리했는데, 이제 마지막 3학년 내용을 파고들어 갈 거야.

1학년과 2학년 내용을 조금만 기억하면서 3학년 내용 들어가면 훨씬 편해.

조금만 더 힘내! 파이팅!

III-1.

화학 반응의 규칙성
규칙이란 말이 나온 순간 하기 싫다!

3학년 첫 단원 공부할 준비됐냐?

여기선 우리 주변에서 일어나는 여러 가지 변화에 대해 알아볼 거야.

세상에서 변하지 않는 게 있을까?

나를 향한 너의 사랑?

나의 미모? 몸매?

동생 몰래 먹으려 냉동실에 숨겨 둔 초콜릿?

다 변하지? 심지어 사람의 키도 변해.

쌤은 어른이 되면 키가 다 커서 변하지 않는 줄 알았는데 쌤 부모님이 나이가 들면서 쌤보다 작아지니까 슬프더라구….

세상의 다양한 변화를 두 가지로 나누면 물리 변화와 화학 변화로 구분할 수 있어.

비슷한 거 앞에서 한 번 나왔지?

소화할 때 물리적 방법과 화학적 방법으로 할 수 있다고 한 거 기억이… 안 나도 괜찮아. 지금 다시 하면 돼.

물리 변화는 물질 고유의 성질은 변하지 않고, 모양이나 상태가 변하는 걸 말해.

변하기 전과 후가 같은 성질을 가진 물질이라는 거지.

예를 들어 종이를 찢기 전과 후를 생각해 봐.

뭐가 변해?

모양이 변하지?

성질은 변해? 아니잖아.

종이는 찢기 전에도 종이고, 찢은 후에도 종이잖아.

약간 헷갈리는 건 상태 변화야.

물이 얼음이 되는 걸 상태 변화 중 뭐라고 해?

액체가 고체가 되는 건 응고라고 하지?

물과 얼음은 상태가 다르지만, 성분을 표시해 보면 물은 H_2O, 얼음도 H_2O, 수증기도 H_2O야.

아니면 초콜릿 생각해 봐.

초콜릿이 녹아서 융해되면 초콜릿이 아니야?

녹아도 달콤한 초콜릿이지?

그래서 물리 변화는 물질이 변하지 않는다는 것만 기억하면 돼.

그럼 나머지 변화는 모두 화학 변화야.

화학 변화는 물질이 성질이 완전히 다른 물질로 변하는 현상이야.

화학 변화는 일어날 때, 색깔과 냄새가 변하거나, 열과 빛이 나거나, 앙금이나 기체가 발생하기도 해.

초록색 사과가 빨갛게 익었어.

색도 변했고 맛도 변했겠지? 화학 변화.

종이가 불에 탔어. 종이가 타면서 열과 빛이 나고, 검은색 재로 변해 버렸지? 화학 변화.

김치가 시어 버리거나, 삼겹살을 구워 버리면?

화학 변화.

화학 변화는 성분이 완전히 다른 물질로 변한다고 했잖아.

어떤 성분이 어떻게 변하는지 알아보기 쉽게 나타내는 걸 화학 반응식이라고 해.

쌤이 한번 적어 볼게.

수소 기체 + 산소 기체 → 수증기

수소와 산소가 반응해서 수증기가 만들어지는 거야.

수소와 산소와 수증기는 모두 다 다른 기체들이지?

마법 같다구?

아냐. 왜 그런지 식을 분석해 보자구.

수증기는 물의 기체 상태잖아?

화학식으로 나타내면 H_2O가 돼.

H는 수소, O는 산소를 나타내지?

어때? 재료인 수소 기체와 산소 기체를 이용하면 수증기를 충분히 만들어 내겠지?

근데 저렇게 한글로 쓰면 다른 나라 과학자들이 알아보지 못하잖아.

그래서 한글로 쓴 걸 원소 기호를 이용한 화학식으로 바꾸어서 화학 변화를 잘 나타내는 화학 반응식으로 바꾸는 방법을 가르쳐 줄게.

쉬워. 진짜로~!

화학 변화를 화학 반응식으로 쓰려면 국어, 영어, 수학을 순서대로 하면 돼.

첫 번째, 국어 시간.

화학 변화를 한글로 그냥 써.

재료는 왼쪽에, 만들어진 결과물은 오른쪽에.

중간에 (=)을 쓰면 안 돼.

(=)은 양쪽이 똑같다는 뜻이니까 변화한다는 뜻의 (→)로 나타내.

$$수소 + 산소 \rightarrow 수증기$$

두 번째, 영어 시간.

한글로 된 물질들을 화학식으로 바꿔 봐.

어때, 쉽지? 순서대로 따라 하면 돼.

$$H_2 + O_2 \rightarrow H_2O$$

세 번째, 수학 시간.

위 식을 자세히 보면 왼쪽에 산소 원자(O)가 2개인데 오른쪽 수증기는 산소 원자가 하나밖에 없잖아.

마법도 아니고 말이야.

이걸 과학이 되도록 만들어 보자구.

무슨 말이냐면 왼쪽에 있는 물질들이 재료이고, 오른쪽 물질이 결과물이잖아?

준비물을 다 써서 결과물을 만들어야 과학이지.

재료가 남는다면 식에서 없애야지.

결국 화살표를 기준으로 왼쪽에 있는 준비물을 모두 다 써서 오른쪽에 있는 결과물을 만든다는 거야.

수소 원자는 왼쪽과 오른쪽 모두 두 개씩이잖아.

근데, 산소 원자가 왼쪽엔 두 개인데 오른쪽엔 한 개야.

이걸 수학으로 맞춰 봐.

왼쪽 산소 원자를 하나로 만들어 버리면 그건 산소 기체가 아니야. 절대 바꾸면 안 돼.

그럼, 오른쪽 수증기를 두 개로 만들면 산소 원자가 두 개 다 쓰이잖아?

근데 수증기가 두 개가 되면 수소 원자는 네 개가 되잖아.

그러면 재료를 다시 바꿔야지.

수소 원자 네 개를 준비하면 수소 기체는 두 개가 준비가 되어야지.

이럴 땐 수소 기체 앞에 숫자 2를 쓰는 거야.
이렇게.

$$2H_2 + O_2 \rightarrow 2H_2O$$

어려워? 머리가 어질어질해?
그림으로 그려줄게. 조금 나을 거야.

하나 더 연습.
질소와 수소가 반응하면 암모니아가 만들어져.
이걸 화학 반응식으로 나타내 볼까?
먼저 국어.

$$질소 + 수소 \rightarrow 암모니아$$

다음, 영어.

$$N_2 + H_2 \rightarrow NH_3$$

마지막, 수학.
화살표 왼쪽에 질소 원자가 두 개인데, 오른쪽에 하나잖아.

그럼 질소 원자 두 개를 다 쓰려면 암모니아를 몇 개 만들면 될까? 두 개.

$$N_2 + H_2 \rightarrow 2NH_3$$

암모니아 두 개 속엔 수소 원자가 총 몇 개 들어 있어?
6개지?
왼쪽엔 수소 원자가 두 개밖에 없으니까 6개로 만들어.
어떻게 하면 될까?
이렇게 하면 되지.

$$N_2 + 3H_2 \rightarrow 2NH_3$$

화학 반응식을 해 보니까 필수적으로 외워야 할 것들이 떠오르지?
2학년 과정에서 나온 화학식들 말이야.
지금이라도 외우면 돼.

그런 의미에서 하나 더. 좀 더 복잡한 거야. 자신 있지?
가스레인지 불을 켜서 라면 끓이지?
인덕션 있는 집은 일회용 가스레인지 생각해 봐.
가스레인지를 켜면 메테인 가스가 연소하여(산소와 결합하여) 이산화 탄소와 물이 만들어져.

첫 번째, 국어.

메테인 + 산소 → 이산화 탄소 + 물

두 번째, 영어.

$$CH_4 + O_2 \rightarrow CO_2 + H_2O$$

마지막, 수학 시간!

왼쪽 탄소 원자(C)가 하나, 오른쪽에도 하나니까 통과!

왼쪽 수소 원자(H)는 네 개, 오른쪽엔 두 개.

어떻게 하지? 왼쪽 수소 원자 네 개를 다 쓰려면 물을 두 개 만들면 되겠지? 이렇게.

$$CH_4 + O_2 \rightarrow CO_2 + 2H_2O$$

마지막으로 산소 원자(O)는 왼쪽에 두 개, 오른쪽에 네 개. 어떻게 하면 될까?

왼쪽 산소 원자가 네 개가 되면 되겠지? 이렇게.

$$CH_4 + 2O_2 \rightarrow CO_2 + 2H_2O$$

완성!

화학 반응식 만들어 보니까 재밌지?

그리고 화학 반응을 할 때 반응 전과 후에 달라진 점이 있어? 원자의 종류가 변했니? 원자의 개수는?

결국 화학 변화는 원자의 종류나 수는 그대로이면서 배열만 달라지는 거야.

결합만 다시 한다는 거지.

그래서 화학 변화는 마법이 아니고 과학이야.

마법이라면 철을 금으로 바꿀 수 있겠지만 과학은 안 돼.

물질이 이렇게 화학 변화하는 걸 연구하다 세 가지 법칙을 따른다는
걸 알게 됐어.

너희가 무지 싫어하는 법칙 세 가지!

질량 보존 법칙, 일정 성분비 법칙, 기체 반응 법칙.

학교 시험에 무조건 나온다!

위에서 화학 반응식을 만들어 보니 반응 전과 후에 원자의 종류나 수
가 변하지 않지?

그 말은 재료와 결과물을 이루는 알갱이는 모두 같다는 거야.

그럼 재료가 되는 물질 모두의 질량을 재고, 결과물의 질량을 모두 재
면 질량이 어떨까?

같겠지? 이걸 **질량 보존 법칙**이라고 해.

쉽지?

수증기 만드는 반응($2H_2+O_2 \rightarrow 2H_2O$)에서 수소와 산소를 더해서 9g
이었다면 수증기는 총 몇 g이 만들어졌을까?

유치원 산수 문제야.

재료가 9g이었다면 수증기도 9g 만들어지지.

그럼 수증기 9g을 만들려고 수소 1g을 다 썼다면, 산소는 몇 g 필요하
단 말일까?

$$1 + x = 9, \therefore x = 8$$

질량 보존 법칙은 화학 변화뿐만 아니라 물리 변화에도 성립해.

종이를 찢기 전 질량이 10g이었는데, 잘게 찢은 후 9g이 되었다면, 1g
은 바닥에 떨어져 있거나 바람에 날아갔겠지.

이해돼?

이제 두 번째 법칙인 일정 성분비 법칙.

화학 반응이 일어날 땐 성분들 사이에 일정한 비가 성립한다는 뜻이야.

여기서 '비'는 질량비야.

안경을 만들 때 안경테 하나에 안경알이 두 개씩 필요하지?

안경테 + 안경알 2개 → 안경

안경테 하나가 10g, 안경알 하나가 20g이라면 안경 하나는 질량이 얼마야? 50g이지?

이렇게 안경을 만들기 위해서 각 재료 사이에는 일정한 질량비가 만들어져, 요렇게.

안경테 : 안경알 : 안경
= 10 : 40 : 50
= 1 : 4 : 5

안경을 많이 만들려고 안경테를 100g 가져왔다면 안경알은 몇 g 필

요할까? 400g

그 재료를 가지고 안경을 다 만들었다면 안경은 총 몇 g 만들어져? 500g

안경을 만드는 재료인 안경테와 안경알과 안경 사이에는 질량비 1 : 4 : 5가 된다는 법칙이 일정 성분비 법칙이야.

조금 이해가 돼?

요리할 때 쓰는 레시피를 생각해도 되지.

물론 레시피를 안 지켜도 음식을 만들 수 있지만 맛집 레시피는 각 재료의 질량비를 정확하게 잘 지켜야 그 맛이 나와.

그 질량비는 비밀이거든.

코카콜라를 만드는 재료의 비율은 코카콜라 회사 요직에 있는 두 사람만 알고 있다고 들었어.

다른 회사들이 그 맛을 따라잡으려고 노력하지만 안 되잖아. 대단하지!

마지막 법칙은 **기체 반응 법칙.**

이름에서도 알 수 있듯이 기체끼리 반응할 때만 성립하는 법칙이야.

화학 반응 중에서 재료와 결과물이 모두 기체인 경우만 성립되는 특이한 법칙이지.

기체는 온도와 압력에 따라 부피가 마구 변하니까, 온도와 압력이 고정된 경우에만 성립하기도 하고.

좀 많이 까다롭지? ㅎㅎ

온도와 압력이 변하지 않는 실험실에 큰 상자를 하나 가져와.

그 속에 수소 기체를 집어넣어서 꽉 채워.

수소 기체가 최대 100개가 들어갔다고 가정할게.

이젠 그 상자에서 수소 기체를 다 빼고, 산소 기체를 집어넣어.

산소 기체 몇 개가 들어갈까?

놀라지 마. 산소 기체도 100개 들어가.

수증기를 집어넣으면? 100개.

신기하지?

수증기를 만드는 반응식을 한 번 더 적어 볼게.

$$2H_2 + O_2 \rightarrow 2H_2O$$

수소와 산소가 모여 수증기를 만들 때, 수소 기체 두 개와 산소 기체 하나를 가지고 수증기 두 개가 만들어진다는 뜻이지?

수증기를 만들려면 수소는 두 상자가 필요하고, 산소는 한 상자가 필요하다는 거야.

그렇게 재료인 수소와 산소를 모두 합한 세 상자를 가지고 수증기를 만들면, 수증기 두 상자가 만들어지는 거지.

그래서 수증기를 만드는 식에서

수소 기체 : 산소 기체 : 수증기 = 2 : 1 : 2

라는 부피비가 성립해.

이걸 기체 반응 법칙이라고 해.

잘~~ 보면 부피비와 화학 반응식의 계수비가 같지?
고맙게도 계수비만 보면 부피비를 알 수 있어.
참고로 계수는 수학 시간에 배우는데, 미지수 앞에 있는 숫자를 말해.

$$3x + 4y = 10$$

여기서 x의 계수는 3, y의 계수는 4.

그럼 앞에 나왔던 암모니아를 만드는 반응은 어때?
여기도 물질이 모두 기체 상태라서 기체 반응 법칙이 성립해.

$$N_2 + 3H_2 \rightarrow 2NH_3$$

질소 기체 : 수소 기체 : 암모니아의 부피비는 얼마?
1 : 3 : 2

법칙 정리 타임!
질량 보존 법칙은 물리 변화, 화학 변화 모두 성립.
일정 성분비 법칙은 화학 변화만 성립.
기체 반응 법칙은 화학 변화 중 모든 성분이 기체인 경우만 성립.
Understand?

이제, 이 단원 마지막 내용!
화학 반응을 할 때 에너지가 출입한대.
미안해, 또 에너지야.
여기서는 열에너지를 다룰 거야.

어떤 물질이 화학 변화를 할 때 열에너지를 **방출**하는 경우가 있어.

주변에 있는 우리는 그 열을 받아서 따뜻해지지.

어떤 경우가 있을까? 손난로.

손난로를 흔들면 안에서 화학 반응이 일어나면서 열에너지를 방출해.

그 열을 우리 손이 받으니까 따뜻해지는 거야.

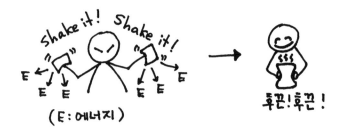

물질이 연소할 때도 어때?

연소는 불이 난다는 거니까 따뜻해지지?

농촌에서 많이 쓰는 비료에 있는 물질 중에 어떤 애는 물과 반응해서 엄청난 열을 발생시킨대.

그래서 가끔 장마철에 비가 오면 불이 나기도 한대. 어떤 성분인지 알아보고 조심해야겠지?

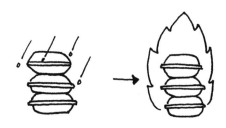

반대로, 일어나려면 에너지가 필요해서 **흡수**하는 반응도 있어.

광합성이 대표적이지.

식물 세포 속 엽록체에서 광합성을 하려면 태양의 빛에너지를 흡수해야지?

실험실 외엔 보기 힘들지만 이름도 어려운 수산화 바륨과 염화 암모늄을 반응시키면 열에너지를 엄청나게 흡수해서 주변이 꽁꽁 얼어버려.

다쳤을 때 보건실에 가면 냉찜질을 받지.

냉찜질 주머니 중에서도 그런 원리로 만들어진 게 있어.

냉찜질 주머니를 다친 부위에 대면 시원~하잖아.

그건 냉찜질 주머니 속 물질들이 반응하면서 내 몸에 있는 열에너지를 흡수해서 그런 거야.

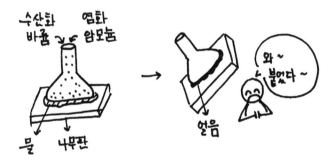

이렇게 우리 주변에서 일어나는 변화를 잘 알아야 혹시 모를 사고에 대처할 수 있겠지?

열심히 공부해서 안전해지자구!

Ⅲ-2.

날씨와 기후변화는 걱정이 조금 되긴 해

요즘 기후변화라는 말 많이 듣지?

쌤 어릴 때만 해도 우리나라는 사계절이 명확했어.

그런데 점점 두 계절만 있는 것 같아.

여름과 겨울만 남고, 갈수록 봄과 가을은 사라지는 듯해.

곧 더운 나라들처럼 우기, 건기로 나뉘게 되지는 않을까 걱정돼.

'대프리카'라는 말 들어봤어? 대구랑 아프리카를 합친 말이야.

대구가 여름에 너무 더워서 나온 말이지.

쌤이 여름 방학 때 베트남에 여행을 갔는데 세계 날씨 앱을 보니 오히려 베트남이 더 시원했어.

웃기지?

이제 열대 지방에 피서 가야 할 것 같아. 걱정이야.

우리나라에서 바나나를 키울 수 있다는 것도 알아?

너희가 어른이 되면 사과나 배를 수입해야 할 것 같고, 쌤은 은퇴해서 농촌에 가면 텃밭에 바나나랑 파인애플을 키우고….

걱정이야, 걱정.

왜 이렇게 되고 있는지 한번 알아보자구.

이 단원에선 날씨에 대한 모든 것을 알아볼 거야.

날씨 변화는 기권에서 일어나.

기권은 지구계를 이루는 다섯 가지 구성 요소 중 지구를 둘러싸고 있는 공기층이야.

지구 주변을 둘러싼 공기는 기체니까 입자들이 아주 활발하게 움직여.

근데 지구에서 멀어지지 않고 계속 붙어 있어. 이유는?

이젠 대답할 수 있을 거야. 답은?

그렇쥐! 중력 때문이지.

그렇다면 높이 올라갈수록 공기의 양은 어떨까?

당연히 줄어들겠지.

공기들은 대부분 우리가 살고 있는 낮은 곳에 몰려 있대.

에베레스트산에 등반하는 사람들을 다룬 영상을 본 적 있어?

산꼭대기에서 산소호흡기를 착용하고 있는 모습을 볼 수 있잖아.

공기가 부족해서 공기 속 산소의 양도 줄어서 그래.

게다가 에베레스트산에 올라간 사람들의 모습을 보면 전부 두꺼운 옷을 입고 있고, 눈썹과 수염에 얼음이 얼어붙은 모습을 볼 수 있잖아?

높은 곳에 가면 공기도 부족해지고, 온도도 낮아져.

그래서 과학자들이 지구를 둘러싸고 있는 공기층인 기권을 조사하기 시작했어.

기권은 대략 지표면에서 1,000km 높이까지 해당하는데 올라갈수록 온도가 낮아지는 것이 아니라 자꾸 변한다는 사실을 알게 됐어.

기구를 타고 올라가면서 온도를 측정해 보니 처음엔 온도가 낮아지다가, 다시 높아지다가, 다시 낮아지다가, 다시 높아지더라는 거야.

기권의 높이에 따라 기온이 마구 달라졌대.

그래서 달라지는 곳을 경계로 층을 나눈 거야.

몇 개로 나뉘었을까? 4개.

이걸 그래프로 그려보면 이래.

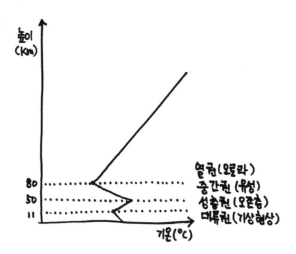

우리가 살고 있는 지표면부터 올라가면서 차례대로 대류권, 성층권, 중간권, 열권이라고 이름을 붙였어.

각 권의 특징도 시험에 종종 나오니까 잘 알아 둬.

먼저 제일 아래에 있는 **대류권**은 위로 올라갈수록 온도가 낮아지지?

그래프 볼 줄 알지? 위쪽 공기의 온도가 낮고 아래쪽이 높은 거야.

차가운 공기는 밀도가 커서, 쉽게 표현하면 무거워서 가라앉고 따뜻한 공기는 밀도가 작아서 올라가.

그럼 대류권에 있는 공기들은 순환하게 되겠지?

그걸 대류라고 한다고 배웠었었거든요~!

게다가 기권의 공기 대부분이 대류권에 있어서 수증기도 거의 대류권에 있어.

이 수증기가 나중에 구름도 만들고, 눈이나 비도 내리게 하지. 바로 기상 현상이 나타나.

몰랐지? 기상 현상은 대류권에서만 나타난다구! 다시 말하면, 대류권 위로 올라가면 눈이나 비를 맞을 수 없다는 거야.

그래서 대류권 위에 있는 성층권으로 큰 비행기들이 다녀. 비바람이나 번개를 맞지 않아서 안전하거든.

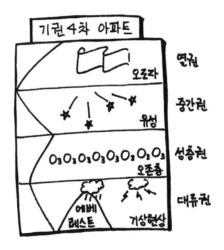

1층이 대류권이라면 2층은 성층권이라고 해.

성층권은 아래쪽 온도가 낮고, 위쪽 온도가 높잖아.

그 말은 대류가 없어서 공기들이 잘 움직이지 않기 때문에 조용~하다는 것을 의미해.

성층권 중간쯤에 오존이라는 애들이 많이 있는 곳이 있어. 여기를 오존층이라고 해.

오존은 두 얼굴이 있다고 했었지?

언제요? 그럴 줄 알았지.

앞에서 오존은 성층권에 있을 때는 태양에서 오는 자외선을 흡수하지만, 지표면에 있으면 사람들에게 호흡기 관련 병을 일으킨다고 했거든!

태양에서는 많은 종류의 빛이 와. 그중 자외선은 너무 많이 쬐면 위험해.

쌤이 학생일 때, 오존층에 구멍이 났다고 뉴스에 매일 나온 적이 있어.

다행히 지금은 오존을 파괴하는 주범을 찾았고 원인 물질을 사용하지 못하도록 해서 다행히 안정되었지.

3층은 **중간권**이라고 하고 대류권과 같이 대류를 해.

그렇지만 수증기가 거의 없어서 구름을 만들지 못해.

중간권에는 지구 중력 때문에 우주에서 떨어지는 물체들이 공기와 부딪혀서 활활 타 버려서 우리 눈에 보이는 별똥별, 유성이 만들어지는 층이야.

제일 꼭대기인 **열권**은 공기가 거의 없다고 보면 돼.

그래서 낮에 태양이 비치면 얼마 없는 공기 입자들이 태양열을 받아서 온도가 확! 올라가고, 밤에는 열을 못 받아서 온도가 확! 떨어져.

우주에서 지구로 떨어지는 눈에 안 보일 만큼 작은 입자들이 열권을 지나가면서 공기 입자들과 부딪혀서 빛을 내기도 하는데, 이걸 오로라라고 해.

지구는 태양에서 에너지를 받아서 살아가는데, 그러면 태양에 가까 울수록 온도가 높아져야 하잖아?

그런데 왜 대류권은 위로 올라갈수록 = 태양에 가까워질수록 온도가 낮아질까?

지구의 나이는 45억 살 정도 되었다고 해.

지구가 45억 년 동안 태양에서 에너지를 받기만 하고 살아왔다면 지 금 지구는 어떻게 되어야 해?

아마 오래전에 녹아 없어졌겠지?

그렇지만 지구는 아직 멀쩡하잖아?

이유가 뭐냐면, 지구가 태양에서 에너지를 받는 만큼 지구도 에너지 를 방출하고 있어서 그래.

다이어트할 때를 생각해 봐.

내 몸속에 들어오는 만큼 운동해서 에너지를 뺀다면 살이 찌지 않아.

먹는 에너지가 없애는 에너지보다 많아서 자꾸 저장되니까 살이 찌 는 거야.

지구도 마찬가지야.

태양에서 받는 에너지를 방출하지 않는다면 온도가 무한정 올라가 버려.

다행히 지구도 우주로 에너지를 방출하기 때문에 지구의 평균 기온 이 일정하게 유지되어 왔었었었었지.

지금은 어때?

평균 기온이 올라간다는 말 들었지?

어떤 사람이 그러더라. 겨우 0.1도 올라가는 것을 가지고 너무 호들갑 을 떤다고 말이야. 그 사람은 뭘 몰라.

뭘 모르냐고? 들어 봐. 라면 한 개 끓이려고 물을 끓이면 금방 끓지? 그런데 라면 10개만큼 물을 넣고 끓이려면 어때?

엄청나게 열을 줘야 하지?

그럼, 지구 전체의 온도를 1도 올리려면 열이 얼마나 필요할 것 같아?

이제 이해가 돼?

겨우 0.1도가 아니고 무려 0.1도나 올라가는 거야!

지구가 태양에서 받은 에너지만큼 방출해야 평균 기온이 일정한데, 지구를 둘러싼 기권의 공기 중에서 이산화 탄소, 수증기, 메테인 같은 애들이 지구에서 방출하는 에너지를 꿀꺽 삼키는 버릇이 있어.

지구는 열심히 에너지를 버렸는데 중간에 이런 애들이 삼켰다가 다시 지구로 방출하지.

그럼, 어떻게 돼? 지구에서 열이 잘 빠져나가지 못하겠지?

이런 일이 반복되면서 조금씩 온도가 올라가는 거야.

사람들이 편하게 살겠다고 여러 가지 물건을 만들어 내는 동안 이산화 탄소가 자연 상태에서 만들어지는 것보다 더 많이 만들어진 거지.

그러면 지구의 온도가 더 빨리 올라가겠지?

이런 현상을 지구 온난화라고 해.

한 번도 안 들어 본 사람 있다면 외계인이야.

너희 행성으로 돌아가!

지구 온난화로 인해 우리나라도 점점 이상 기후들이 나타나고 있잖아.

걱정이야, 걱정.

자, 지금부터 기권에 대해서 더 자세히 알아보고 날씨 변화를 쉽게 이해하도록 해 볼게.

먼저 지구는 위도별로 기온이 다르잖아.

지구의 자전축과 이루는 각도가 90도인 선을 위도 0도 즉 적도라고 해.

적도에서 각도를 재면 북극이 90도가 되고, 그 사이를 90개의 각도로 나눈 다음 각도가 같은 지점을 연결한 선을 위도라고 해.

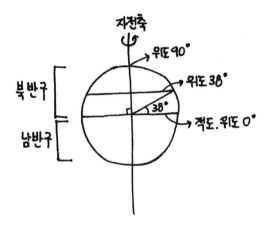

휴전선을 삼팔선이라고 하는 거 들어 봤어?

위도가 38도인 선이라는 뜻이야.

적도를 기준으로 지구를 반으로 잘라서 북쪽을 북반구, 남쪽을 남반구라고 해. 우리나라는 어디에 속하지?

그렇지, 북반구에 있어.

지구를 덮고 있는 공기들이 크게 순환하는 걸 과학자들이 알아냈어.

그걸 대기 대순환이라고 하는데, 북반구를 위도에 따라 세 부분으로 잘라서 지역마다 부는 바람의 방향이 다르다는 걸 알아냈어.

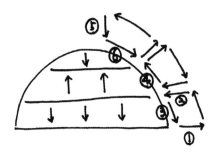

북반구를 옆에서 보면 적도 지역이 더우니까 공기가 가벼워져서 상승해(①).

상승한 공기는 퍼져 나가다가 다시 내려앉는데(②), 바닥에 부딪히면 양쪽으로 퍼져 나가게 되지(③+④).

북극에 있는 찬 공기는 무거워서 바닥으로 내려오고(⑤), 바닥을 따라 내려가다가(⑥) 반대편 공기(④)와 마주쳐서 상승하게 돼.

이렇게 큰 규모로 계속 바람이 불고 있다고 해.

실제로 지구 표면에 살고 있는 우리는 바닥을 따라 흐르는 ③, ④, ⑥ 번 바람의 영향을 많이 받게 되는 거야.

이 바람들은 지구가 자전하니까 똑바로 못 불고 휘어져서 불게 돼.

정리하면 그림처럼 커다란 바람 세 종류가 북반구 하늘에서 불고 있으니 잘 기억해 둬.

세 종류의 바람 중 우리나라는 어느 바람의 영향을 가장 많이 받을까?

그래, **편서풍**의 영향을 제일 많이 받아.

편서풍은 서풍이야.

서풍은 서쪽에서 동쪽으로 부는 바람이라는 뜻이지?

우리나라 서쪽에는 어느 나라가 있어?

중국이 있지.

그래서 중국에서 미세먼지가 많이 날아오는 거야.

마찬가지로 우리나라에서 만든 미세먼지는 일본 방향으로 날아간다는 말이지.

전 세계가 같이 지구를 보호하기 위해 노력해야 한다는 거 알겠어?

이렇게 큰바람이 계속 불면 바닷물도 바람 따라 흘러가잖아?

그렇게 만들어진 바닷물의 흐름을 해류라고 해.

들어봤지? 해류에 대해선 뒤에서 더 자세히 배울 거야.

적도의 더운 공기가 윗지방으로 가면 윗지방은 열을 전달받게 되는 거잖아?

해류도 마찬가지야.

따뜻한 지역의 바닷물이 차가운 지역으로 이동하면서 열을 전달하는 일을 해 줘.

이렇게 바람과 바닷물이 열을 전달해 주지 않으면 적도는 계속 더워지고, 극지방은 계속 차가워져서 적도 지방과 극지방에는 아무 생명체도 살 수 없을 거야.

다행히 대기 대순환이 있어서 바람과 해류가 같이 지구의 열을 골고루 나누어 주는 역할을 해서 우리가 잘 살 수 있는 거야. 고맙지?

지구가 정말 똑똑한 것 같지 않아?

자, 이제부턴 날씨에 더 직접적으로 영향을 끼치는 **구름과 강수 과정**

에 대해 알아볼 거야.

잠깐 OX 퀴즈!

구름은 하늘 높이 떠 있는 수증기 덩어리이다!

O? X?

정답은 나중에…. ㅋㅋㅋ

일단 구름을 만들려면 공기 속에 수증기가 많이 있어야 해.

그래서 공기 속에 수증기가 얼마나 들어 있는지를 먼저 알아볼 건데, 하기 싫지?

지금 하기 싫으면 나중에 학교 수업 시간에도 하기 싫어진다?

지금 한 번 봐 두면 수업 시간에 편안~하게 들을 수 있어.

우리가 보통 보는 공기 속에는 어떤 기체가 가장 많아?

1등은 질소, 2등은 산소.

질소와 산소가 99% 이상을 차지하고 있어.

나머지 쬐~끔 있는 틈 사이에 다른 기체들이 들어가 있는 거야.

이런 공기 속을 수증기가 비집고 들어갈 건데, 무한정 들어갈까? 그건 아니겠지?

밥 먹을 때를 생각해 봐. 보통 밥을 한 공기 먹으면 배가 차는데, 어떤 날은 한 공기가 다 들어가지 않는 날도 있고, 또 어떤 날은 두 공기를 먹어야 배가 차는 날도 있지?

사람들은 대부분 기분에 따라 달라지는 것 같은데, 공기는 어떨까?

과학자들이 실험해 보니 온도에 따라 달라지더래. 신기하지?

질소와 산소로 가득 차 있는 공기 1kg을 가져와서 수증기를 넣어 본 거야.

들어갈 수 있을 때까지 수증기를 최대한 밀어 넣은 상태를 포화 상태(배가 꽉 차서 더 이상 아무것도 먹지 못하는 상태)라고 하고, 그때의 수증기량을 포화 수증기량이라고 해.

참고로 수증기가 더 들어갈 수 있는 상태(덜 찬 상태)는 포화하지(꽉 차지) 않았다는 의미로 불포화 상태라고 해.

너희 뱃속은 항상 불포화 상태지? ㅎㅎ

너희 배를 치킨으로 가득 채울 경우 포화 치킨량은 몇 마리야? 포화 라면량은?

포화 수증기량은 온도에 따라 달라져. 그래서 과학자들은 온도를 조금씩 올리면서 수많은 실험을 했어. 그렇게 각 온도에 따른 포화 수증기량을 찾아낸 거야.

그렇게 해서 나온 결과 그래프는 이렇게 생겼어.

쌤은 이 그래프로 문제 100개도 낼 수 있어.

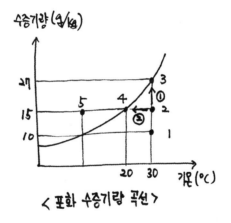

< 포화 수증기량 곡선 >

그래프가 오른쪽으로 갈수록 위로 올라가지?

기온이 높아질수록 포화 수증기량이 많아진다는 뜻이야.

쌤이 그래프에 점 4개를 찍었어(5번은 나중에 설명할게).

4개 중에서 포화 상태가 두 개고, 불포화 상태가 두 개야. 맞혀봐.

1, 2번 공기는 불포화 상태이고 3, 4번 공기는 포화 상태를 의미해.

그래프에서 선에 점이 찍힌다는 건 포화 상태를 뜻하고, 선보다 아래에 점이 찍힌다는 건 불포화 상태를 뜻해. 알겠어?

그럼, 다른 질문.

내 방이 현재 4번 상태라면, 현재 온도는 얼마이며, 내 방 공기 1kg 속에 들어 있는 수증기량은 얼마야?

4번 점을 아래로 내려보면 20℃이고, 왼쪽으로 가 보면 공기 1kg 속에 수증기가 15g이 들어 있다는 걸 알 수 있어.

이해가 좀 돼? 그래프 해석이 좀 어렵지?

만약 지금 너희가 있는 곳의 온도를 쟀더니, 온도가 30℃이고, 공기 1kg 속에 수증기가 15g이 들어 있다면 그래프에서 몇 번 상태일까?

온도와 수증기량이 만나는 지점을 찾으면 2번이 되지.

그럼 너희가 있는 곳의 공기 상태는 포화, 불포화?

그래, 온도가 30℃일 때는 수증기가 27g이 있어야 포화 상태야.

근데 15g이 들어 있으니 불포화 상태인 거야.

만약 이 공기를 굳이~~~ 포화 상태로 만들고 싶다면 어떻게 해야 할까?

일단 수증기를 더 넣어줄 수 있겠지? 얼마나?

27g-15g = 12g이니까 공기 1kg당 수증기를 12g씩 더 넣어줘야 해(①).

한 가지 방법이 더 있지?

수증기를 더 넣기는 힘드니까 온도를 낮추는 거야.

얼마나 낮추면 될까?

수증기 15g이 포화 상태가 되는 온도를 찾아보면 20℃잖아? 그러니까 20℃가 되면 되겠지?

즉, 온도를 30℃-20℃ = 10℃만큼 더 낮추어 주면 되지(②).

공기 속 수증기량은 날씨 변화에 아주 큰 영향을 끼쳐.

그래서 포화, 불포화에 대해 알아봤어.

공기가 얼마나 가득 찼는지 알 수 있는 방법이 있어.

포화 수증기량 곡선에서 1번과 2번 상태를 비교해 보면 누가 더 포화 상태에 가까워? 2번이지.

그건 무슨 말이냐면, 3번이 되면 공기 속에 수증기가 꽉 차는데 2번은 조금 덜 찼고, 1번은 많이 덜 찼다는 거야.

이렇게 공기 중에 수증기량이 얼마나 찼는지를 알 수 있는 걸 상대 습도라고 해.

습도는 공기의 축축한 정도라고 생각하면 돼.

우리나라 여름이 더운 이유는 습도가 높아서야.

습도가 높다는 말은 공기가 매우 축축하다는 뜻이고, 이는 공기 속에 수증기가 많이 들어 있다는 얘기야.

습도가 높으면 왜 더운지 알아?

여름에 아프리카 사람들이 우리나라에 와서 쪄 죽겠다고 하는 거 들어봤지? 대프리카라는 말이 괜히 나온 게 아니야.

우리는 기온이 높으면 더위를 느끼지.

더울 때 피부 표면에서 땀이 나잖아?

땀이 나면 증발을 해.

증발은 상태 변화 중 기화야.

자, 그러면 땀이 증발할 때(기화할 때) 열을 흡수할까, 방출할까?

기억해 내, 빨리!

액체는 기체가 되려면 더 열심히 움직여야 하니까 열이 더 필요하겠지?

땀은 우리 몸에서 나니까 증발할 때 우리 몸에 있는 열을 흡수해서 증발해.

그러면 체온이 조금 낮아지면서 시원해지는 거야.

근데 땀이 수증기로 변해서 증발하려고 하는데, 이미 공기 중에 수증기가 꽉 차 있으면 증발할 수 있을까?

(🐻 : 수증기)

당연히 없겠지.

그럼 어떻게 되겠어?

증발하지 못한 땀이 그냥 흘러내리는 거지. 줄~~줄~~.

으~~ 생각만 해도 찝찝하고 덥지?

여름엔 땀이 증발만 잘해도 시원해.

우리나라는 여름에 그늘로 가도 후덥지근하지만, 사막 지역은 건조하니까 땀이 나오자마자 바로 증발해 버려.

더워 보이는데 사막 지역 사람들이 오히려 옷으로 몸을 다 감싸고 있는 거 봤지?

< 사막 >　　< 우리나라 >

반대로 우리나라는 여름에 가급적 땀 증발이 잘되도록 옷을 짧거나 헐렁하게 입어야 해.

한 교실에 30명이 들어간다고 가정해 보자.

30명이 다 차 있으면 좀 답답하지?

15명 정도 있으면 조금 낫고, 몇 명만 있으면 시원~하잖아?

상대 습도라는 개념도 그런 거야.

내가 있는 곳 공기 1kg 속에 수증기가 최대로 들어갈 수 있는 양은 정해져 있겠지?

온도를 잰 다음에 포화 수증기량 곡선에서 찾으면 돼.

만약 그만큼 수증기가 다 들어차 있다면 정말 찜찜하겠지?

반만 차 있다면 좀 나을 거고, 수증기가 너무 없다면?

그것도 위험해.

내가 있는 곳에 수증기가 너무 적어서 건조한 상태라면 내 몸에서 땀이 너무 빨리 증발해 버려.

그래서 몸이 건조해지는 거지.

에어컨 한 대랑 선풍기 20대가 비슷하다지만 에어컨 한 대가 더 시원해.

왜냐하면 선풍기는 바람만 만들어서 내 몸에서 땀이 빨리 증발하도록 도와주지만, 에어컨은 그 공간에 있는 공기를 모조리 빨아들인 다음 수증기를 없애버리고 시원하게 만든 다음 다시 공기를 내뿜거든.

이집트 미라가 어떻게 생겼는지 알지?

이집트가 사막 지역이라서 건조하기 때문에 2,000년이 넘는 시간 동안 미라가 보존될 수 있었던 거야.

습도라는 개념이 우리한테 얼마나 중요한지 이제 알겠지?

이제 이론으로 가 보자구.

상대 습도는 현재 기온에서의 포화 수증기량에 비해 실제 포함된 수증기가 얼마나 있는가를 백분율(%)로 나타낸 거야.

$$상대\ 습도 = \frac{실제\ 수증기량}{현재\ 기온의\ 포화\ 수증기량} \times 100$$

그럼 포화 수증기량 곡선에서 2번 공기 기억나?

앞으로 가서 찾아 보고 2번 공기의 상대 습도가 대략 얼만지 구해 볼까?

$$2번\ 공기의\ 상대\ 습도 = \frac{15}{27} \times 100 = 55$$

55% 정도가 나오지?

그 정도면 생활하기 딱 좋아.

하루 24시간 중 기온이 가장 낮은 건 몇 시쯤이게?

밤 12시와 오전 6시 중 하나 골라 봐.

지구가 따뜻한 이유는 태양 덕분이지?

태양이 뜨면 태양 에너지를 받아서 점점 기온이 올라가고, 태양이 지면 에너지를 못 받으니까 점점 기온이 내려가거든.

그럼 하루 중 언제가 제일 추울까?

해뜨기 직전이겠지? 오전 6시쯤.

포화 수증기량 곡선 다시 페이지 넘겨서 찾기 힘드니까 한 번 더 그려줄게. 옛다!

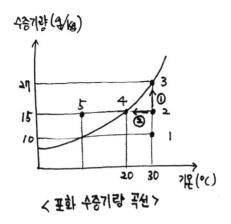

< 포화 수증기량 곡선 >

그럼, 해가 지고 나서 계속 기온이 내려가다 보면 2번 공기가 4번 공기가 될 수도 있겠지?

여기서 안 멈추고 더 내려가면?

만약 5번이 되어 버리면 어떻게 될까?

5번 공기는 수증기 15g을 갖고 있을 수가 없어.

5번만큼 온도가 낮아지면 포화 수증기량은 10g이잖아.

그래서 수증기 5g은 공기 속에서 나가야 해.

공기 속에서 나가야 하는 거면 기체 상태가 아니면 되잖아?

그래, 액체로 액화(응결)되는 거야.

이렇게 만들어진 물방울이 잔디에 붙어 있으면 우린 그걸 이슬이라고 불러.

그럼 2번 공기가 이슬을 만들기 시작하는 온도는 몇 도야?

2번 공기가 온도가 내려가서 4번 공기가 되자마자 이슬이 만들어지기 시작하겠지?

그래서 이 온도를 **이슬점**이라고 불러.

이슬점은 공기가 온도가 떨어져서 포화 상태가 된 후 물방울이 만들어지기 시작하는 온도를 말해.

이슬점은 다들 이해하기 어려워하니까 어렵다고 짜증 내도 괜찮아.

마구마구 짜증 내~.

이슬이 만들어지는 걸 알아봤으면 이제 구름도 만들러 가 볼까?

이슬이랑 구름, 안개가 만들어지는 원리는 거의 비슷해.

수증기를 포함하고 있던 공기가 온도가 떨어져서 무슨 상태가 되면 응결이 시작된다?

응결은 액화를 말해. 수증기가 물방울이 되는 것.

수증기를 포함하고 있던 공기가 온도가 떨어져서 포화 상태가 되면 응결이 시작되고, 온도가 더 떨어지면 물방울이 마구마구 만들어지거든.

이 물방울이 주로 나뭇잎에 맺혀 있으면 **이슬**이라고 부르고, 공기 중에 물방울이 생겨서 내 눈앞을 흐리게 하는 것은 **안개**라고 부르고, 내 손이 닿지 않는 저 높은 하늘에 있으면 **구름**이라고 불러.

그럼, 저~ 앞에서 쌤이 냈던 OX 문제의 답은 뭐야?

문제가 뭐냐고?

좋아, 여기까지 열심히 했으니 한 번만 친절해 주지.

구름이란 하늘 높이 떠 있는 수증기 덩어리이다. O? X?

정답은 X지. 수증기는 눈에 보이지 않아.

하늘 높이 떠 있는 물방울에다 추운 지방에는 얼음 알갱이도 있어.

신기하지?

지금부터 **구름**이 어떻게 만들어지는지 시~작!

일단 구름이 만들어지려면 공기 속에 수증기도 많이 있어야 하지만, 공기가 상승해야 해.

공기가 상승하는 방법에는 대략 네 가지가 있는데, 이거 시험에 잘 나온다. 잘 봐둬.

먼저, 우리가 살고 있는 지표면은 다양하게 이루어져 있잖아?

육지와 바다, 도시와 시골, 시멘트 바닥과 아스팔트 바닥, 모랫바닥과 잔디밭 등등….

그러다 보니 낮 동안 똑같은 태양 에너지를 받아도 어떤 부분은 더 온도가 빨리 올라가는 거야.

대표적으로 어디? 아스팔트.

아스팔트는 검은색이어서 햇빛을 많이 흡수하지.

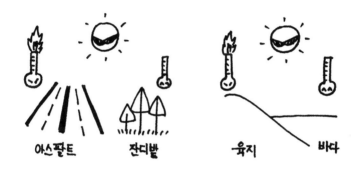

한여름 달궈진 아스팔트에 달걀 프라이 해 봤어?

물론 먹으면 안 돼.

우리가 사는 지표면은 이렇게 다양한 성질을 가지고 있어서 특정 부분이 빨리 가열될 때가 있어.

그럼 그 부분에 있던 공기도 온도가 더 높겠지?

주변보다 온도가 높은 공기는 밀도가 커져서 가벼워져서 위로 올라가. OK?

두 번째는 공기가 이동하다가 큰 산을 만난 거야.

공기가 산을 뚫고 지나갈까?

아니겠지. 산을 타고 올라가게 되는 거야.

세 번째는 따뜻한 공기와 찬 공기가 이동하다 만난 거야. 공기들은 잘 안 비켜주거든.

근데 두 공기는 온도가 다르니까 어떤 공기가 가벼워서 밀려 올라갈까? 그래, 따뜻한 공기가 상승하게 돼.

네 번째, 공기는 늘 이동하다 보니 주변보다 공기량이 적은 곳이 있어.

공기는 물과 비슷해서 양이 적은 곳이 있으면 채워 주러 흘러가.

그럼 주변보다 공기량이 적은 곳을 채워 주려고 주변에서 공기가 한꺼번에 몰려들다 보니 상승할 수 있는 거야.

이렇게 네 가지 중 하나인 경우가 발생하면 공기가 위로 올라가겠지?

하늘 높이 올라갈수록 공기의 양은 어떻다고 했어?

줄어든다고 했지?

근데, 바닥에 있다가 상승하는 공기는 양이 그대로야.

그럼 올라갈수록 상승하는 공기가 힘이 세져서 주변 공기를 밀어내는 거지.

그럼 상승하는 공기의 부피가 점점 커져.

공기의 부피가 커지는 일을 했다는 말은 공기 입자들이 가지고 있던 에너지를 써 버렸단 뜻이지?

이제 에너지는 지긋지긋하지?

공기 입자들이 가지고 있던 에너지가 줄어들게 되니까 공기 입자들의 온도가 낮아져.

이런 현상을 어려운 말로 **단열 팽창**이라고 해.

어렵지만 알아 둬. 당연히 한자로 만들어진 단어겠지?

단열과 팽창을 나누어서 보자. 단열은 열을 차단한다는 뜻이야. '끊을 단(斷)' 자를 써. 팽창(膨脹)은 부풀어서 커진다는 뜻이야.

상승하는 공기를 풍선 속 공기라고 생각하면 좀 더 이해가 잘될 거야.

자, 그럼 계속 이어서~ 상승하면서 단열 팽창하는 공기가 멈추지 않고 계속 올라가.

그럼 공기의 온도도 계속 내려가겠지?

그러다 결국 온도가 어느 점에 도달한다?

생각해 봐! 할 수 있어!

그래, 이슬점에 도달하겠지.

여기서 더 상승해서 온도가 더 내려가면?

응결이 시작되면서 하늘 위에 물방울이 맺히는 거야.

더 올라가다가 영하로 내려가면 수증기가 승화해서 고체인 얼음 알갱이가 돼.

이렇게 물방울과 얼음 알갱이가 하늘 위에 둥실둥실 떠 있으면 우리가 볼 수 있는 구름이 되는 거야.

신기하지?

이때 상승을 아주 세게 해서 구름이 길쭉하게 덩어리처럼 쌓여서 생기면 **적운형** 구름이라고 하고, 상승이 약하면 옆으로 퍼져서 얇고 넓은 구름이 층층이 생기는데 이걸 **층운형** 구름이라고 해.

파란 하늘에 양 모양, 하트 모양, 모자 모양 구름이 있으면 적운형 구름이고, 하늘을 쳐다봤는데 하늘이 다 가려져서 하늘이 보이지 않으면 층운형 구름이구나 생각하면 돼.

쌤 때는 구름 종류 10가지를 배웠는데, 너희는 크게 나눈 두 가지만 배우네. 아유~ 배 아파!

구름을 만들었으니 이제 눈과 비를 만들러 가자!

구름 속에 얼음 알갱이와 물방울이 만들어진다고 했지?

구름이 하늘에 오래 떠 있으면 물방울이 다시 증발해서 수증기가 만들어져.

이 수증기들이 얼음 알갱이에 가서 달라붙는 거야.

계속 달라붙으면 점점 커지겠지?

그렇게 커진 덩어리가 무거워져서 그대로 땅으로 떨어지면 눈이 되는 거야.

눈 결정 모양 정말 다양하지?

수증기들이 얼음 알갱이에 달라붙으면서 그런 멋진 모습들을 만든다고 해.

눈이 떨어지다가 지표면이 따뜻하면 녹아 버리겠지?

그렇게 떨어지는 게 비가 되는 거야.

이렇게 해서 눈과 비가 만들어진다고 설명하는 학설을 빙정설이라고 해.

빙정은 얼음 알갱이라는 뜻이지.

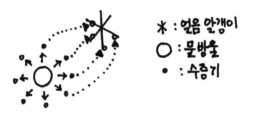

그런데! 열대 지방 하늘에서는 구름 속에 얼음 알갱이를 만들 수가 없어.

표면이 너무 더워서 아무리 올라가도 영하가 되지 않거든.

그래서 과학자들이 고민한 거야.

알고 보니 열대 지방은 더워서 공기가 빨리 상승하다 보니 구름 속에 만들어진 물방울끼리 움직이면서 잘 뭉쳐지는 거야.

그럼 시간이 지날수록 물방울이 커지겠지?

그렇게 해서 무거워지면 비가 내린다고 해.

이렇게 말하는 걸 **병합설**이라고 해.

병합은 합쳐진다는 뜻이야.

구름과 비가 오는 것만 해결하면 날씨가 끝난 게 아니야.

아직 몇 가지를 더 알아야 날씨에 대해 할 만큼 했다고 할 수 있어.

먼저 기권을 이루고 있는 공기에 대해 더 자세히 알아볼 거야. 공기 입자들은 계속 움직인다고 했지?

움직이다 보면 물체들의 표면에 계속 부딪히는 거야.

많은 수의 공기 입자가 부딪히면 그 물건은 공기에 의해 눌러지는 힘, 즉 압력을 받게 되고, 기체가 주는 압력이라서 **기압**이라고 불러.

지표면에서 받는 기압은 **1기압**이라는 말 들어 봤어?

숫자가 작다고 무시하면 안 돼. 1기압은 아주 무시무시한 힘이야.

기압에 대해서는 1600년대에 벌써 알고 있었거든.

독일에 있는 마그데부르크라는 도시에서 한 과학자가 쇠로 된 구 모양을 반으로 자른 모습의 반구 두 개를 맞대고 내부에 있는 공기를 진공 펌프로 다 뺀 다음 양쪽에서 잡고 당기게 한 거야.

통 밖에서는 공기가 1기압으로 누르고 있는데 통 속은 공기를 다 뺐기 때문에 밖을 향해 누르는 힘이 없어.

결국 통을 떼어내려면 1기압만큼의 힘을 줘야 떨어지는 거지. 힘의 작용 기억나지?

밖에서 1기압으로 누르면 반대 방향인 안에서도 1기압으로 눌러줘야 열리겠지?

사람의 힘으로는 당연히 안 되고, 말 16마리가 8마리씩 양쪽에서 당겨서 겨우 여는 데 성공했다고 해.

우리는 태어날 때부터 그런 대단한 힘을 받고 있는 거야.

그런데 어째, 우리는 찌그러지지 않지?

이유는 1기압과 반대 방향으로 즉, 몸속에서 밖으로 작용하는 힘을 갖고 태어나서 그래.

그래서 우주복을 입지 않고 우주에 나가면 우리 몸속에서는 밖으로 1기압만큼의 힘을 주고 있는데, 우주엔 공기가 없어서 기압이 없으니까 몸이 터져 버려.

우주에 나갈 땐 우주복 꼭 입고 나가기!

기압은 공기가 만드는 힘이니까 공기가 많으면 기압이 높아지겠지?

공기는 늘 움직이니까 공기가 많은 곳도 있고 적은 곳도 있잖아.

높이에 따라서는 어떨까, 당연히 알고 있겠지?

기권에서 공기가 어디에 많이 모여 있댔지?

지표면 가까이에 즉, 대류권에 대부분이 있다고 했지?

당연히 기압은 높이 올라갈수록 낮아지고.

그럼 같은 높이에서는 어때?

너희가 살고 있는 곳이랑 쌤이 살고 있는 곳이 공기량이 같아서 기압이 같을까?

아니겠지?

그럼 기압이 높은 곳과 낮은 곳이 생기는데, 공기는 기압이 낮은 곳에서 높은 곳으로 이동할까, 아님 반대로 이동할까?

공기는 물과 비슷하다고 했지.

물이 많은 곳에서 적은 곳으로 흐르듯이 공기도 그래.

이렇게 공기가 많은 곳에서 적은 곳으로 이동하는 걸 **바람**이라고 해.

두 지점의 기압 차가 클수록 바람의 세기는 어떨까?

당연히 빨라지겠지? 바람의 세기를 풍속이라고 해.

바람이 불어오는 방향을 풍향으로 나타내고.

앞 '쉬어가기'에서 방위에 대해 얘기한 거 기억나?

기억나지 않으면 찾아보고 와.

풍향은 (헷갈리지만) 불어오는 쪽의 이름을 불러.

대기 대순환에서 우리나라 하늘에 부는 바람이 편서풍이라고 했거든.

편(偏)은 치우쳐서 분다는 뜻이고, 서풍이야.

서풍은 어디서 어디로 부는 바람?

서쪽에서 반대쪽인 동쪽으로 부는 바람이란 뜻이지.

그럼, 남동풍은 어디서 어디로?

남동쪽에서 반대쪽인 북서쪽을 향해 불어.

바닷가에서도 바람이 부는데 하루에 두 번 풍향이 바뀌어.

앞에서 비열에 대해 배웠던 거 기억나?

육지와 바다 중 어디가 더 비열이 작아서 빨리 더워지고 빨리 식어? 기억 안 나면 한여름 바닷가 모래사장과 물속을 생각해 봐.

낮에는 육지가 더 빨리 더워지지?

그럼 바다 위 공기보다 육지 위의 공기가 더 뜨거워서 밀도가 작아지니까 가벼워져서 위로 올라가겠지?

공기가 옆으로, 즉 수평 방향으로 움직이면 **바람**이라고 하고 위아래로, 즉 수직 방향으로 움직이면 **기류**라고 불러.

위로 올라가면 상승 기류, 내려오면 하강 기류.

낮에 육지 위 공기는 상승 기류가 되는 거야.

그럼 육지 위 공기가 위로 가 버리니까 공기가 적어지겠지?

여기를 채워 주려고 바다에서 공기가 오는 거야.

바다에서 육지를 향해 오는 바람이니까 '바다 해(海)'를 써서 해풍이라고 해.

밤에는 반대 현상이 나타나겠지?

육지에서 바다를 향해 부니까 육풍이라고 불러.

밤엔 육풍, 낮엔 해풍을 합쳐서 해륙풍이라고 해.

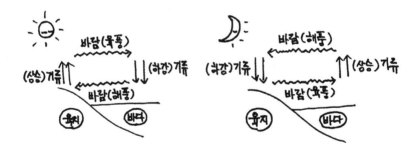

자, 이젠 우리나라에 영향을 주는 커다란 공기 덩어리인 **기단**에 대해 다룰 차례입니다!

기단은 그냥 큰 게 아니고 엄~~~청 커!

우리나라 정도는 덮고도 남는 정도의 크기를 가진 공기 덩어리가 한 지역에 오래 머무르면 그 지역의 기온과 습도를 닮아 가게 돼.

열대 지방에 오래 머무르는 공기는 당연히 온도가 높겠지?

바다 위에 오래 머무르는 공기는 당연히 습도가 높겠지?

그런 큰 공기 덩어리가 우리나라를 덮으면 그 기단의 기온과 습도의 영향을 받아 우리나라 날씨가 변해.

우리나라에 영향을 주는 기단만 알면 되겠지?

굳이~~~ 더 알고 싶은 사람은 인터넷 검색해 봐.

우리나라에 영향 주는 기단은 4개 정도만 알면 돼.

우리나라를 기준으로 x축과 y축을 그으면 사분면이 4개 나오잖아? 사분면 다 알지?

사분면마다 기단이 하나씩 있어.

기단 이름과 성질, 우리나라에 영향을 주는 계절 정도 알면 돼.

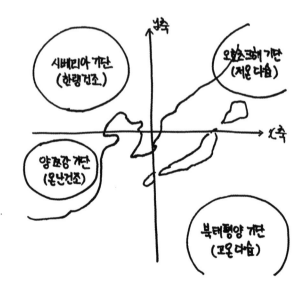

먼저 1사분면에 있는 오호츠크해 기단. 그쪽 바다 이름이 오호츠크해라고 한다는군.

북쪽이니까 당연히 저온이겠지?

바다 위에 있으니 당연히 습도가 높겠지?

그래서 성질을 저온 다습이라고 해.

2사분면은 시베리아 지역이지? 그래서 시베리아 기단이라고 해.

추운 지역에다 육지 위에 있으니, 습도가 낮아서 건조하겠지?

너무 춥고 차가워서 그냥 저온이라 하지 않고 한랭이라고 해.

한랭 건조.

3사분면에는 중국에 있는 커다란 강 이름을 딴 양쯔강 기단이 있어.

춥지도 덥지도 않은 지역이니까 온난이라고 하고, 육지 위에 있으니 당연히 건조하겠지.

온난 건조.

마지막 4사분면은 태평양 바다 위이면서 북쪽이니까 북태평양 기단이라고 불러 주고.

적도 가까이 있으니 당연히 엄청 덥겠지?

바다 위니까 엄청나게 습하겠지?

고온 다습.

기단의 성질만 비교해 봐도 우리나라에 영향을 주는 계절을 바로 알겠지?

봄과 가을은 누굴까? 바로, 양쯔강 기단.

겨울은? 당연히 시베리아 기단.

여름은? 당연히 북태평양 기단.

그럼 오호츠크해 기단은?

얘는 초여름 우리나라에 영향을 끼쳐.

북태평양 기단과 만나서 장마철의 원인이 되어 1학기 기말고사 때마다 찝찝하게 비 맞으며 시험 치러 학교에 가기 싫게 만드는 애야.

기단끼리 만나다 보면 찬 공기와 따뜻한 공기가 만날 때가 많거든.
그럼 이렇게 기온이 다른 공기가 만나면 잘 섞일까, 섞이지 않을까?
어때? 이젠 쌤 질문의 의도 정도는 알아맞혀야지?
잘 섞이지 않아.
대중탕 잘 안 가지?
가끔 온천에 가서 탕에 들어가면 할아버지나 할머니들이 뜨거운 물을 마구마구 틀어도 뜨거운 물이 잘 섞이지 않아서 목욕탕 바가지로 탕을 휘젓는 모습 본 적 있어?
공기도 마찬가지야.
찬 공기와 따뜻한 공기가 만나면 잘 섞이지 않고 경계선이 만들어져.
이 경계선을 전선이라고 해.
전선을 경계로 한쪽은 찬 공기가 덮고 있는 동네, 반대쪽은 따뜻한 공기가 덮고 있는 동네.

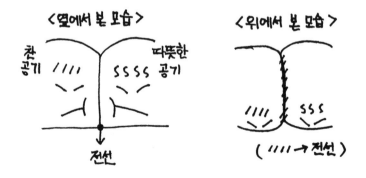

근데 이 전선이라는 게 움직이면 날씨가 확확 변하거든.

그래서 전선에 대해서도 꼭 알아 둬야 해.

전선은 총 네 가지이지만 두 가지만 제대로 알면 돼.

먼저 따뜻한 공기가 한 지역에 가만히 있었는데, 찬 공기가 몰려와서 따뜻한 공기를 밀어내는 경우 두 공기의 경계선을 **한랭 전선**이라고 해.

찬 공기는 따뜻한 공기보다 밀도가 크잖아?

그래서 따뜻한 공기의 아래쪽을 파고들면서 밀고 가.

그러면 따뜻한 공기는 밀려 올라가겠지?

찬 공기가 좀 세게 밀고 가거든.

그럼 따뜻한 공기가 밀려 올라가는 속도가 빠를 거니까 어떤 구름이 만들어질까?

적운형 구름이지. 적운형 구름은 두꺼운 구름이니까 비를 조금 만들까, 많이 만들까?

그렇취! 많이 만들겠지?

그래서 한랭 전선이 지나갈 땐 소나기처럼 강한 비가 내리게 되는 거야.

반대로 찬 공기가 놀고 있던 곳에 따뜻한 공기가 밀고 와서 생기는

경계선은 **온난 전선**이라고 해.

따뜻한 공기는 찬 공기의 아래쪽을 파고 들어가지 못하고, 오히려 찬 공기의 위로 올라가면서 천천히 밀고 가는 거야.

그럼 상승 속도가 느리니까 퍼지는 구름이 생기지?

층층이 퍼진 층운형 구름이 생기면 비를 조금 만들어.

그럼 어떤 비? 이슬비처럼 약한 비가 오래 내리는 거야.

만약 전선 두 개가 생겼는데 앞에 온난 전선이 있고 뒤에 한랭 전선이 있다고 생각해 봐.

어느 전선이 더 빠르다고 했어?

그래, 한랭 전선!

한랭 전선이 빨리 이동해서 온난 전선을 잡아 버리면 전선 두 개가 겹쳐서 경계가 사라져 버려.

이런 전선을 이름도 어려운 **폐색 전선**이라고 해.

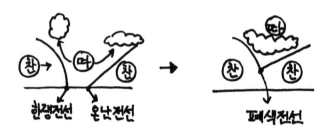

마지막 하나는 찬 공기와 따뜻한 공기가 반대 방향에서 오다가 만났을 경우야.

두 공기는 잘 섞이지도 않는데 누가 비켜 줄까?

서로 안 비켜 주겠지? 그래서 한 지역에 오래 머물러.

차를 타고 길을 가다 차가 막히면 교통이 정체된다고 하지? 이런 전선을 **정체 전선**이라고 해.

기단에 관해 이야기할 때 나왔던 북태평양 기단과 오호츠크해 기단이 만나면 정체 전선이 만들어져.

근데, 그 두 기단은 둘 다 바다 위에 있어서 수증기가 엄청 많잖아.

그래서 우리나라 주변에 생기는 정체 전선은 비가 엄청 많이 내려.

그래서 장마 전선이라고도 불러.

기단과 전선이 날씨에 영향을 많이 끼친다는 거 알겠지?

이제, 진짜 마지막!

날씨는 기단과 전선뿐만 아니라 기압 때문에 변하기도 해.

기압은 앞에서 봤지만, 용어 정리만 좀 할게.

주변보다 기압이 높은 곳이 있어.

그걸 '높을 고(高)'를 써서 **고기압**이라고 해.

그럼, 주변보다 기압이 낮은 곳은? '낮을 저(低)'를 써서 **저기압**이라고 하지.

고기압은 주변보다 기압이 높다고 했지?

그럼 기압이 낮은 주변으로 바람이 불어 나가겠지?

바람이 불어 나가면 그곳을 채우기 위해 하늘 위에서 공기가 내려오는 거야.

그걸 뭐라고 했더라? 하강 기류.

저기압인 곳이 있으면 주변에서 바람이 불어 들어오겠지?

자꾸 불어 들어올 테니까 공기들이 밀려서 하늘로 올라가는 거야.

무슨 기류? 상승 기류.

공기가 상승하면 뭘 만들 가능성이 크다?

그래, 구름.

즉, 저기압이 있는 곳은 구름이 만들어질 가능성이 높으니까 구름이 생기고 눈이나 비가 오는 날씨, 흐림이지.

반대로 고기압은 하강 기류가 있으니 구름이 만들어지지 못하는 맑음.

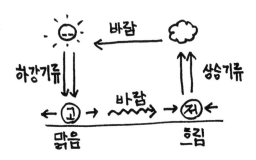

이제 좀 쉬워졌지?

우리나라 같은 중위도 지역은 북쪽의 차가운 공기와 남쪽의 따뜻한 공기 사이에 있어서 전선을 데리고 다니는 저기압이 만들어져. 그걸 온대 저기압이라고 해. 시험에 무조건 나와.

온대 저기압 시험에 안 내는 선생님 없어.

온대 저기압은 중위도에서 생기기 때문에 대기 대순환에서 어떤 바람의 영향을 받을까? 기억해 봐.

편서풍의 영향을 받아서 서쪽에서 동쪽으로 이동해.

온대 저기압이 만들어져서 사라지기까지 대략 일주일 정도 걸리는데 일주일 동안 동쪽으로 움직이면서 지나가는 곳마다 날씨를 마구마구 변하게 해.

온대 저기압을 하늘에서 본 모습을 그려볼게.

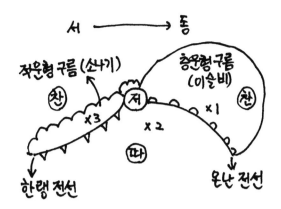

온대 저기압은 서쪽에 한랭 전선, 동쪽에 온난 전선이 있어.

한랭 전선과 온난 전선의 날씨에 관해서는 앞에서 얘기했고.

그럼 그림에 있는 1, 2, 3번 지역 날씨 한번 알아볼까?

1번 지역은 온난 전선의 앞쪽에 찬 공기가 덮고 있는 지역이야.

그러니까 기온은 낮고, 층운형 구름이 만들어져 있고 이슬비가 부슬부슬 내리고 있어.

2번 지역은 한랭 전선과 온난 전선 사이, 따뜻한 공기가 있는 지역이니까 당연히 맑고 따뜻해.

3번 지역은 한랭 전선의 뒤쪽 찬 공기 구역이니까 기온이 낮고 적운형 구름에서 소나기가 강하게 내리고 있어.

일기예보 할 수 있겠지?

시간이 지날수록 서쪽에서 동쪽으로 이동한다고 했으니까 1번 지역의 날씨 변화가 예상되지?

1번 지역은 지금은 이슬비가 오고 있지만 시간이 지나면 따뜻해지면서 맑아졌다가 다시 기온이 떨어지면서 소나기가 올 거야.

어때, 할 만해?

적도 가까이 바다 위에서 저기압이 만들어지면 **열대 저기압**이라고 해. 그중에서 바람이 너무 센 걸 태풍이라고 불러.

태풍은 여름이나 초가을에 우리나라를 지나가. 조심하지 않으면 큰 피해를 보게 돼.

태풍은 중심에서 오른쪽 피해가 커. 바람으로 영향이 강해지기 때문이야.

그래서 태풍이 지나갈 땐 일기예보를 잘 보다가 태풍의 오른쪽에 너희 동네가 있으면 조금 더 조심해.

태풍 주의보와 태풍 경보 중 어떤 게 더 위험한지는 알고 있지?

쌤 어릴 땐 없던 주의보나 경보 중에서 한파와 폭염이 생겼어.

한파 주의보는 어제보다 10도 이상 떨어질 때, 한파 경보는 15도 이상 떨어질 때 내려.

폭염 주의보는 체감기온 33도 이상이 이틀 이상 연속되는 경우, 폭염 경보는 체감기온 35도 이상이 이틀 이상 연속되는 경우 내린다고 해.

이제 너희들은 일기예보를 다 알아들을 수 있는 수준까지 왔어.

대학교에 가서 기상 관련학과를 전공까지 하면 일기 예보관이 될 수도 있겠지? ㅎㅎ

Ⅲ-3.

수권과 해수의 순환으로
태평양에 쓰레기 섬이 만들어졌지?

또 지구계의 구성 요소가 나오네?

이젠 수권에 대해 알아볼 차례~.

지구에 있는 물이 모두 수권에 해당해. 어떤 물이 제일 많은지는 알고 있지?

말해 봐, 하나, 둘, 셋!

바닷물!

그렇취! 바닷물, 한자로 해수(海水)!

해수는 지구에 있는 물 중 97.47% 정도야.

나머지 물은 담수라고 하는데 2.53% 정도.

그중에서 대부분은 빙하야.

우리나라에선 너무 먼 곳에 얼어붙어 있지. 이 빙하가 대략 1.76% 정도야.

컥! 그럼 우리가 사용하는 물은 1%도 안 된다는 말이잖아?

진짜야. 지하수가 0.76% 정도이고, 사람들이 사용하기 쉬운 호수나 강물은 0.01% 정도밖에 없어.

물을 아껴 써야겠지?

우리가 마시는 물 한 잔은 대략 200mL 정도야. 변기 물을 한 번 내리면 10L 정도가 쓰여.

피자 한 판을 만들기 위해 재료를 다듬고 씻고 하는 데 1,200L 정도, 청바지 한 벌을 만드는 데 사용하는 물이 12,000L 정도래.

몰랐지? 장난 아니지?

양치나 세수할 때, 또는 샤워할 때 물을 계속 틀어놓으면 되겠어, 안 되겠어?

수돗물 만드는 데도 돈이 많이 든다는 건 알고 있지?

물이 없어서 누런 흙탕물을 마시고 병에 걸리는 아이들 모습 TV에서 많이 봤지?

우리나라도 물을 아껴 쓰지 않으면 그렇게 될 수 있어.

물은 우리 생명 유지에 너무너무너무 중요하잖아.

수권에서 대부분을 차지하는 해수에 대해서 하나하나 알아보자구.

일단, 해수의 온도에 관해 이야기해 보자.

저위도 바닷물과 고위도 바닷물 중 어디가 온도가 더 높을까?

쉬운 것 같기도 한데 저위도랑 고위도가 헷갈리지?

적도에 가까울수록 저위도, 극지방에 가까울수록 고위도.

그럼, 답은 쉽지?

저위도는 태양열을 많이 받으니까 바닷물도 따뜻할 것이고, 고위도는 마찬가지로 해수의 온도가 낮겠지.

그렇다면, 한 지역에서 바닷속으로 잠수해서 내려가면 온도가 어떻게 될까?

일단 바닷물의 온도는 태양이 결정해.

그렇다면 바닷속으로 들어갈수록 태양 에너지가 전달이 잘 안되니까 당연히 온도가 내려가겠지?

잠수해서 내려가면 온도가 꾸준히 내려갈 거라고 생각했는데 직접 측정해 보니 아니었어.

바닷물 온도가 불규칙적으로 변하는 거야.

그래프로 그려보면 이렇대.

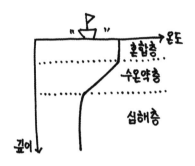

제일 위부터 혼합층, 수온약층, 심해층이라고 불러.

혼합층은 온도가 내려가도 안 변하지?

왜 그럴까? 힌트는 바람!

그래! 바람이 불어서 파도가 치면 바닷물이 섞이겠지?

그래서 일정한 온도가 유지되는 거야.

그렇다면 바람이 많이 부는 곳일수록 혼합층의 두께가 어떻게 될까?

두꺼워지지.

수온약층부터는 바람의 영향을 받지 않으니까 이제 온도가 내려가기 시작하는 거야.

수온약층은 위가 따뜻하고, 아래가 차갑지?

대류가 일어날까? 안 일어나잖아.

그래서 수온약층의 바닷물이 움직이지 않으니까 혼합층과 심해층은 만날 수 없는 거야.

심해층은 바다 깊숙이 가라앉아 있는 층이고 태양 에너지가 도달하지 않기 때문에 수온 변화가 거의 없다고 해.

바닷물 속에 여러 가지 성분이 녹아 있는 건 알고 있지?

바닷물을 짜게 만드는 소금, 즉 염화 나트륨이 제일 많이 녹아 있어.

왜냐하면 옛날에 한 욕심쟁이가 소금을 만드는 맷돌을 훔쳐서 바다에 나가 소금을 만들었거든? 그러다가 멈추는 주문을 몰라서, 지금도 깊은 바닷속에서 맷돌이 소금을 만들고 있어서 그런 거래.

다 알지? 이 이야기. ㅋㅋ

바닷물 속에 소금뿐만 아니라 쓴맛이 나게 하는 염화 마그네슘도 녹아 있고, 여러 가지 물질들이 녹아 있어.

이렇게 녹아 있는 물질들을 **염류**라고 하는데, 바닷물 1kg 속에 녹아 있는 양을 **염분**이라고 해.

염분은 들어 봤지?

전 세계 바닷물의 평균 염분은 35psu라고 하는데, 이상한 단위를 쓰지?

바닷물 1kg 속에 들어 있는 염류를 모두 합치면 35g이라는 뜻이야.

이스라엘에 있는 사해 들어 봤어?

염분이 높아서 수영을 못하는 사람도 들어가면 둥둥 뜬다는 곳.

사해는 사실 호수인데, 염분이 300psu 정도래.

평균적인 바다보다 염분이 10배 정도 많지?

쌤은 옛날에 어떤 사람이 사해에 둥둥 뜬 상태로 누워서 신문을 보는 사진을 본 적이 있어서 꼭 한번 사해에 가 보고 싶어.

바닷물을 가두고, 물을 증발시키면 염류가 남겠지?

물이 증발하고 나서 소금이 하얗게 남아 있으면 다른 염류도 같이 묻어 있으니까 혼합물을 분리해야겠지.

어떤 방법으로? 기억해 봐. 기억하면 천재!

재결정이라는 방법이 있었지?

이렇게 해서 깨끗한 소금만 남긴 걸 천일염이라고 해.

우리나라에선 천일염이라는 소금으로 생산하고, 어떤 나라에는 암염이라고 해서 소금이 덩어리째 땅속에 묻혀 있는 게 있어.

그걸 파내어서 먹기도 한대.

목욕탕 사우나 벽에 보면 암염이 붙어 있는 경우도 있어.

그건 먹으면 안 돼!

이젠, 바닷물의 흐름에 대해 알아볼까?

강은 흘러가지만 바닷물은 제자리에서 가만히 파도만 치고 있는 것 같지?

아니야, 바닷물도 흘러 다녀. 그걸 **해류**라고 해.

《로빈슨 크루소》라는 책 읽어 봤어?

아니면 책 《로빈슨 크루소 따라잡기》에 나오는 '노빈손 시리즈' 읽어 봤어?

그것도 아니면 영화 〈캐스트 어웨이〉라고 배구공과 사람이 친구 먹는 영화 봤어?

이들의 공통점은 모두 해류에 떠밀려 무인도에 가서 살아남는 거지.

해류는 바람 때문에 생겨. 대기 대순환 기억나?

하늘에서 큰바람이 꾸준히 불고 있으니까 바닷물도 꾸준히 한 방향으로 흐르는 거야.

다른 해류는 물론 볼 필요 없이 우리나라 주변의 해류만 보자구.

우리나라 옆에 있는 태평양, 특히 북태평양에 있는 해류들 이름은 기억해.

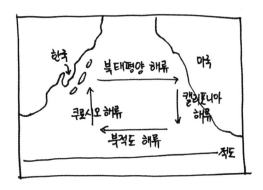

전체적으로 시계 방향으로 돌고 있지?

제일 아래쪽에 적도의 북쪽을 흐르는 북적도 해류가 있고, 연결해서 일본 앞에서 북쪽으로 쿠로시오 해류가 흐르고 있어.

쿠로시오는 바닷물이 검다는 뜻의 일본어래.

쿠로시오를 따라 북쪽으로 올라가 보면 북태평양 해류가 미국을 향해 흐르고, 미국에 있는 캘리포니아주 앞을 흐르는 캘리포니아 해류가 있어.

2011년 일본에서 있었던 세계적으로 큰 사건 알아?

진도 9.0이라는 거대한 지진이 나서 쓰나미가 몰려오는 바람에 원자력 발전소 사고가 나서 지금도 방사능 오염수 처리를 다 못하고 있어.

그러다 1년 뒤인 2012년에 캘리포니아 해변에서 일본어로 쓰인 물건들이 발견되기 시작한 거야.

왜 그런지 알겠지?

쓰나미에 쓸려 갔던 일본 물건들이 해류를 타고 미국까지 간 거지.

사람들이 왜 무인도에 표류하게 되는지 알겠지?

어딘가에서 배가 고장이 나서 바다에 빠지면 해류를 따라 흘러가는 거야.

운이 좋으면 사람이 사는 곳에 갈 것이고, 그렇지 않으면 무인도에 흘러가서 구조 요청을 해야겠지.

병 속에 편지를 넣어서 바다에 던졌더니 멀리 떨어진 곳에 도착한 이야기도 들어 봤어?

가능하겠지?

해류를 따라 다른 나라까지도 흘러가겠지?

그렇지만 절대 따라 하지 마.

요새 해양 쓰레기가 너무 많아서 태평양에 우리나라보다 훨씬 큰 쓰레기 섬이 만들어졌어.

쓰레기가 너무 많아서 배를 타고 가서 치우기조차 힘들 정도야.

이런 쓰레기를 먹고 죽어가는 동물들도 많아졌고.

이제 우리나라 주변을 살펴보자. 우리나라 주변 해류 중에는 쿠로시오 해류가 제일 크겠지?

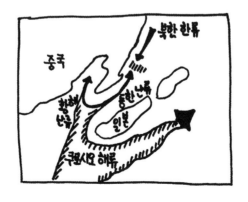

그림처럼 쿠로시오 해류가 흘러가다 일부가 우리나라 쪽으로 오는데 동해 쪽으로 흘러가면 **동한 난류**, 서해(황해) 쪽으로 흘러가면 **황해 난류**라고 불러.

쿠로시오 해류는 적도 쪽에서 오잖아.

바닷물이 따뜻할까, 차가울까?

따뜻하겠지? 그래서 '따뜻할 난(暖)'을 써서 난류라고 해.

그럼 차가운 바닷물이 흐르면? '차가울 한(寒)'을 써서 한류라고 하지.

북한 쪽에서 내려오는 차가운 해류를 북한 한류라고 해.

그림에서 동한 난류와 북한 한류가 우리나라 동해에서 만나지?

이런 바다엔 난류를 좋아하는 물고기와 한류를 좋아하는 물고기가 만나서 황금어장을 만들어.

이걸 조경 수역이라고 해.

이렇게 해류가 대기 대순환과 함께 전 세계를 돌아다니면 태양에서 받는 열에너지를 조금 더 골고루 전해줄 수 있다고 앞 단원에서 배웠지?

그렇지 않다면 극지방은 계속 추워지고, 적도 지방은 계속 더워져서 지구 위에 사람이 살 수 있는 곳이 적어져 버릴 거야.

이렇게 똑똑하고 소중한 지구. 온 우주에서 하나뿐인 우리 지구를 조금만 더 보호하려고 노력해 봐.

Ⅲ-4.

운동과 에너지
또 에너지? 지겨워~

과학에서의 용어는 일상생활에서 쓰는 용어와 다른 경우가 종종 있다고 했었지?

이 단원에서 몇 가지 나올 거야.

먼저 물체가 운동한다고 하는 게 정확하게 과학에서 어떤 경우를 의미하는지 알아봐야 해.

과학에서 **운동**은 시간에 따라 물체의 위치가 변할 때만 운동한다고 해.

그럼 플랭크는?

엎드려서 1분 이상 버티면 코어가 튼튼해지는 좋은 운동이라고 배웠는데?

미안하지만 과학에서는 운동이 아니야.

아주 힘든 요가 자세로 1분을 버티면 열심히 운동한 것 같지? 마찬가지로 과학에선 운동이 아니야.

과학에서 운동은 시간이 흘렀으면 물체의 위치가 변해야 해.

그래서 과학에서 물체의 운동을 설명하려면 어느 방향으로 운동하는지와 얼마나 빨리 움직이는지를 설명해야 해.

방향은 보이는 대로 말해 주면 되고, 물체의 위치가 얼마나 빨리 변하는지에 대해 알아봐야겠지.

쓸데없는 걸 하는 것 같지? ㅋㅋ

운동하는 물체의 빠르기는 한자로 속력이라고 해.

여러 가지 물체의 속력을 비교해 보려면 같은 시간 동안 누가 더 멀리까지 갔는지를 비교할 수도 있고, 같은 거리를 누가 더 짧은 시간에 갔는지를 비교할 수도 있겠지?

체육 시간에 50m 달리기를 하면 어떤 사람이 제일 빠르다고 할 수 있는 거야?

쌤은 중학교 때 100m 달리기를 했는데 최고 빠를 땐 15초 정도 나왔고, 20년 전에 우리 반 애들이랑 50m 달리기할 때 7.6초 정도 나왔어.

요즘은 안 달려봐서 몰라.

너희는 몇 초 정도 나와?

같은 거리를 달릴 때, 제일 짧은 시간에 달린 사람이 빠른 거지?

그렇다면 시간과 속력은 어떤 관계야?

같은 거리를 갈 때 시간이 짧을수록(↓) 속력이 빠르다(↑).

무슨 관계야? 반비례 관계지.

반대로 시간을 똑같이 주고 출발선에서 다 같이 출발하면 어떤 사람이 제일 빠른 거야?

같은 시간에 제일 멀리까지 달린 사람이 제일 빠르겠지?

시간이 같을 때는, 움직인 거리가 멀수록(↑) 속력이 빠르다(↑).

무슨 관계야? 정비례 관계지.

그럼 정리해 보자. 속력이 빠르다고 하려면 시간이 적게 걸리고, 거리는 멀리 가야 하겠지?

즉, 속력은 시간에 반비례하고 거리에 정비례한다.

이걸 식으로 나타내면 이렇게 되지.

$$속력 = \frac{거리}{시간}$$

수학 시간에 응용문제로 많이 풀어 봤었지?

근데 속력은 자꾸 변하니까 처음부터 끝까지 운동하는 데 걸린 시간과 전체 이동 거리를 이용해서 평균 속력을 많이 써.

$$평균\ 속력 = \frac{전체\ 이동\ 거리}{걸린\ 시간}$$

계산 문제는 다루지 않겠어! 왜? 지겨우니까!

운동 중에서 가장 분석이 쉬운 운동은 속력이 변하지 않는 운동이야.

'같을 등(等)'을 써서 **등속 운동**이라고 해.

학교까지 등속 운동해서 걸어갈 수 있어?

거의 불가능하지?

수업 시간에 움직임을 관찰할 수 있는 앱을 이용해서 학생들에게 등속 운동을 시키고 사진을 찍어 봤는데 어땠게?

처음부터 끝까지 등속 운동을 할 수 있는 사람은 한 명도 없었어.

체육 교과서에 종종 나오는 사진 중 운동하는 모습을 순간순간 연결해서 찍은 사진들 봤지?

그런 사진들은 같은 시간 간격으로 찍은 거야.

만약 달리기하는 사람을 같은 시간 간격으로 찍은 사진이 있다면 이렇게 보이겠지.

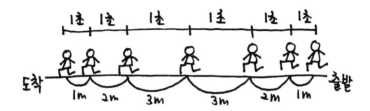

출발부터 도착까지 1초 간격으로 사진을 찍었으니 사람 사이의 시간은 모두 1초로 같아.

근데 출발하자마자 1초 동안은 1m를 뛰었는데 그다음은 1초 동안에 2m를 뛰었잖아?

속력이 변했지? 빨라졌어, 느려졌어?

빨라졌지?

그럼 사람 사이의 간격이 넓을수록 속력이 어떻다?

빠르다는 뜻이지.

그럼 출발해서 속력이 점점 빨라지다가 다시 느려지고 있는 것도 알겠어?

이렇게 과학적으로 분석하지 않고 그림만 보면 사람 사이 간격이 좁을수록 더 빠른 것 같은 건 나만 그런가?

그냥 생각하니까 그런 것 같다고 하는 건 이과에서는 통하지 않아. 공식과 법칙을 활용해서 정확하게 분석하는 버릇을 들이도록 해.

그럼 주변에서 등속 운동을 하는 물체를 찾아볼까?

에스컬레이터나 주로 공항에서 볼 수 있는 무빙워크, 아니면 공장에서 물건 만들 때 움직이는 컨베이어 벨트 등이 있어.

무빙워크 위에 있는 사람을 1초 간격으로 나타내면 1초마다 움직인 거리가 어떨까?

같겠지?

무빙워크가 1초마다 1m를 이동한다고 가정하고 먼저 속력부터 구하면,

$$속력 = \frac{거리}{시간} = \frac{1m}{1s} = 1m/s$$

시간에 따른 이동 거리랑 시간에 따른 속력 변화 그래프. 그릴 수 있 겠지?

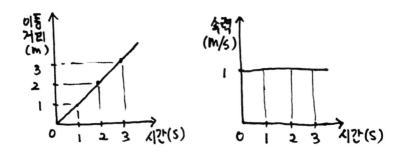

오른쪽 그래프를 보자. 시간에 따른 속력 그래프야. 시간이 지나도 속력이 변하지 않는다는 거 해석할 수 있겠어?

지하철이 출발할 때 멈춰 있다가 서서히 속력이 높아지지? 도착할 때도 마찬가지로 서서히 속력이 감소하잖아.

속력이 일정하게 증가하거나 감소하는 걸 그래프로 그리면 어떻게

될까?

정지 상태로 속력이 0에서 출발해서 1초마다 속력이 1m/s씩 증가하는 그래프를 먼저 그려 볼까?

처음엔 속력이 0이지만 1초 후엔 1m/s, 2초 후엔 2m/s, 3초 후엔 3m/s가 되겠지?

차근차근 점을 찍고 선으로 연결해 봐.

거꾸로 움직이던 물체가 처음에 속력이 3m/s였는데 1초마다 속력이 1m/s씩 감소하는 그래프도 그려 볼까?

처음에 속력이 3m/s, 1초 후엔 2m/s, 2초 후엔 1m/s, 3초 후엔? 0m/s. 그런데 우리 주변 물체들이 이렇게 속력이 일정한 등속 운동을 하는 경우는 많지 않지. 속력이 일정하게 증가하거나 감소하는 경우보다는 속력이 제멋대로 변하는 경우가 많잖아?

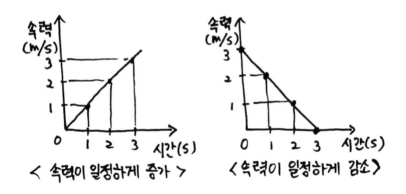

〈 속력이 일정하게 증가 〉　　〈 속력이 일정하게 감소 〉

너희가 움직일 때도 어때?

지금 바로 자리에서 일어나 봐. 등속 운동하거나 일정하게 속력이 변하면서 움직이는 거 가능해?

대한민국 중학생 대부분의 자유로운 영혼들이 얼마나 자유롭게 움직이는지는 쉬는 시간 복도를 보면 알 수 있지.

정말 다양한 방향과 다양한 속력으로 움직여서 쌤은 쉬는 시간 복도 지나가기가 무슨 게임 퀘스트 하는 것 같아.

그럼 너희 중 한 명이 쉬는 시간 복도에서 운동하는 걸 시간에 따른 속력 그래프로 그려볼게.

어떻게 운동했는지 해석해 봐.

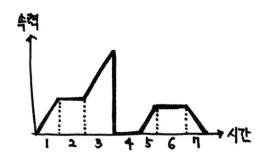

쌤이 구간을 나눠놨어.

1번부터 7번까지 속력이 어떻게 변하는지 설명해 볼 수 있겠어?

그다음엔 이 학생이 쉬는 시간에 무슨 일을 하고 있었는지 설명해 봐.

1번: 속력이 일정하게 증가

2번: 등속 운동

3번: 속력이 일정하게 증가

4번: 갑자기 멈춤. 잠시 정지

5번: 속력이 일정하게 증가

6번: 등속 운동

7번: 속력이 일정하게 감소

무슨 일이 있었냐면, 쉬는 시간이라고 친구와 잡기 놀이를 시작한 거야(1~2번 구간).

술래가 잡으러 와서 더 빨리 뛰다가(3번 구간) 갑자기 넘어진 거야(4번 구간).

넘어져서 창피해하다가(4번 구간) 다시 일어나서 다쳤는지 뛰지는 못하고 천천히 교실로 돌아간 거야(5~7번 구간).

이제 그래프만 봐도 어떤 운동을 하는지 해석이 돼?

그럼, 실제로 지구에서 일어나는 대표적인 운동을 해석해 보자구.

지구에서 물체를 들고 있다가 놓으면 공통적으로 어떻게 돼? 아래로 떨어지지? 뭣 때문에?

중력!

중력만 있을 때 물체의 운동을 **자유 낙하 운동**이라고 해.

근데 지구에선 중력 말고도 다른 힘이 동시에 많이 작용하잖아?

그래서 실제로는 정확한 자유 낙하 운동이 힘들어.

대표적으로 공기가 운동을 방해해.

단순하게 걸어갈 때도 생각해 봐.

공기 속을 걸어 다니니까 공기가 우리의 걸음을 방해하는지 모르고 있지만, 물속을 걷는다고 생각해 봐.

물이 방해하니까 마음대로 잘 걸어지지 않지?

공기나 물이 물체의 운동을 방해하는 걸 저항이라고 해.

저항 어디서 많이 들어 봤지?

어디서?

전기에서.

전기에서 저항은 누굴 방해했어?

전류의 흐름을 방해했잖아.

공기 저항은 물체의 운동을 방해해.

실제로 육상경기에서 신기록을 세워도 바람이 2m/s 이상의 속력으로 뒤에서 불어오면 바람의 도움을 받았다고 공식 신기록으로 인정을 안 해 준대.

몰랐지?

공기가 얼마나 힘이 센지는 기압 배울 때 했잖아.

우리는 기압을 얼마나 받고 있다? 1기압!

어쨌든 공기 저항이 없을 때 높은 곳에서 물체를 가만히 놓으면 아래로 떨어지는데 이런 운동을 뭐라고 한다?

자유 낙하 운동!

공기 저항은 있지만 번지 점프나 놀이동산의 자이로 드롭 같은 기구를 타면 자유 낙하를 경험할 수 있지.

자유 낙하에 가장 가까운 게 스카이다이빙인데 쌤의 버킷 리스트에 있어.

꼭 한번 해 보고 싶네. ㅋㅋ

'자유 낙하' 하면 생각나는 게 피사의 사탑이지.

피사의 사탑은 이탈리아에 있는 피사라는 도시에 있는 탑이야. 탑이 자꾸 기울어져서 위험해서 지금은 더는 기울어지지 않게 공사를 끝냈다고 해.

이탈리아 과학자인 갈릴레이라는 사람 알아?

질량이 다른 두 물체를 동시에 자유 낙하시키면 바닥에 동시에 떨어진다고 갈릴레이가 직접 실험했다고 알려져 있는데, 실은 제자가 지어낸 말이라는 사람도 있고. 진실은 몰라.

어쨌든 같은 높이에서 크기가 다른 물체를 떨어뜨리면 자유 낙하할 때 바닥에 같이 도착한다고 해.

우리는 실험하려고 해도 공기의 저항이 있어서 직접 볼 수가 없어.
그렇지만, 콱쌤은 해내야지! 맞줘?
A4 용지 하나와 크기가 같은 책(교과서 중 비슷한 게 있을 거야)을
한 권 준비해.
양손에 용지랑 책을 들고 같은 높이에서 같이 떨어뜨려 봐. 어때?
당연히 용지가 늦게 떨어지지?
그럼 용지를 구겨서 동그랗게 만들어 봐.
동그랗게 만들어도 질량은 같지?
그런 다음 다시 같은 높이에서 떨어뜨려 봐.
어때?
거의 비슷하게 떨어지지? 재밌지?
공기의 저항 때문에 차이가 났던 거야.

거대한 공간을 공기가 없는 진공 상태로 만들어서 볼링공과 깃털을
동시에 떨어뜨려서 자유 낙하 실험을 한 동영상이 있어.
'볼링공과 깃털'이라고 검색하면 나오는 유명한 동영상이야.

꼭 보도록 해!

공기 저항이 없을 때 같은 높이에서 물체를 떨어뜨리면 모두 같이 떨어진다는 거 알겠어?

이걸 촬영해서 속력을 분석하여 그래프로 그리니 이렇게 나왔어.

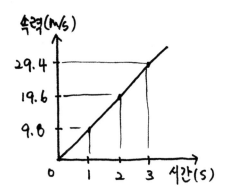

이제 너희는 그래프 분석 전문가야. 분석해 봐.

자유 낙하 하는 물체의 속력이 시간에 따라 일정하게 증가하지?

1초에 얼마씩? 9.8m/s씩.

지구에서 자유 낙하하는 모든 물체는 1초에 9.8m/s씩 속력이 빨라진다는 거야.

그럼 높은 곳에서 떨어뜨린 물체가 10초 후 지표면에 닿았다면 닿는 순간 속력은 얼마가 되었단 뜻이야?

98m/s라는 뜻이지.

쌤이 이 책 제일 앞에 과학의 필요성을 설명할 때 뭐랬는지 기억나?

아이들이 아파트 고층에서 건전지나 장난감을 던지는 거 위험하다고 말했었지?

이제 좀 실감이 나?

국궁 알지? 우리나라 활 말이야. 국궁을 이용해서 화살을 쏘면 평균 속력이 50m/s 정도라고 해. 몇 층에서 떨어지냐에 따라 화살보다 건전지가 더 빠르게 떨어질 수가 있다는 거야.

작은 물건이어도 높은 곳에서 떨어뜨리는 게 얼마나 위험한 일인지 알겠지?

알고 나면 엄청 무서운 일이라구.

혹시 동생이 있으면 창문 밖으로 뭐든지 절대로 던지지 못하게 해.

여기서 우리는 **중력의 크기 = 무게**를 구하는 공식을 하나 알 수 있어.

중력은 물체의 질량이 클수록 커서 정비례 관계이고, 이때 위에서 나온 9.8을 질량에 곱하면 그게 중력의 크기 또는 물체의 무게가 되는 거야.

여기서 또 그동안 잘못 말해 왔던 거 하나 바로잡아 보자.

내 몸무게는 50kg이야. O? X?

틀렸지? 질량이 50kg이지.

몸무게는 중력의 크기니까 "50×9.8 = 490N입니다~."라고 해야지.

운동은 이쯤하고 이젠 일을 하러 가 보자구.

너희는 무슨 일을 하는 사람이야?

학생이니까 공부를 하는 사람이지?

쌤은 교사니까 가르치는 사람이고.

근데 애석하게도 과학에서는 공부나 가르치는 일은 일로 취급 안 해줘.

두둥! 우린 놀고 있는 거야.

아침밥 먹기 운동이나 바른말 쓰기 운동이 과학에서 말하는 운동일까? 아니지?

마찬가지로 과학에서 "나 **일** 좀 했어~."라고 하려면 (①)물체에 힘이 작용하여 (②)물체가 힘의 방향으로 이동하면 힘이 물체에 일을 했다고 해.

두 가지 중 하나라도 없으면 과학에서 말하는 일을 한 게 아니야.

바닥에 있던 물체를 들어 올릴 때 생각해 봐.

바닥에 있는 물체를 들어 올리려면 어떤 힘을 줘야 해?

지구가 당기고 있는 중력(무게)만큼 내가 반대 방향으로 힘을 줘야 움직이잖아.

그리고 내가 들어 올리는 방향으로 물체가 이동하지?

그럼 일을 한 거야.

이 경우를 중력에 대해서 일을 하는 경우라고 해.

내가 들어 올린 물체가 다시 자유 낙하해서 떨어지는 경우는 어때? 물체가 힘을 받아?

무슨 힘? 중력을 받잖아.

그럼 중력의 방향은 어디야?

지구 중심 방향이니까 아래쪽 맞지?

그럼 일을 한 거네? 누가 한 거야?

물체에 작용하는 중력이 일을 한 거야.

어려워? 처음은 원래 어려워. 자꾸 반복하면 껌이야!

너희가 식당 홍보 알바를 하고 있다고 생각해 봐.

홍보 내용이 적힌 팻말을 들고 식당 앞에 서 있는 게 너희가 할 일이야.

일을 마치면 사장님이 수고했다며 일 잘했다고 알바비를 주겠지?

근데! 두둥! 과학적으로는 일을 한 게 아니야.

하루 종일 팻말을 들고 서 있었다고 해도 말이지.

왜?!?!?!?

팻말을 들고 있었으니까, 힘을 줬지?

어느 방향으로? 위로.

힘은 주었고. 그럼 힘을 주는 방향으로 움직였어?

아니잖아.

그럼 일을 한 게 아니야.

일을 많이 하려면 힘을 많이 주고 이동을 많이 해야겠지?

둘 다 정비례하니까 일의 양은 힘의 크기와 이동 거리를 곱해서 구해.

일 = 힘의 크기 × 이동 거리

여기서 곱하기로 연결되어 있으니까 둘 중 하나라도 0이 되면 일은 0이 되는 거야. OK?

그럼 손으로 팻말을 든 채로 길을 걸어가면 일을 한 거야?

팻말은 여전히 힘을 어디로 받고 있어?

위로 받고 있지?

근데 이동은 어느 방향으로? 수평 방향으로 이동하잖아.

물론 사람이 걸음을 걸으면 위아래로 조금씩 움직이지만, 그건 아니잖아?

그래서, 힘의 방향과 이동 방향이 수직인 경우도 일을 하지 않은 거야.

꼭 기억해!

과학에서 일을 하려면 무조건 힘의 방향으로 움직여야 해.

일의 양은 계산 좀 하고 갈까?

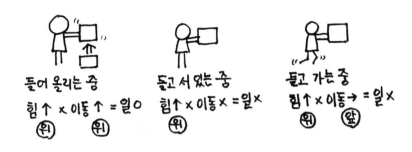

쉬운 곱셈이지만 단위를 좀 생각해 봐야 해.

힘의 크기를 나타내는 단위가 뭐지?

N이라고 쓰고 뉴턴이라고 읽지.

이동 거리는? m를 제일 많이 써.

그럼 1N의 힘으로 물체를 1m 이동한 경우, 일 = 1N×1m = 1Nm인데 Nm를 J라고 바꾸어 쓰고 '줄'이라고 읽어.

줄(J)이라는 단위도 영국 과학자 줄의 이름을 가져온 거야.

이 단위를 지금부터 마구마구 쓸 거야. 잘 기억해.

우리가 지금까지 중학교 과학을 살펴보면서 정말 자주 나온 단어가 있지?

기억나? 이 단원의 제목에도 있는, 에! 너! 지!

에너지란? 일을 할 수 있는 능력.

여기서 일이란?

물체에 힘을 줘서 힘의 방향으로 물체가 이동한 경우.

자, 그럼 내가 힘을 줘서 물체를 밀고 가려면 뭐가 필요해? 에너지가 필요하지?

그럼 내 몸에 에너지가 있다는 말이겠지?

그 에너지를 생산하는 곳은?

세포 속에 있는 마이토콘드리아!

마이토콘드리아에서 에너지를 생산하는 데 뭐가 필요해?

영양분과 산소.

영양분 속에 들어 있는 에너지는 어디서 온 거야?

태양에서 온 에너지를 식물이 광합성을 해서 영양분으로 바꾸어 저장해 놓은 거잖아.

그걸 우리가 먹는 거잖아.

과학은 정말 많은 것이 연결되어 있지?

이걸 정리하면 결국 에너지라는 건 새로 만들어지지 않아.

다른 물질 속에 숨어 있던 에너지를 꺼내어 쓰거나, 에너지의 형태를 바꿔서 쓰는 거야.

전기 에너지를 열에너지로 바꾸는 전기난로, 전기 에너지를 운동 에너지로 바꾸는 선풍기처럼.

그래서 에너지는 사라지지도 않아.

다른 에너지로 바뀌거나 다른 물체 속에 숨어들어 갈 뿐이야.

물질이 상태 변화할 때 열을 줘도 온도가 올라가지 않는 구간이 있었고, 냉각해도 온도가 내려오지 않는 구간이 있었지?

열을 주면 열에너지가 물체 속에 숨어 있다가, 냉각할 때 다시 빠져나와서 그래.

이제 조금 이해가 돼? 이해가 안 될 수도 있어.

그래도 기억해.

에너지는 새로 생기거나 없어지지 않는다, 형태만 변할 뿐이다!

이거 한번 읽고 이해되는지 봐봐.

내가 무거운 바위를 들어 올리면 내가 물체에 일을 한 거지?

일을 했다는 말은 내가 일할 수 있는 능력인 에너지를 가지고 있었는 말이고, 에너지를 써서 일한 거야.

　그럼 내가 갖고 있던 에너지는 사라졌지?

　우주에서 사라졌을까?

　아니야, 어딘가에 있어. 어디에 있을까?

　내가 들어 올린 물체 속으로 들어간 거야.

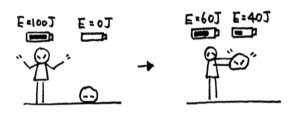

　일을 할 수 있는 능력 = 에너지니까 일과 에너지는 값이 같아. 단위도 같이 J을 써.

　무슨 말이냐고? 내가 일을 100J만큼 할 수 있었다면 에너지를 100J 갖고 있었다는 거야.

　돈이랑 비슷해.

　내가 2만 원짜리 책을 샀다는 말은 내가 돈을 2만 원 갖고 있었다는 말이잖아.

　그렇지만 책을 산 만큼 내가 갖고 있던 돈은 사라졌지?

　이제 조금 이해가 돼?

　아침에 밥을 먹고 밥 속에 있던 에너지 1,000J을 만들어 냈어. 학교에 가느라 그중 200J을 이용해서 걸어가는 일을 했어.

　그럼 학교에 도착하면 내가 갖고 있는 에너지는 800J이고, 나는 800J 만큼 일을 할 수 있다는 거지.

좀 전에 내가 무거운 바위를 들어 올리는 일을 했다고 했지? 일을 하느라 내가 갖고 있던 에너지가 사라졌어.

그럼 그 에너지는 어디에 가 있을까?

딩동댕! 바위에 가 있겠지?

다시 말하면 내가 잃어버린 에너지만큼 바위가 가지고 있는 거야.

그럼 바위도 일할 수 있는 능력을 갖게 되었다는 거지?

내가 손을 놓아 버리면 바위는 바닥으로 떨어지며 바닥에 있는 물체에 일을 할 수 있겠지.

예를 들면 커다란 말뚝을 박는 일 같은 것.

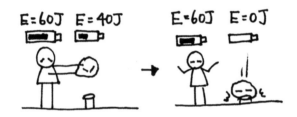

이제 조금씩 이해가 돼?

정리하면, 사람이 물건을 들어 올리는 일을 하면 사람의 에너지가 줄어든 만큼 물건의 에너지가 증가하잖아?

이건 일이 에너지로 전환된 경우야.

다시, 물건을 떨어뜨리면 물건이 떨어지면서 말뚝을 박는 일을 할 수 있잖아?

이건 물건이 갖고 있던 에너지가 다시 일로 전환되는 경우야.

결국 일과 에너지는 단위도 같고 서로서로 전환되는 오묘~한 관계야.

문화상품권과 돈의 관계랑 비슷해.

문화상품권은 그냥 종이인데 돈 대신 상품권을 내고 책을 사거나(그런 일은 거의 없었지만 ㅎㅎ), 게임 아이템을 살 수 있잖아?

높은 곳에 있는 물체가 밑으로 떨어지면서 일을 할 수 있다고 했지?
그 물체는 에너지를 가지고 있었겠지?
이렇게 높은 곳에 있는 물체가 가지는 에너지를 **위치 에너지**라고 해.
근데 위치 에너지는 기준면이 중요해.
책상 위에 있는 필통을 보자. 책상 면을 기준으로 하면 필통은 떨어질
수 없으니까 에너지가 없겠지만, 교실 바닥 면을 기준으로 하면 바닥으
로 떨어지면서 일을 할 수 있겠지?
근데, 그 교실이 만약 3층에 있다면 어떨까? 운동장을 기준면으로 하
면 엄청난 일을 할 수 있어. 이해돼?
이렇게 우리가 중력과 반대 방향으로 물체를 들어 올리는 일을 해주
면 그만큼 물체가 위치 에너지를 가지는 거야.
그렇다면 위치 에너지는 그 물체를 들어 올릴 때 하는 일의 양과 같
으니까 쉽게 계산 되겠…지?
일 = 힘의 크기×힘의 방향으로 이동한 거리이므로 힘 대신에 중력이
나 물체의 무게가 들어가겠지?
중력 구하는 공식 기억나?

중력의 크기(물체의 무게) = 물체의 질량 × 9.8

물체를 들어올린 일 = 물체가 가지는 위치 에너지

= 물체의 무게 × 들어올린 높이

= 9.8 × 질량 × 들어올린 높이

= 9.8mh

질량은 기호 m을 쓰고 높이는 h를 써서 간단하게 나타내. 꼭 외워!

위치 에너지 공식이 뭐라고? 9.8mh

공식 외울 때 조심할 것! 9.8mh는 외우더라도 m이 뭘 뜻하는지, h가 뭔지 모르면 공식을 외워도 아~~무 소용없다는 거!

연습 문제!

질량이 10kg인 물체를 2m 들어 올렸다면 내가 그 물체에 해 준 일은 얼마?

그 물체가 가지는 위치 에너지는 얼마?

내가 해 준 일은 9.8mh = 9.8×10kg×2m = 196J이야.

그럼 물체의 위치 에너지는 196J이 되는 거지.

내가 가지고 있던 에너지가 196J이 줄었다는 뜻.

자, 여기 내가 중력에 대해 한 일만큼을 에너지로 가지고 있는 물체가 있어.

이제 이 물체를 떨어뜨리는 경우를 알아볼까?

물체가 바닥에 떨어지는 이유는 무슨 힘을 받아서 그래?

중력을 받지?

그래서 이런 경우 중력이 한 일로 취급해.

물체가 떨어지면 자유 낙하를 하게 되니까 속력이 1초에 9.8m/s 씩 증가하겠지?

물체가 떨어지는 동안은 시간에 따라 위치가 변하고 있으니 운동하고 있는 거잖아?

운동하고 있는 물체는 일을 할 수 있어.

너희가 복도를 뛰어가다 다른 친구랑 부딪치면 친구를 밀어 버리는 일을 할 수 있잖아.

이렇게 운동을 하는 물체가 가지는 에너지를 **운동 에너지**라고 해.

운동 에너지는 물체의 질량이 클수록 커지겠지?

트럭이 부딪치는 경우랑 자전거가 부딪치는 경우랑 어느 경우 일을 더 많이 할 수 있어?

당연히 트럭이지.

그렇다면 똑같은 트럭으로 부딪히는데 속력이 어떨 때 부딪히면 더 일을 많이 할 수 있을까?

속력이 빠른 경우겠지?

그래서 운동 에너지는 물체의 질량보다 속도에 더 영향을 받아.

$$운동\ 에너지 = \frac{1}{2} \times 질량 \times 속력^2$$
$$= \frac{1}{2}mv^2$$

운동 에너지 공식이야. 꼭 기억해 둬!

v가 속력을 뜻한다는 건 알겠지?

질량이 10kg인 물체가 1m/s로 운동할 때와 2m/s로 운동할 때 운동 에너지는 얼마나 차이가 날까?

$$운동\ 에너지(1m/s) = \frac{1}{2} \times 10kg \times (1m/s)^2 = 5J$$
$$운동\ 에너지(2m/s) = \frac{1}{2} \times 10kg \times (2m/s)^2 = 20J$$

속력이 두 배 빨라질 때 운동 에너지는 4배 커진다는 거 알겠지?

앞에서 사람이 중력에 대해 일을 하는 경우, 다시 말해 물체를 들어 올리면 일을 하는 만큼 높이가 증가하니까 물체의 위치 에너지가 증가 하겠지?

그럼 자유 낙하 운동을 하면 내려갈수록 속력이 증가하니까 물체의 운동 에너지가 증가하는 거야.

그리고 에너지는 다른 형태로 변한다고 했지?

위치 에너지와 운동 에너지를 더한 값을 **역학적 에너지**라고 하는데, 일상생활에서 이 두 에너지가 서로서로 자주 전환이 되거든.

위치 에너지가 운동 에너지로, 운동 에너지가 위치 에너지로 서로서로 전환되면 결국 두 에너지를 더한 값은 변하지 않는다는 거잖아.

그걸 **역학적 에너지 보존 법칙**이라고 해.

쉽게 말해, 한 물체가 가지는 역학적 에너지는 일정하다는 거야.

$$역학적\ 에너지 = 위치\ 에너지 + 운동\ 에너지$$
$$= 9.8mh + \frac{1}{2}mv^2$$
$$= 일정$$

한 물체의 질량은 변하지 않을 거니까 그 물체가 있는 높이와 속력만 알아보면 위치 에너지와 운동 에너지를 바로 알 수 있지.

자유 낙하 운동을 하는 경우 생각해 봐.

높은 곳에서 떨어지기 시작하는 순간은 높이가 가장 높잖아?

위치 에너지가 엄청 크겠지?

정지 상태에서 아래로 떨어지니까 그 순간 운동 에너지는 0이겠지?

떨어지면서 높이가 점점 낮아지니까 위치 에너지는 점점 작아지고, 속력은 점점 빨라지니까 운동 에너지는 점점 커지겠지?

결국 바닥에 도착하는 순간 속력이 제일 빠를 거라서 운동 에너지는 가장 크고, 바닥이니까 높이가 0이라서 그땐 위치 에너지가 0이야.

자유 낙하 운동에서는 위치 에너지가 운동 에너지로 전환되는 거지.

이해돼?

	높이	속력		역학적 에너지
● 출발	h_1	v_1	⇒	$9.8mh_1 + \dfrac{1}{2}mv_1{}^2 = 9.8mh_1$
↓				
● 중간	h_2	v_2	⇒	$9.8mh_2 + \dfrac{1}{2}mv_2{}^2$
↓				
● 바닥	h_3	v_3	⇒	$9.8mh_3 + \dfrac{1}{2}mv_3{}^2 = \dfrac{1}{2}mv_3{}^2$

$$\therefore 9.8mh_1 = 9.8mh_2 + \frac{1}{2}mv_2{}^2 = \frac{1}{2}mv_3{}^2$$

여기서 높이는 $h_1 > h_2 > h_3$, 속력은 $v_1 < v_2 < v_3$이고, v_1과 h_3가 0이라는 건 알겠지?

천장에 매달린 실 끝에 추를 달아서 당겼다가 놓으면 좌우로 왔다 갔다 왕복하는데, 이걸 진자라고 해.
놀이동산에 있는 바이킹이나 그네도 비슷하게 운동하지.

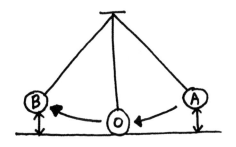

A 지점에서 추를 잡고 있다가 놓으면 중력 때문에 O 지점으로 내려가.

그럼 높이가 낮아지니까 위치 에너지가 줄어들겠지?

그럼 줄어든 만큼 운동 에너지가 커지는 거야.

운동 에너지가 커지면 속력이 빨라진다는 거지?

속력이 점점 빨라져서 O 지점을 지나는 동안 가장 빨라질 거야.

왜냐하면 O 지점은 높이가 가장 낮으니까 위치 에너지가 작을 거잖아.

줄어든 위치 에너지만큼 운동 에너지가 증가하니까.

O 지점에서 B 지점으로 가는 동안은 다시 높이가 증가하니까 증가한 위치 에너지만큼 운동 에너지가 감소하겠지?

즉, 속력이 감소하다가 B에 도착하면 운동 에너지가 모두 위치 에너지로 바뀌는 거야.

그 말은 속력이 0, 즉 멈춘다는 말이야.

B에서 순간적으로 멈추겠지만 다시 중력 때문에 O 지점을 향해 내려오게 되는 거지.

그대로 무한 반복하게 돼.

뭐만 없다면 우주가 끝날 때까지 반복할까?

그래, 공기 저항.

가르친 보람이 있군. 하! 하! 하!

Ⅲ-5.

자극과 반응
오호! 재밌겠는데?

우리 몸은 자극이 주어지면 반응을 해.

옛날에 친구들이 뒤에서 몰래 다가와서 놀라게 하면 쌤은 나도 모르게 뒤로 주먹이 나갔어.

이 경우 자극은 친구의 놀라게 하는 소리이고, 반응은 주먹이 나가는 거겠지.

우리에게 이런 반응을 일으키는 자극으로는 빛, 소리, 온도 같은 것들이 있어. 이런 자극을 받아들이는 기관을 감각기관이라고 해.

사람은 오감을 느낄 수 있어.

오감은 다섯 가지 감각을 말하고, 시각, 청각, 후각, 미각, 피부감각이 있어.

지금부터 다섯 가지 감각을 받아들이는 감각기관들을 살펴보고 사람이 어떻게 이런 감각을 느끼는지, 어떤 과정으로 반응이 일어나는지 볼 거야 먼저 시각은 빛을 받아들여서 볼 수 있도록 하는 감각이고 눈이 담당하고 있지.

요즘 눈 좋은 사람 별로 없지?

남녀노소 가리지 않고 캄캄한 데서 밤새 스마트폰을 붙잡고 있는 사람이 많아.

사람은 다섯 가지 감각 중 시각에 80% 이상 의지하고 있다고 해.

소중한 눈의 구조와 기능을 잘 배워보고 눈이 나빠지지 않도록 조심하자구.

"나는 눈이 작아요~."라고 하는 사람이 있는데, 과학적으로 옳은 표현이 아니야.

"위아래 눈꺼풀 사이가 가까워요~."라고 해야 맞는 말이지.

그래서 눈꺼풀 사이를 멀게 하려고 눈의 양쪽을 찢는 수술을 하기도 하지. ㅎㅎ

쌤은 쌍꺼풀은 없지만 눈꺼풀 사이가 먼 편이라서 아직 쌍수를 하진 않았는데 눈꺼풀이 처지고 내려와서 조만간 들어 올리는 수술을 해야 할 듯. ㅋㅋ

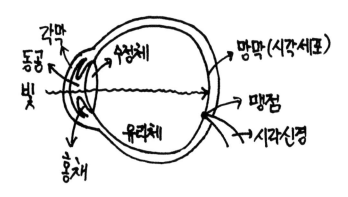

위 그림은 왼쪽을 보고 있는 사람의 눈을 그린 거야.

빛이 제일 먼저 눈 제일 앞에 있는 투명한 얇은 막인 각막을 통과해.

각막 뒤에는 동공이라는 구멍이 있는데, 고양이 눈을 보면 밝을 때 작아지고 어두울 때 커지는 부분 있잖아?

사람도 마찬가지야.

눈에 너무 많은 빛이 한꺼번에 들어오면 실명할 수도 있거든.

어두울 땐 빛을 많이 받아들여야 물체가 보이고, 너무 밝을 땐 빛을 좀 줄여 줘야 해.

동공은 그냥 구멍이라서 실제로는 동공의 크기를 조절해 주는 홍채가 빛의 양을 조절해 줘.

홍채는 사람의 눈동자 색이라고 생각하면 돼.

홍채 색은 다양해. 우리나라 사람들은 주로 갈색 홍채를 가진 사람이 많고, 외국인 중엔 홍채가 파란색, 녹색인 사람도 있지.

연예인들이 신비로워 보이려고 특이한 홍채 색을 가진 서클렌즈를 끼고 화면 속에 나오기도 하지.

수업 중에 보면 가끔 서클렌즈를 낀 친구들이 있더라?

렌즈는 각막 앞에 착용하기 때문에 뒤에 있는 홍채와 동공의 역할을 방해해. 렌즈가 눈 건강에 좋을까?

홍채가 만들어 주는 빈 공간인 동공을 통과한 빛은 그 뒤에 있는 볼록 렌즈 모양인 수정체를 통과해.

볼록 렌즈를 통과한 빛은 반사, 굴절?

굴절을 한다고!

빛이 통과할 수 있는 물체를 지날 때는 꺾인다고 했지?

볼록 렌즈와 오목 렌즈는 굴절되는 방향이 달라.

렌즈의 두꺼운 부분을 향해 빛이 꺾여.

그렇다면 볼록 렌즈는 어디로?

가운데로 꺾여서 빛을 모아줘.

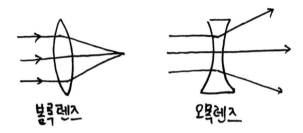

볼록렌즈   오목렌즈

1, 2학년 과학 열심히 해 놓으면 3학년 과학이 편하지?
중학교 과학 열심히 해 놓으면 뭐가 편해진다?
그렇취! 고등학교 과학이 편해지지.
좋은 말로 할 때 공부 좀 하자~~아~~.

볼록 렌즈 모양의 수정체를 통과한 빛은 눈 속을 채우고 있는 투명한
물질이 모여 있는 유리체를 통과해.
유리체를 지나면 빛은 눈 뒤쪽에 있는 망막에 도착해.
망막은 빔프로젝터에서 나온 빛이 그림으로 나타나는 스크린이라고
생각하면 돼.
망막 표면에는 빛을 받아들이는 시각 세포들이 퍼져 있어.
시각 세포들은 빛은 받지만 이 빛이 무슨 색인지, 무슨 물건인지 알지
못해.
이 빛이 가지고 있는 정보를 해석해서 내가 지금 뭘 보고 있는지를
알아내는 기관이 있어.
어딜까? 맞혀 봐!
정보를 분석해서 결과를 내놓는 똑똑한 기관!

그렇취! 뇌야.

사람의 뇌에는 다양한 부분이 있고, 각 부분이 맡은 역할이 달라. 나중에 자세히 볼 건데, 내가 지금 뭘 보고 있는지를 아는 건 제일 큰 부분인 대뇌에서 담당하고 있어.

빛은 눈이 받아들이지만 뭘 보고 있는지 아는 건 뇌라는 뜻이지.

그럼 눈에서 받아들인 빛을 뇌까지 보내줘야겠지?

눈 속으로 들어온 빛을 받을 수 있는 건 시각 세포이지만 시각 세포는 아는 게 없어.

외국에서 온 편지를 받았는데 모르는 언어로 되어 있으면 받은 건 나지만, 해석은 AI한테 부탁해야겠지?

시각 세포는 빛만 받아들이면 할 일이 끝나.

그걸 뇌가 분석할 거니까 뇌에 보내 주는 역할이 필요하겠지?

그건 시각 신경이 담당해.

신경은 정보를 전달해 주는 일을 하는 세포들이야.

망막에 있는 시각 세포들이 받은 빛을 시각 신경이 모아서 뇌로 가려고 하면 망막 뒤쪽으로 모여서 빠져나가는 부분이 있는데 거기는 시각 세포가 없어.

그 부분을 맹점이라고 하는데 들어 봤어?

책을 많이 읽는 사람은 들어 봤을 거야.

맹점에 빛이 오면 시각 세포가 없으니 빛을 받아줄 애가 없어.

그럼, 그 빛을 뇌에 갖다 주지 못하니까 우린 볼 수가 없는 거야.

그래서 어떤 일을 할 때 알고도 놓치는 일들이 생길 때 맹점이라는 표현을 써.

맹점이 드러났다거나 결정적인 맹점을 찾았다고 하는 식으로 말이야.

우리 눈이 얼마나 바보 같은지 볼까?

일단, 왼쪽 눈 감아.

오른쪽 눈으로 사자를 봐.

그 상태로 눈과 그림 사이의 거리를 한 뼘 정도 거리가 되도록 천천히 가까이 가 봐.

눈동자 돌리지 말고!

어떤 일이 벌어져?

사람이 갑자기 사라지지? 모르겠다고?

다시 해 봐!

천천히 가까이 가다 보면 순간적으로 사람이 사라졌다가 조금 더 가까워지면 사람이 다시 나타나.

이제 반대로 오른쪽 눈 감고, 왼쪽 눈으로 사람을 보면서 책을 천천히 눈에 가까이 가져와 봐.

어느 순간 사자가 사라지는 지점이 있을 거야.

그 거리에서 사자에서 반사된 빛이 내 눈 속 맹점에 들어와서 보고는 있지만 볼 수 없는 멍청한 순간이 벌어지는 거야.

눈에 관해 공부하면서 쌤은 눈으로 보는 것만이 진실이 아니라는 걸 알았어.

밤에 길을 가다 하얀 옷을 입은 귀신같은 게 지나가서 깜짝 놀라다가 보면 그냥 하얀색 종이가 바람에 날리는 경우도 있잖아.

쌤 어릴 때(라떼) 유명했던 이야기 하나 해 줄게.

한 친구가 눈 옆으로 소복을 입은 귀신이 자꾸만 지나가서 돌아보니 아무도 없더래. 알고 보니 아침 먹다 흘린 밥풀이 눈 옆에 묻어 있어서 그랬다나 뭐라나…. ㅎㅎ

맹점도 있지만 착시도 들어봤지?

똑같은 그림을 보는데 어떤 사람은 젊은 여자라고 하고 어떤 사람은 할머니로 보인다고 하는 거?

모르겠으면 착시 그림 검색해 봐.

엄청 많이 나와. 신기하고 재밌어.

두 번째로 소리를 듣는 청각으로 가 볼까?

소리를 받아들이는 기관은 귀잖아?

눈이 소리를 받아들이지는 않지?

우리 몸의 감각기관들은 역할 분담이 잘 되어 있어.

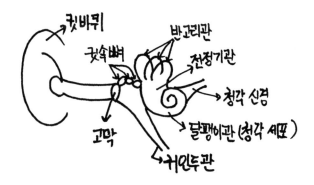

사람의 귓바퀴에 비하면 토끼나 코끼리 귓바퀴는 엄청 크지?

귓바퀴는 소리를 모아 주는 역할을 해.

귓바퀴 뒤에 손을 받친 상태에서 목소리를 내 봐.

손을 뗐다 붙였다 하면서 실험해 보면 손을 붙였을 때 소리가 더 크게 들리는 걸 알 수 있을 거야.

해 봐! 지금!

이렇게 간단한 실험도 안 하면서 무슨 과학을 하겠다고!

너희는 게으른 천재가 아냐!

게으른 중학생이지!

귓바퀴가 이렇게 소리를 모아주면 귓속으로 들어와서 끝에 있는 고막을 만나.

소리는 파동이라고 했지?

매질은 제자리에서 진동만 할 뿐, 실제로 이동하는 건 뭐다? 에너지.

고막은 얇은 막이라서 소리가 가지고 있던 에너지가 전달되어 진동해.

그 진동이 고막과 연결되어 있는, 우리 몸속에서 가장 작은 뼈 3개가 연결된 귓속뼈까지 전달이 돼.

그럼 귓속뼈는 진동을 크게 만들어 줘.

증폭된 진동은 연결된 달팽이 모양의 달팽이관으로 전달되는데, 달팽이관 속에 소리를 받아들이는 청각 세포가 들어차 있어.

진동을 느끼면 무슨 소리인지 청각 세포가 알까?

당연히 모르겠지?

시각 세포가 빛을 받기만 할 뿐 무슨 물체인지 모르는 것처럼, 청각 세포도 소리를 받기만 할 뿐 무슨 소리인지 몰라.

그럼 누가 알까? 뇌!

대뇌까지 소리를 갖다줘야 무슨 소리인지 분석할 수 있겠지.

누가 갖다 줄까?

그렇취! 신경!

청각이니까 청각 신경이 대뇌까지 전해 주는 거야.

귀는 청각을 담당하면서 동시에 몇 가지 일을 더 하고 있어.

달팽이관과 붙어 있는 전정 기관, 반고리관이라는 기관 보이지?

전정 기관은 몸의 기울어짐을 감지해서 우리가 똑바로 서거나 앉아 있을 수 있게 해 주고, 반고리관은 회전을 감지할 수 있게 해줘.

그래서 자꾸 어지러움을 느낀다면 일단 빈혈을 의심해 보고 빈혈이 아니라면 귀에 이상이 있다는 말이니까 이비인후과에 가서 진찰받아야 해.

앞의 그림에서 귀인두관이라고 보여?

이름도 특이하지?

얘는 우리 몸 안팎의 압력을 같게 해 줘.

터널을 지나거나 비행기를 탔을 때 귀가 먹먹한 경우 있지?

그건 우리 몸 안과 밖의 압력이 달라서 일어나는 현상이야.

우리 주변의 기압은 평균적으로 1기압이지만 늘 변한다고 했지?

우리 몸 안에서도 밖으로 1기압의 힘이 작용한다고 했었고.

또 잊어버린 사람 이제 없지?

안 배운 게 아니라 "기억이 안 납니다~."라고 해야겠지?

이렇게 귀가 먹먹해질 때 쌤은 침을 꿀꺽 삼키면 어느 순간 귀에서 삥~ 하고 뚫리는 느낌이 나.

비행기 이륙할 때 아기들이 우는 이유도 귀가 아파서 그런 경우가 많다고 해.

예방법으로 양쪽 귀를 종이컵으로 막아서 천천히 기압 변화에 적응하도록 하는 방법이 있다고 하니까 혹시 비행기 탈 때 귀가 아픈 사람은 참고해 봐.

이제 **후각**과 **미각**으로 가 볼까?

감기가 심해서 코가 막힌 상태로 밥을 먹으면 밥맛이 잘 안 느껴지지?

후각과 미각은 서로 협동해서 일하는 기관이야.

후각은 기체 상태의 물질을 받아들여서 냄새를 맡을 수 있게 해 주는데, 당연히 무슨 냄새인지 코는 모르겠지?

코에서 대뇌까지 갖다줘야겠지?

콧속은 동굴처럼 생겼는데 천장에 냄새를 받아들이는 후각 세포가 모여 있고 후각 신경이 붙어 있어.

후각은 특이한 점이 하나 있어.

매우 민감한 감각이지만 금방 피로해져 버려.

무슨 말이냐고?

친구 집에 놀러 가면 그 집 특유의 냄새가 내 코를 찌르지. 그런데 조금만 있다 보면 아무 냄새도 안 나잖아?

후각이 피로해져서 못 느끼는 거야.

미각은 혀가 담당하고 액체 상태의 물질이 있어야 맛을 알 수 있어.

혀 표면에 오돌토돌한 돌기가 많지?

그 돌기 옆면에 맛을 감지하는 맛 세포가 있고 미각 신경이 연결되어 대뇌까지 전달해 줘.

왜 미각 세포만 맛 세포라고 하는지는 모르겠네.

귀찮아. 궁금하면 찾아보든가.

쌤 때는, 그러니까 라떼는~ 사람이 느낄 수 있는 맛을 단, 짠, 신, 쓴맛 4가지라고 배웠어. 지금은 감칠맛도 맛이라는 게 밝혀졌대.

쌤은 네 가지 맛만 배워도 됐는데 너희는 다섯 가지나 배워야 해. 아유~ 꼬소해~.

꼬우면 일찍 태어나든가!

휴…. 사실 이것도 패자의 몸부림이지.

쌤은 어린 너희가 너무 부러워~

내가 졌소이다. 젖소 아니고!

자, 이제 마지막 감각이야. **피부감각.**

우리 피부에는 여러 가지 감각을 느낄 수 있게 해 주는 감각점이라는 게 있어.

통점, 압점, 촉점, 냉점, 온점이 있지.

한자를 배운 사람은 바로 알겠지?

통점(痛點)은 어떤 걸 느낄까?

그래, 고통이지. 아픈 거.

압점(壓點)은 누르는 거, 촉점(觸點)은 물체가 닿는 거, 냉점(冷點)은 차가운 거, 온점(溫點)은 뜨거운 거.

이런 감각점 중에서 우리 몸에 가장 많이 있어야 건강하게 잘 살 수 있는 건?

참고로 감각점이 많을수록 그 감각을 잘 느낄 수 있어.

우리 생명에 가장 중요한 감각점은 바로~~~~~~!

통점입니닷!

쌤도 통점이 많은지 조금만 다쳐도 많이 아파.

통점이 없다면 어떻게 될까?

눈에 보이지 않는 곳에서 피가 나거나 몸속에 통점이 없는 장기가 탈이 났는데 아프지 않다면 어떨까?

아픔이 느껴지지 않으니 치료를 못 하겠지?

대표적으로 간이 그래. 간에는 통점이 없어서 간암이 생기고 한참 지난 뒤에 검진을 받고서야 아는 경우가 많대.

무통증 환자라고 들어봤어?

통점도 감각이니까 대뇌까지 신경이 정보를 들고 가야 알 수 있지.

그런데 무통증 환자는 선천적으로 감각 신경이 생기지 않는다고 해.

그럼 뇌가 아픔을 못 느끼게 되어서 아프거나 다쳐도 병원에 가지 않아서 생명이 위험해지겠지.

아픔을 느낄 수 있는 것도 다행이지?

손등, 손바닥, 손가락 끝 중에서 어디에 가장 감각점이 많을까?

제일 예민한 부분이 어딜까?

궁금하지?

친구에게 이쑤시개 두 개를 주고 간격을 넓게 해서 손등을 가볍게 찔러달라고 해 봐.

손등을 찌른 이쑤시개가 두 개라는 게 느껴지면 간격을 점점 좁혀 봐.

어느 정도 간격까지 두 개로 느껴지는지 알아보는 거야.

손바닥과 손가락 끝도 마찬가지로 실험해 봐.

눈을 감고 집중해 봐.

친구가 이쑤시개 두 개로 동시에 누르는데 어느 순간 하나로 느껴지는 거리가 있을 거야.

그걸 찾아내 보면 신기할 정도로 손가락 끝은 예민한데, 손등은 바보 같다는 걸 알 수 있어.

안 해 보면 몰라. 꼭 해 봐.

대신 믿을 수 있는 친구에게 부탁해야 해.

장난이 많은 친구에게 부탁하면 손에 빨간 점이 수십 개 찍혀 버릴 수도 있어.

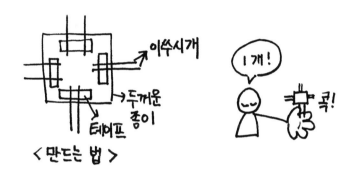

참고로 매운맛은 맛이 아니라 통증이라는 말 들어 봤지?

미각이 아니고 혀가 느끼는 피부감각이야.

통점 담당이지.

지금까지 배운 감각기관들이 감각을 아는 건 아니라고 했지?

누가 안다?

뇌! 특히 대뇌!

그럼, 감각기관이 받아들인 자극을 대뇌까지 전달해 주는 건 누구?

각종 신경이라고 했지?

이제부턴 이 신경들에 대해 알아볼 거야.

시각 신경이나 청각 신경처럼 신경은 **뉴런**이라고 하는 세포가 엄청 많이 연결된 걸 말해.

만유인력 법칙을 발견한 뉴턴의 이름을 발음을 굴려서 말하면 뉴런이 되지만 뉴턴(Newton)과 뉴런(Neuron)은 영어 철자가 달라.

시각 세포가 빛을 받아들이면 그 신호를 앞에 있는 뉴런이 다음 뉴런에 전달해 주고, 다시 그다음 뉴런으로 전달해 주는 시스템이야.

교실에서 제일 뒷자리 학생에게 물건을 건네 줄 때, 앞자리 학생에게 주면 차례차례 뒤로 전달하는 것과 비슷해.

이거 어디서 들어본 것 같지?

열의 전달 방식 중에서 전도랑 비슷하잖아.

바로 옆에 있는 물체에 열을 전달해서 끝까지 퍼져 나가는 열의 이동 방식.

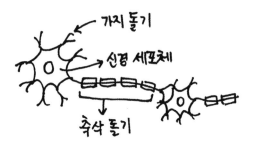

뉴런은 다른 뉴런으로부터 자극을 전달받는 가지 돌기와 받아들인 자극을 다른 뉴런에 전달해 주는 축삭 돌기, 그리고 세포가 살기 위해 필요한 각종 기구가 모여 있는 신경 세포체로 이루어져 있어.

뉴런의 모양은 역할에 따라 조금씩 달라.

뉴런은 감각 뉴런, 연합 뉴런, 운동 뉴런 세 가지가 있지.

시각 신경이나 청각 신경처럼 감각기관에서 받아들인 자극을 뇌까지 전달해 주는 뉴런들을 감각 뉴런이라고 해.

애들이 정보를 뇌에 전달해 주면 뇌 속에 가득 차 있는 **연합 뉴런**들이 받은 정보를 종합해서 분석하고 판단해서 명령을 내리는 일을 해.

연합 뉴런이 명령을 내리면 실제로 명령대로 움직이는 손이나 다리 같은 기관에 명령을 전달해 주는 역할을 하는 게 **운동 뉴런**이야.

뉴런들이 어떻게 움직이는지 볼까?

길을 걷다가 오만 원짜리가 떨어져 있어.

어떻게 해?

내가 가질까, 주인을 찾아줄까, 고민하겠지.

내가 갖지 않고 주인을 찾아주기로 하더라도 일단은 돈을 주워야겠지?

돈을 보려면 눈으로 돈에서 반사된 빛이 들어와야지?

그다음은? 빛이 눈 속에 있는 시각 세포에 흡수되고 시각 신경, 즉 감각 뉴런이 정보를 들고 뇌로 가겠지?

그럼 뇌에 있는 연합 뉴런들이 돈을 주워야겠다고 결정하겠지?

뇌는 돈을 주울 수가 없어. 누가 주워? 손이 주워야지.

걸음을 멈추고 허리를 굽혀서 팔을 뻗어서 손가락을 이용해서 돈을 집어서 들어 올려야겠지?

운동 뉴런들이 이런 명령을 듣고 다리, 허리, 팔, 손가락 근육에 가서 전달해 주면 돈을 주울 수 있는 거야.

신기하고도 복잡하지?

더 신기한 건 이런 복잡한 과정이 아주 짧은 시간에 일어난다는 거야.

우리 몸은 알면 알수록 신기한 것투성이지.

이런 신경들이 우리 온몸에 퍼져 있는데, 모두 모아서 신경계라고 해.

'계' 무슨 뜻인지 이제 알지?

모른 척하지 마.

우리 몸의 신경계를 역할에 따라 두 가지로 나눌 수 있어.

연합 뉴런이 많이 모여서 주로 명령을 내리는 일을 하는 것들을 **중추 신경계**라고 하고, 정보나 명령을 전달하는 감각 뉴런과 운동 뉴런들을 **말초 신경계**라고 해.

말초 신경계는 우리 몸 전체에 퍼져 있어서 따로 보지는 않을 거고 중추 신경계는 고차원적인 일을 하니까 좀 더 알아보자구.

중추 신경계는 연합 뉴런이 모여 있는 뇌뿐만 아니라 척수라고 해서 우리 몸의 제일 중심 뼈인 척추뼈 속을 통과하는 신경들을 말해.

척수도 뇌만큼은 아니지만 명령을 내리거든.

교통사고가 나서 하반신 마비가 된 경우 들어봤지?

척추뼈 속에는 척수도 있지만 척추는 수많은 감각 뉴런과 운동 뉴런이 지나다니는 핵심 통로야.

그러니 척추를 다치면 그 속에 있는 뉴런들이 끊어지겠지?

허리 쪽에서 끊어지면 허리 아래쪽의 감각 뉴런들이 감각을 뇌까지 전달하지 못하니까 감각을 느끼지 못하게 돼.

마찬가지로 뇌가 다리에 걸음을 걷도록 명령을 내려도 운동 뉴런들이 전달받지 못하니 걸을 수가 없는 거야.

만약 교통사고가 심하게 나서 목 부근을 다쳐 신경이 끊어져 버리면 목 밑에 있는 모든 기관을 못 움직이게 되는 거지.

지금부터는 중추 신경계에 속하는 **뇌**와 **척수**가 구체적으로 어떤 일을 하는지 알아볼 거야.

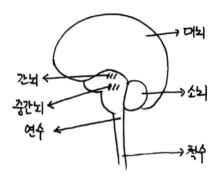

그림은 왼쪽을 보고 있는 뇌의 모습이야.

뇌는 머리 꼭대기에 가장 큰 자리를 차지하는 대뇌, 그 밑으로 간뇌, 중간뇌, 연수가 있고, 뒤쪽으로 소뇌가 있어.

뇌의 제일 아랫부분인 연수는 척수와 연결되어 있지.

대뇌는 앞에서 봤듯이 감각도 담당하지만 주로 고차원적인 사고를 담당해.

너희가 하기 싫어하는 공부, 생각, 기억 같은 거.

대뇌 아래쪽에 있는 간뇌는 체온조절 등 우리 몸의 상태를 일정하게 유지하는 일을 해.

중간뇌는 앞쪽에 있는 눈의 조절과 관련된 일을 하고, 소뇌는 뒤에서 균형을 잡는 일을 주로 해.

뇌의 아래쪽에 있는 연수가 진짜 중요한 부분이야. 생명과 직결된 일을 다 얘가 담당하지.

심장 박동, 소화 운동, 호흡 운동.

척수는 뇌와 다른 신경들을 연결해 주기도 하지만 무조건 반사라는 걸 담당하기도 해.

무릎 반사라고 들어 봤어?

높은 의자나 책상에 앉아 다리에서 힘을 뺀 상태에서 무릎뼈 아래쪽 쏙 들어간 부분을 가볍게 툭 치면 다리가 갑자기 들어 올려지는 거.

아니면 뜨거운 걸 만졌을 때 어때? 바로 손을 떼지?

이렇게 생각 없이 저절로 일어나는 반응을 무조건 반사라고 해.

이런 무조건 반사의 일부를 척수가 담당하지.

뜨거운 걸 만졌을 때, 손을 떼라는 명령을 뇌가 내린다면 뇌까지 정보가 전달되고 다시 명령을 받아서 손으로 내려오기까지 시간이 좀 걸리잖아.

근데 척수까지만 갔다 오면 시간이 훨씬 줄어서 크게 다치는 걸 꽤 방지할 수 있겠지?

우리 몸은 공부하면 할수록 참 잘 만들어져 있는 것 같지 않아?

우리 몸에는 신경계처럼 즉시 반응이 나타나는 시스템도 있지만 느리지만 꾸준히 일어나도록 하는 시스템도 있어.

신경은 뉴런이라는 세포가 직접 정보를 전달하면서 즉시 반응이 일어나지만 이건 한 번만 가능해.

반대로 우리 몸에서 무언가를 분비해 온몸을 돌게 하면서 느리지만 계속 반응이 일어나도록 하는 시스템도 있어.

바로 호르몬!

우리 몸속에 호르몬을 만들어 내는 곳들이 있는데 이곳들을 내분비샘이라고 해.

이름이 좀 어렵지?

호르몬은 우리 몸에 도움이 되는 화학 약품이라고 생각하면 돼.

내분비샘에서 만들어져서 혈액을 타고 온몸을 돌아다니다가 그 호르몬이 필요한 기관에 도착하면 자기 역할을 할 수 있게 되어 있어.

신경은 필요한 곳에 바로바로 연결되어 즉시 반응이 일어나는데, 호르몬은 온몸을 그냥 돌아다니다 얻어걸리면 제대로 일을 하는 거야. 웃기지?

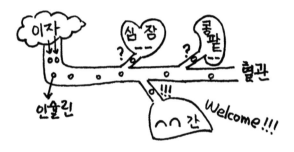

게다가 호르몬 양이 많아도 병, 적어도 병에 걸려.

웃기면서 까다로운 호르몬은 종류가 너무 많은데 물론 다 알 필요 없겠지?

쌤이 꼭 필요한 몇 가지만 알려줄게.

먼저 지금 너희들에게 아주 중요한 성장 호르몬.

성장 호르몬 주사 맞아본 사람 있어?

우리나라에서는 아이들 키에 왜들 그리 관심이 많은지.

성장 호르몬은 중간뇌 앞쪽에 있는 뇌하수체라는 곳에서 만들어져서 몸이 잘 자라게 해 줘.

성장 호르몬이 너무 많이 분비되면 거인증, 너무 적으면 소인증에 걸려.

적당히 분비되는 게 제일 좋아.

목 안쪽에는 갑상샘이라는 곳이 있는데 여기서 티록신이라는 호르몬이 분비돼.

티록신은 세포 호흡을 촉진하고 체온 유지를 해 주는데, 티록신이 부족하면 세포 호흡이 줄어들어서 에너지를 못 만들어 내니까 먹는 것들이 쌓여서 붓고 체중이 증가해.

반대로 티록신이 너무 많이 분비되면 식욕은 왕성해지는데 먹는 것을 모두 에너지로 만들어 버려서 살이 갑자기 빠진다고 해.

지금부터 다룰 두 호르몬은 절대 잊으면 안 돼.

만들어지는 내분비샘은 같아.

소화할 때 위 뒤쪽에 가려진 옥수수 모양의 이자 기억나?

이자는 소화에서도 무지 중요했지?

탄, 단, 지 3가지 소화효소를 모두 만들어 내는 기관이었잖아.

이자는 호르몬을 이야기할 때도 무지 중요해.

인슐린과 글루카곤이라는 호르몬을 분비해.

혹시 이 글을 읽고 있는 학생 중에 소아당뇨가 있는 사람은 쌤보다 전문가겠지?

우리 몸속 혈액에는 소화가 끝난 영양소인 포도당이 돌아다녀.

포도당을 세포들에 전해 주면 에너지를 만들어 내어서 잘 살아가는데, 혈액 속에 있는 포도당의 농도가 일정해야 건강해.

포도당이 적으면 포도당을 전달받지 못하는 세포가 생길 거니까 그럼 세포가 살 수가 없잖아?

그렇게 되면 간에 저장되어 있던 포도당을 꺼내서 써야 해.

반대로 혈액 속에 포도당이 너무 많으면 다시 간에 저장해야 하고.

'혈액 속 포도당의 양'을 줄여서 혈당량이라고 해.

혈당량이 적당해야 우리가 잘 살아가니까 이걸 잘 조절해 줘야 해.

그걸 누가 한다?

인슐린과 글루카곤.

둘 다 어디서 만든다? 이자.

밥을 먹고 소화를 시키면 혈액 속에 포도당이 너무 많아요 = 혈당량이 높아요~! 그럼 누가 출동?

혈당량을 줄여 주는 호르몬인 인슐린이 출동하는 거야.

인슐린이 출동해서 세포들이 빨랑빨랑 포도당을 흡수할 수 있게 하든지, 남는 포도당을 빨리 간에 저장하게 하는 거야.

반대로, 운동을 너무 심하게 하면?

세포들이 운동하느라 에너지를 많이 써서 혈액 속에 포도당이 부족하겠지. 누가 출동?

글루카곤이 출동해서 간에 저장되어 있던 포도당을 꺼내서 혈액 속에 뿌릴 수 있게 해 주는 거지.

한마디로 인슐린과 글루카곤은 뗄 수 없는 관계야.

이자에 이상이 있어서 이 두 호르몬을 잘 만들어 내지 못하면 당뇨병에 걸려.

당뇨병은 포도당이 오줌에 섞여 나오는 병이란 뜻이야.

오줌으로 나온다는 말은 버린다는 말이지.

포도당은 세포들이 에너지를 만들어 내서 우리 몸이 살아갈 수 있게 하는 아주 중요한 물질이니까 버리면 안 돼.

Ⅲ-6.

생식과 유전
과학이 조금 재미있어지려 하는군

대한민국 중학생 모두가 기다리던 단원이 나왔군.

과학 시간마다 엎드려 있던 학생들이 모두 눈을 초롱초롱 빛내며 듣는 유일한 단원!

과학이 조금 재밌어지려니까 벌써 중학교 과학 끝날 때가 다 되었네.

이게 거의 마지막 단원이라고 봐도 돼.

뒤에 있는 단원 두 개는 금방 끝나는 단원이거든.

그럼, 대망의 생식 단원 들어가 볼까요? ㅎㅎ

지구에 태어난 생물들의 유전자에 새겨진 본능! 생식!

일단 생명체가 자라야, 다시 말해 성장해야 생식이 가능하겠지?

여기서 끝나지 않는 토론 거리 하나 투척!

닭이 먼저야, 달걀이 먼저야?

이 세상에 달걀이 먼저 생겨서 병아리가 닭이 되어 다시 달걀을 낳았을까, 아니면 닭이 먼저 생긴 다음 닭이 달걀을 낳았을까?

쌤이 수업 시간에 이 질문을 던지면 정말 다양하거나 황당한 대답들이 나와.

근데 쌤은 과학적인 대답보다는 황당하더라도 창의적인 대답을 더 좋아해.

너희의 대답은 뭐야?

혹시 세상에서 이 대답은 나밖에 못 한다고 생각하는 사람 있으면 쌤 이메일로 답 보내 줘.

아무튼 대부분의 다세포 생물은 성장하면서 몸이 커지잖아?

시간이 흐르면서 아기가 어른이 된다는 건 사람을 이루는 세포가 커진다는 걸까, 많아진다는 걸까?

이 문제에 답하려면 먼저 세포가 살아 있는 존재라는 걸 기억해야 해.

생물체를 이루는 기본 구조는 원자나 분자가 아니랬지?

살아 있으면서 가장 작은 덩어리인 세포가 모든 생명체의 기본 구조가 된다고 했어.

세포가 살아 있다는 말이 뭘까?

쉽게 말해 먹고 싸야 해.

근데 성장하면서 세포가 무한정 커지게 되면 세포 속으로 포도당과 산소가 들어가기가 쉬울까, 어려울까?

에너지를 만들고 난 찌꺼기인 이산화 탄소와 물이 빠져나오기 쉬울까? 어때?

시간이 오래 걸리겠지?

그 말은 세포가 호흡해서 에너지를 만들어 내기가 어렵다는 뜻이야.

사탕을 먹을 때도 사탕 크기 그대로 녹여 먹는 게 빠를까, 이로 부셔서 작게 잘라서 녹여 먹는 게 빠를까?

당연히 작게 부술 때 더 빨리 녹겠지?

이건 표면적이라는 용어를 알면 쉬워.

'표(表)'는 바깥이라는 뜻이니까 '표면적'은 바깥의 넓이를 말해.

왕사탕을 그냥 통째 빨아 먹을 때는 바깥에만 침이 묻지만, 부수어서 먹으면 잘게 부서진 표면에도 침이 묻으니 더 빨리 녹겠지?

침이 묻을 수 있는 표면적이 늘어났으니까.

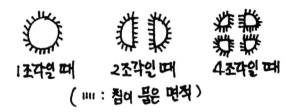

그래서 세포는 일정 크기 이상 자라다가 물질을 교환하기 어려울 정도의 크기가 되면 몸을 두 개로 쪼개 버려.

그걸 **세포 분열**이라고 해.

지금부터 세포 분열에 대해 배워 볼 거야.

눈 크게 떠! 중요해!

세포 분열은 세포를 두 개로 쪼갠다는 뜻이야.

세포 속에 있는 많은 물질을 똑같이 두 개로 쪼개야 두 세포가 다 살 수 있겠지?

만약 세포 두 개 중 하나에만 핵이 들어가 있거나, 하나에만 마이토콘드리아가 들어가 있다면 나머지 세포는 살 수 있을까? 못 살겠지?

세포의 구조에 대해 배울 때 세포가 살아가기 위한 모든 활동을 통제하는 부분이 어디라고 했지?

핵이라고 했지?

그래서 세포는 분열할 때 핵이 먼저 분열한 다음 나머지 부분이 분열해.

근데, 세포의 핵 속에는 너무너무너무 중요한 물질이 들어가 있어.

DNA나 유전자 들어 봤어?

유전자는 너희가 왜 그렇게 생겼는지를 알려 주는 정보라고 생각하면 되고, DNA는 그 정보가 들어 있는 설계도라고 할 수 있어.

이 소중한 설계도를 잘 감싸서 뭉쳐 놓은 걸 염색체라고 해.

세포 하나만 있어도 그 안에 있는 핵 속에 그 생물의 염색체, 즉 유전자가 다 들어가 있어.

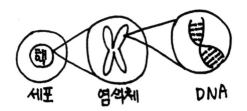

그래서 범죄자가 피 한 방울, 머리카락 한 올만 흘리고 가도 과학 수사대가 가져가서 분석하면 어떤 유전자를 가진 사람인지 알아낼 수 있지.

분석한 자료를 가지고 용의선상에 오른 사람이나 감옥에 있는 사람들의 유전자와 비교해 보는 거야.

그러다 똑같은 유전자를 발견하면? 범인을 찾은 거지.

그렇게 해서 20년 전 살인사건의 범인을 밝힌 경우도 있어.

이런 일도 있었어. 어떤 도둑이 물건을 훔치고 나왔는데 갑자기 똥이 너무 마려워서 옆집 정원에 싸고 도망갔대.

옆집 사람이 이걸 신고했고 과학 수사대가 그 똥을 조심히 가져가서 똥 표면에 있던 대장 세포를 찾아내서 범인을 찾아낸 경우도 있다는 거야. 신기하지?

내 몸속의 모든 세포가 왜 똑같은 유전자를 가지고 있는지는 세포 분열을 이해하면 알 수 있어.

사람의 세포에서 핵을 하나 꺼내 그 속에 염색체의 수를 세어 보니 46개라는 걸 발견했는데 신기하게도 크기와 모양이 같은 염색체가 두 개씩 있는 거야.

염색체 모양이 같다는 뜻으로 **상동 염색체**라고 해.

상동 염색체가 있는 이유는 바로~ 하나는 아빠에게서 하나는 엄마에게서 물려받아서 그런 거야.

아빠의 정자와 엄마의 난자가 합쳐져서 아기가 만들어지는 건 알고 있지?

왠지 '다 알아요~!' 하는 음흉한 얼굴이 보이는 것 같은데 생식과 관련해서 과학적으로는 너무 모르더라구.

열심히 잘 읽어 봐.

하여튼 정자와 난자도 세포야. 신기하게도 정자는 사람 몸에서 가장 작은 세포, 난자는 가장 큰 세포야.

정자와 난자 속에 있는 핵 속에는 염색체가 23개씩 있는데 두 핵이 결합하면서 46개가 되는 거야.

그렇다면 여기서 질문!

사람 몸을 만들 수 있는 정보는 몇 개의 염색체 속에 들어 있을까요?

정답은 23개야.

그런데 아빠에게서 23개, 엄마에게서 23개를 받으면 결국 똑같은 정보를 두 개씩 물려받게 되잖아?

그럼 아기가 누구를 닮게 되는지는 뒤에서 다룰 유전에 가서 알아보기로 하고.

사람의 세포 하나 속에는 염색체가 46개가 있는데 두 개씩 똑같은 애들이 있는데 그걸 뭐라고 한다?

상동 염색체.

염색체를 연구하다 보니 남자와 여자에게서 각기 모양이 다른 염색체가 나온 거야.

44개 염색체는 같은데 두 개가 다르게 생겼어.

어떤 염색체에 사람의 성을 결정하는 유전자가 들어 있는지는 빨리 알아냈겠지?

성을 결정하는 두 개의 염색체 중 큰 건 X, 작은 건 Y라고 이름 붙이고 보니 여자는 X가 두 개, 남자는 X염색체 하나에 Y염색체 하나가 있는 거야.

자, 그럼 세포 분열로 돌아가 보자. 세포 속의 핵을 나누어야 하는데 똑같이 나누어야 한다고 했지?

제일 중요한 점은 염색체를 똑같이 나누어야 하는 거야.

만약 염색체를 잘라서 숫자만 똑같이 나눈다면 어떻게 될까?

염색체 속에는 유전자 정보를 갖고 있는 DNA라는 물질이 있는데 이게 잘려 버리면 정상적인 사람이 만들어지지 못해.

그래서 신기하게도 세포가 커져서 세포 분열을 시작하기 전에 염색체를 복사해서 두 배로 만들어 놔.

똑똑하지?

미안하지만 세포 분열은 두 종류가 있어.

온몸의 세포들이 하는 **체세포 분열**, 정자와 난자 같은 생식 세포를 만
드는 생식 세포 분열이 조금 달라.

먼저 조금 쉬운 체세포 분열 먼저 볼게.

체세포의 '체'는 한자로 '몸 체(體)'를 써. 체세포는 우리 온몸의 세포
들을 말해.

먼저, 세포는 무한정 커지면 먹고 싸는 게 힘들어져서 분열이 꼭 필요
하다고 했지?

세포 분열을 할 만큼 커진 세포는 분열을 준비해야 해.

제일 중요한 건 염색체를 똑같이 나누는 거랬지?

분열을 시작하기 전에 미리 염색체를 두 배로 복사해.

그런 다음 핵분열이 시작되거든.

그림을 보면서 얘기해야 하는데, 그리기 힘드니까 염색체가 4개인 아
주 간단한 생물의 세포 분열을 그려 볼게.

사람의 세포 분열을 그리려면 염색체 46개를 그려야 하니 종이가 터
져 나가든지, 쌤이 폭발해 버릴 거야.

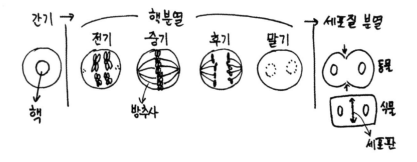

먼저 세포가 무럭무럭 자라면서 세포 분열을 준비하는 시기를 '사이간(間)'을 써서 간기라고 해.

세포가 분열하면 만들어지는 두 개의 세포를 딸세포라고 하고, 분열 전의 세포는 모세포라고 해.

모세포 하나가 분열하면 딸세포 두 개가 만들어지고, 만들어진 딸세포는 다시 무럭무럭 자라는 거야.

그럼 딸세포가 다시 모세포가 되는 거지.

이렇게 세포 분열은 계속 일어나니까 분열하지 않고 무럭무럭 자라는 시기를 간기라고 불러.

조금 이해가 돼?

간기 때 가장 중요한 일은 좀 전에 말했듯이 염색체를 두 배로 복사하는 거야.

두 딸세포에 똑같이 나누어 줘야 하니까 똑같이 복사한 프린트 두 장씩 들고 있는 거야.

그때 프린트 한 장에 해당하는 걸 염색분체라고 불러.

염색분체 두 개는 내용이 똑같으니까 염색체 수는 하나라고 봐야지.

준비가 끝나면 핵분열이 시작돼.

핵분열은 전기-중기-후기-말기로 나누고 핵분열이 끝나면 나머지 세포질 분열이 일어나.

핵분열 1단계인 전기에는 어떤 일이 일어나게?

핵을 구성하는 물질들이 나누기 좋게 뭉쳐서 염색체가 나타나고 염색체를 양쪽으로 끌고 갈 방추사라고 하는 실이 만들어지기 시작해.

중기에는 염색체들이 중간에 나란히 일렬로 줄을 서고 방추사들이 염색분체에 하나씩 달라붙어.

후기에는 반으로 나뉜 염색분체를 양쪽으로 끌고 가.

말기에는 염색체를 다 나누었으니까, 염색체가 다시 풀어져서 뭉치면 동그란 핵이 나타나.

이렇게 핵이 다 나누어지고 나면 마지막으로 세포질이 분열하지.

동물은 클레이 반죽 나누듯이 밖에서 안으로 세포막이 생기면서 두 개로 나누어져.

식물은 세포벽이 있어서 두 겹이라고 했던 거 기억나지?

그래서 식물은 나누어질 때 안쪽에서 바깥쪽으로 세포판이라고 하는 막이 하나 더 생기면서 나누어져.

어때? 참 쉽죠잉~?

이젠 **생식 세포 분열**로 가 볼게.

생식 세포가 뭘까?

남자는 정자, 여자는 난자가 해당하는데 자손, 즉 아기를 만들기 위한 세포를 생식 세포라고 해.

만약에 정자나 난자를 만들 때 체세포 분열을 한다고 하면 정자와 난자 속 염색체가 몇 개씩?

46개씩 들어 있겠지?

그럼 정자와 난자의 핵이 합쳐져서 아기가 만들어지면 그 아기의 세포 속에는 핵이 몇 개가 돼?

92개가 되겠지?

염색체 92개로 아기를 만들면 우리와 같은 모습의 아기가 만들어질까? 아니겠지?

염색체 수가 46개가 아니면 사람이 아니야.

만약에 염색체를 92개 가진 아기들이 태어났다고 생각해 볼까? 남자 아기가 커서 만든 92개짜리 정자와 다른 여자 아기가 커서 만든 92개짜리 난자가 합쳐지면 그다음엔 184개짜리 아기가 태어난다는 말이잖아.

그 아기가 또 아기를 낳으면?

그럼 너희 몸속에 있는 세포 하나의 염색체 수를 셀 수 있을까? 아닌 거 알겠지?

그래서 정상적인 사람이 가진 염색체인 46개를 만들기 위해서 정자와 난자는 염색체를 반으로 줄여서 23개를 만들어.

앞에서 쌤이 염색체 23개면 사람을 만들 수 있다고 했지?

그럼 정자나 난자와 같은 생식 세포는 체세포 분열을 하면 된다, 안 된다?

그렇지! 다른 방법을 써야겠지?

염색체 수를 23개로 줄이는 분열을 해야 해.

수를 줄이니까 감수분열이라고 불러.

생식 세포 분열은 체세포 분열과 다르게 모세포 하나가 분열을 두 번 해.

그럼 딸세포가 몇 개 만들어져?

그렇취! 4개.

그럼 생식 세포 분열 시작해 볼까?

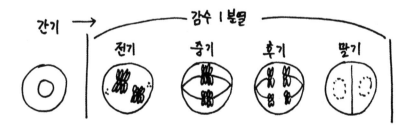

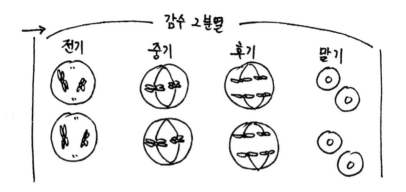

간기에는 생식 세포도 염색체를 두 배로 복사해.

그러다가 첫 번째 분열을 시작하는데 이걸 감수 1분열이라고 불러.

감수 1분열 속에 체세포 분열처럼 전기-중기-후기-말기가 있어.

먼저 감수 1분열 전기를 볼 건데 여기가 진짜 핵심이야.

크기와 모양이 같은 염색체가 있다고 했는데 이름이 뭐라고 했었지? 상동 염색체!

감수 1분열 전기에 상동 염색체끼리 붙어 버리는데, 이걸 2가 염색체라고 불러.

체세포 분열에선 상동 염색체인 두 염색체가 따로 움직였는데 여기선 두 개가 붙어서 한 덩어리로 움직이는 거야. 나머지는 체세포 분열과 거의 같아.

중기에 방추사가 나와서 2가 염색체에 달라붙고, 후기에 끌려가는데 상동 염색체가 하나씩 반대쪽으로 끌려가는 거야.

그래서 후기에 끌려간 염색체 수를 조사해 보면 한쪽에 23개씩 들어가 있는 거야.

감수 1분열에서 염색체의 수가 벌써 반으로 줄어든 거지.

감수 1분열이 끝나자마자 바로 감수 2분열이 시작되는데, 염색체가

23개로 줄어든 상태에서 간기 때 복사해 뒀던 염색분체가 나누어지는 거야.

그러면 감수 2분열이 끝난 딸세포 속에는 염색체가 그대로 23개 들어가 있는 거지.

이렇게 힘들게 만든 정자와 난자가 어떻게 만나서 아기를 만드는지 과정을 볼게.

이 순간을 기다려 왔지? ㅋㅋ

생식 세포 분열을 끝낸 딸세포는 남자 몸에서 정자로 변하고, 여자 몸에서는 난자로 변해.

그런 다음 성관계를 하게 되면 정자가 여자의 몸속으로 들어오는 거야.

기가 시간에 남녀 생식기 차이는 배웠지?

근데 3학년 때 수업하면 하나도 기억 못 하더라?

기관의 명칭 정도는 알아두도록 해.

일단 임신과 출산을 여자가 하니까 여자의 생식기 구조를 특히 더 잘 알아야 해.

정자는 운동하기 위한 꼬리가 있는 게 특징이고, 난자는 영양분을 많이 가지고 있어서 사람의 세포 중 가장 커.

남녀가 성관계하게 되면 정자가 여자의 몸 안에 배출되는데 이걸 사정이라고 해.

정자가 배출되면 난자를 만나러 열심히 헤엄쳐서 가야 하는데, 정자는 사람의 세포 중 가장 작기 때문에 우리에겐 짧은 거리라도 정자에게는 엄청나게 멀고 험난한 과정이 되는 거야.

그래서 한 번 사정될 때 배출되는 정자가 몇억 마리라고 하는데 살아서 난자에 도착하는 애들은 얼마 없다고 해.

　요즘 정자가 건강하지 못한 사람이 많아서 임신이 힘든 경우도 많고, 무정자증이라고 정자가 없는 경우도 있다고 해.

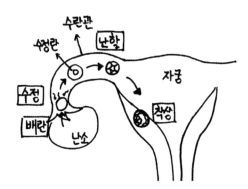

　난자는 난소에서 한 달에 한 개 정도 배출되는데 이걸 배란이라고 해.

　난소에서 난자가 수란관이라는 길에 배란되면 먼저 와서 기다리고 있던 정자와 만나게 돼.

　이렇게 정자와 난자가 만나는 걸 수정이라고 하는데, 잠깐! 아직 임신이 아니야! 기다려!

　옛날엔 몇억분의 일 확률로 제일 먼저 도착한 정자가 난자와 수정되는 줄 알았는데, 알고 보니 일등 정자는 난자 벽을 뚫다가 힘이 빠져 버린다고 해.

　그럼 나중에 온 정자는 일등 정자가 뚫어 놓은 곳으로 쏙 들어가는 거야.

　수정된 세포를 수정란이라고 하는데, 수정란 세포 속에는 염색체가 몇 개?

　그렇지! 정자 23개+난자 23개 = 46개인 정상적인 사람이 될 준비가 끝난 거야.

이제부턴 무럭무럭 자라기 위해서 수정란이 세포 분열을 시작할 거야.

이걸 난할이라고 불러. 난할은 체세포 분열을 할까, 생식 세포 분열을 할까?

당연히 체세포 분열을 하겠지?

근데, 빨리 세포의 수를 늘려야 해서 크기를 키울 시간이 없어.

계속 분열만 하니까 세포의 수는 늘어나는데, 세포 하나의 크기는 점점 작아지는 거야.

여름에 수박 한 통을 여러 명이 나누어 먹으려면 작게 여러 조각으로 잘라야 하는 것과 비슷해.

수정란 하나가 세포 분열을 해서 내가 만들어진 거니까 내 몸의 모든 세포는 똑같은 염색체를 가지고 있다는 거야. Understand?

난할을 하면서 수정란은 수란관을 타고 이동하고, 자궁에 도착한 후 자궁벽에 들러붙어.

이걸 착상이라고 하는데, 이제부턴 임신이 되었다고 해.

착상이 안 되면 수정란이 몸 밖으로 나가버리니까 임신이 아니야.

자궁벽에 착상된 수정란은 엄마에게서 영양분을 받고 무럭무럭 자라는 거야.

사람의 첫 출발은 수정란에서 시작하지?

수정란은 정자가 갖고 있던 염색체 23개와 난자가 갖고 있던 염색체 23개가 합쳐졌기 때문에 똑같은 상동 염색체가 두 개씩 있지.

물론 각 염색체가 들고 있는 유전자는 다르고.

정자는 아빠의 유전자를, 난자는 엄마의 유전자를 가지고 있지.

내가 두 개씩 받았으니까 아빠와 엄마를 반반 닮을까? 어떨까?

어떤 모습으로 유전되는지 알아볼까?

유전에 관해서 이야기하려면 제일 먼저 오스트리아 수도사 멘델에 관해 알아봐야 해.

멘델은 7년 동안 완두콩을 키우면서 유전에 관련된 다양한 자료를 정리해서 발표했대. 근데 아무도 관심을 주지 않았다가 나중에 다른 과학자가 이를 연구해서 알려졌어.

이런 과학자 앞에 더 나왔지?

그래. 대륙이동설을 발표했던 베게너도 불쌍하고, 멘델도 불쌍하지?

멘델이 완두콩을 키웠으니까, 우리도 완두콩에 대해 알아보자구.

쌤은 완두콩 별로 안 좋아해.

자장면 속에 있는 건 먹지만 굳이 밥에 넣어 먹지는 않아. 너희는 어때?

유전을 공부하려면 몇 가지 단어를 이해해야 해.

형질, 대립형질, 순종, 잡종, 유전자형, 표현형, 자가 수분, 타가 수분, 우성, 열성.

많아? 별거 없어.

형질은 자손에게 물려줄 수 있는 특징을 말해.

나비와 사람의 형질을 비교해 보자.

나비는 날개의 모양과 색이 형질이 될 수 있지만, 사람은 날개가 없잖아?

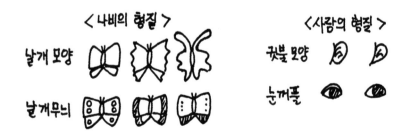

대신 손가락과 발가락의 개수가 형질이 될 수 있어.

거북이는 등딱지 모양을 새끼에게 물려줄 수 있고, 나무는 잎의 모양을 물려줄 수 있겠지.

우리의 주인공 완두콩은 어떨까?

멘델이 완두콩의 색깔과 모양, 완두의 키, 꽃의 색 등 다양한 형질을 연구했는데, 제일 중요한 건 완두콩의 색깔과 모양이야.

이 두 가지 형질을 가지고 유전 공부를 해 볼 거야.

한 형질을 연구하면 여러 가지 종류가 나오는데 그걸 **대립형질**이라고 해.

완두콩의 색깔은 노란색과 초록색 두 가지가 있고, 모양은 둥근 것과 주름진 것이 있어.

이걸 대립형질이라고 해.

사람의 홍채(눈동자) 색이 가진 대립형질은 뭐가 있어?

검은색, 갈색, 회색, 녹색, 파란색 등등…. 너무 많지?

완두콩은 대립형질이 두 가지로 뚜렷하게 대비되는데 사람은 애매하게 너무 많아서 연구가 힘들어.

순종과 잡종은 뭘까?

강아지를 생각해 보면 쉬워.

우리나라에서 인기 있는 품종인 몰티즈끼리 교배했을 경우 계속 몰티즈가 나오면 순종, 아니면 잡종이라고 하잖아.

몰티즈 새끼가 몰티즈 유전자만 들고 있으면 순종, 다른 종류의 유전자가 섞여 있으면 잡종이라고 해.

유전에서는 조금 다른데 **순종**은 유전자가 똑같은 것만 들고 있다는 뜻이야.

앞에서 정자 속 염색체와 난자 속 염색체가 만나서 자손이 만들어진다고 했잖아.

그 말은 정자 속에 있던 유전자와 난자 속에 있던 유전자가 만나서 자손이 생기는데, 이 두 유전자가 똑같은 정보를 가지고 있으면 순종이라는 뜻이야.

예를 들어 아빠가 홍채 색이 검은색이 되게 만드는 유전자를 물려주고, 엄마도 검은색 유전자를 물려주었다면 그 사람은 홍채 색에 대해서는 순종인 거야.

이 사람은 홍채가 검은색인 생식 세포만 만들 수 있어.

정자 속 유전자와 난자 속 유전자가 다른 경우는 어떨까?

자손이 다른 유전자를 각각 하나씩 가지고 있으니 두 종류의 생식 세포를 만들 수 있어.

이 경우를 **잡종**이라고 해.

내가 들고 있는 유전자 두 개가 같으면 순종, 다르면 잡종이라고 부를 뿐이지 좋고 나쁜 의미는 아니야.

아직 많이 헷갈리지? 처음은 원래 그래.

한 번 읽고 알면 천재라고 했지?

너희는 천재가 아니니까 걱정 말고 계속 읽어.

읽다 보면 자동으로 이해하고 있는 자신을 발견할 거야.

정자와 난자가 합쳐져서 사람이 만들어지는 것처럼 식물도 암수 생식 세포가 만나 수정되어서 만들어져.

그렇다면 완두콩도 아빠 완두에서 완두콩의 색깔을 나타내는 유전자를 물려받고, 마찬가지로 엄마 완두에서도 유전자를 받아.

아기 완두가 색깔 유전자 두 개를 가지고 태어나니까 두 유전자 색이 다르다면 두 색이 섞여서 나올 거라고 생각했어.

흰색 유전자와 검은색 유전자를 들고 태어나면 회색이 될 거라고….

그런데! 두둥! 결과는!

둘 중 하나가 나타난 거지.

아빠가 흰색 유전자를 주고 엄마가 검은색 유전자를 주면, 아기는 회색이 되는 게 아니라 흰색이나 검은색 중 하나가 된다는 거야.

이렇게 다른 두 유전자가 만났을 때 겉으로 드러나는 성질을 **우성**이라고 하고, 갖고는 있는데 숨어 있어서 알 수 없는 성질을 **열성**이라고 해.

완두콩 색깔의 경우를 보자. 노란색과 초록색 유전자가 있는데, 만약 어떤 완두콩이 노란색 유전자 두 개를 가지고 태어났으면 당연히 노란색이겠지?

근데 노란색 하나와 초록색 하나를 가지고 태어났으면 무슨 색이 될까?

노란색이 된다고 해.

그럼 노란색이 우성이 되고, 초록색이 열성이 되는 거지.

얘는 겉으로 보기에 노란색이지?

이렇게 겉으로 나타난 형질을 **표현형**이라고 해.

표현형만 보면 얘가 노란색 유전자 두 개를 가졌는지, 노란색 하나와 초록색 하나를 가졌는지 모르잖아?

그래서 어떤 유전자 두 개를 가지고 있는지 간단한 알파벳으로 표현해 주는 걸 **유전자형**이라고 해.

이때 우성인 형질을 나타내는 영어 단어의 첫 글자를 많이 써.

노란색은 영어로 Yellow니까 Y를 쓰는 거야.

앗! 영어 단어를 모르면 유전자형도 힘들어지지?

과학 좋아하는 친구 중에서 영어 싫어하는 사람이 많던데, 그럼 안 돼.

특히 쌤이 과학고등학교 추천서 써 준 학생들도 보면 "영어가 너무 싫어요~."라고 하는 학생이 많았어.

심지어 수학과 과학을 너무 좋아하는데 영어가 싫어서 교사가 되고 싶다고 하는 사람도 있어.

이건 비밀인데 취업 관련 시험 중에서 선생님이 될 때 치는 임용고사는 영어 쌤 말고는 영어 시험을 안 쳐.

그래도 대학교에 가면 원서로 공부하는 경우도 많거든….

참! 너희에겐 자동 번역을 해 주는 AI 비서가 있구나….

어쨌든 초록색은 열성이므로 자기 이름을 못 써.

그럼 어떻게 표시하냐면 소문자 y를 쓰는 거지.

열성은 자기 이름도 못 써. 슬프지?

그래서 노란색과 초록색 유전자를 하나씩 가지고 있는 콩의 유전자형은 이렇게 써 → Yy (유전자 두 개가 다르니까 잡종)

두 유전자가 노란색인 콩과 두 유전자가 초록색인 콩은 순서대로 YY와 yy로 나타내.

이 두 가지는 같은 유전자 두 개를 갖고 있으니, 순종이야.

표현형 :	노란색	노란색	초록색
유전자형 :	YY (순종)	Yy (잡종)	yy (순종)

연습 하나 더 해 볼게.

완두콩의 모양은 둥근 것과 주름진 것이 있어.

둘 중 어느 게 우성이게? 감으로 맞혀 봐.

둥근 유전자와 주름진 유전자를 같이 가지고 있는 잡종의 경우 표현형으로 나타나는 게 우성이지.

바로 둥근 모양이 우성이야.

둥글다는 영어로 Round니까 R을 쓰면 돼.

영어 공부 좀 해야겠지?

주름진 건 r을 쓰면 되니까 잡종의 경우 유전자형은 Rr이 되는 거야.

둥근 완두콩 순종과 주름진 완두콩 순종의 유전자형은 RR과 rr이 되는 거지.

조금 이해가 돼?

대충 감만 잡으면 돼.

쌤이 설명할 때 조금씩 더 알아들을 수 있으면 돼.

자가 수분과 타가 수분은 식물에만 해당하는 말인데, 식물은 한 몸에 암수 생식 세포를 같이 만들 수 있잖아.

무슨 말이냐면 동물은 암놈과 수놈이 구분되어 있어서 암놈은 난자만, 수놈은 정자만 만들지만, 식물은 한 나무에 꽃이 피어서 암술과 수술이 같이 있잖아.

그럼 같은 나무에서 핀 꽃이니까 염색체나 유전자가 같겠지?

자가 수분은 같은 나무에 있는 암술과 수술을 만나게 해서 교배하는 걸 말하고 **타가 수분**은 한 나무의 암술과 다른 나무의 수술을 만나게 하는 거야.

자가 수분이 자주 나올 건데, 의미만 알면 돼.

자가 수분의 의미는 같은 유전자를 가진 개체끼리 교배시킨다는 뜻이야.

동물은 불가능하지?

한 몸에서 정자와 난자를 만들어서 새끼를 만든다는 의미니까 식물에서만 사용할 수 있어.

휴~~. 이제 용어 정리가 끝났어.

이제 본격적으로 유전 공부를 해 볼까?

멘델이 순종인 노란색 완두콩과 순종인 초록색 완두콩을 교배시켰어.

처음엔 두 색이 섞인 색이 나올 줄 알았는데 노란색 완두콩만 나온 거야.

콩 색에 대한 두 대립형질(노란색과 초록색) 중에서 한 가지 형질만 표현형으로 나타난 거지.

이렇게 처음 만든 자손(자손 1대라고 해)에게서 표현된 형질을 우성이라고 해.

자손이 초록색 유전자를 갖고는 있지만 겉으로 표현되지는 않았지?

이런 형질을 열성이라고 해.

그럼, 우성은 늘 좋고 열성은 나쁠까?

아니야, 어떤 경우는 우성이 더 좋지 않은 형질일 때도 있어.

빈혈에 잘 걸리는 이상한 모양의 적혈구를 만들어 내는 유전자가 있는데 그게 우성이래. 두둥!

그럼 건강한 우리는 열성 유전자 두 개가 만난 거야.

다행이지?

멘델은 여기서 멈추지 않고, 자손 1대 콩을 자가 수분시켰대.

자가 수분은 같은 유전자끼리 교배하는 거랬지?

그렇게 해서 자손의 자손, 즉 손자 세대(자손 2대라고 해)를 키워낸 거야.

다 커서 손자 콩을 수확해 보니 놀라운 일이 벌어졌어.

분명 노란색 콩을 심었는데 수확하니 노란색 콩도 나오고 초록색 콩도 나오는 거야.

왜 이런 현상이 일어났는지 연구해 보니, 생식 세포를 만들 때 감수분열이 일어난댔잖아?

그때 콩 색깔을 나타내는 두 유전자가 나누어져서 하나씩 생식 세포에 들어가서 그렇다는 거야.

그걸 **분리의 법칙**이라고 불러.

색깔을 나타내는 두 유전자가 분리되어 버리니까 어떤 생식 세포끼리 수정될지 알 수 없는 거야.

그래서 확률상 어떤 자손이 나올지도 계산할 줄 알아야 해.

워~워~, 계산 별거 없어. 간단해.

일단 그림부터 봐.

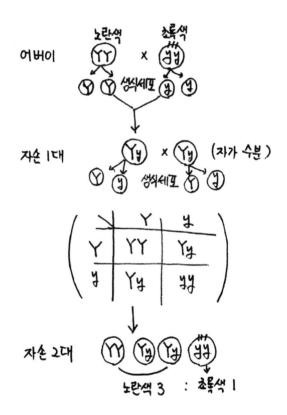

어버이라고 적힌 콩은 두 개 다 순종이지?

같은 유전자를 두 개씩 들고 있잖아.

왼쪽을 아빠 콩이라고 하면 아빠 콩이 생식 세포를 만들기 위해 감수 분열을 하면 노란색 유전자를 가진 생식 세포만 만들잖아? 이해돼?

엄마 콩은 초록색 순종이니까 초록색 유전자를 가진 생식 세포만 만들 거고.

그럼 자손 1대는 아빠 콩이 준 노란색 유전자와 엄마 콩이 준 초록색 유전자를 가진 잡종 콩만 태어나는 거지.

유전자 두 개가 다른 걸 잡종이라고 한댔지?

이상한 거 아냐. 그냥 그런 단어를 쓰는 거지.

자손 1대에서 잡종 콩이 태어났는데 이걸 자가 수분을 시킨 거야. 누가? 멘델이.

잡종 콩은 유전자가 두 가지니까 두 가지 유전자를 가진 생식 세포를 만들겠지?

노란색 유전자를 가진 생식 세포와 초록색 유전자를 가진 생식 세포.

그럼 아빠 콩도 두 종류의 생식 세포, 엄마 콩도 두 종류의 생식 세포를 만드니까 어떤 것들이 만나서 수정될지 모르잖아.

그래서 그림처럼 표를 만들어서 계산해 봐야 해.

그러면 자손 2대에선 유전자를 골고루 가진 다양한 자손이 나오는 거야.

지금쯤은 유전 용어가 이해되어 있어야 해.

테스트 좀 해 볼게.

자손 2대에서 나올 수 있는 유전자형은 몇 종류야?

3종류지.

그럼 그 유전자형이 몇 대 몇의 비율로 나올 수 있어?

$YY : Yy : yy = 1 : 2 : 1$이 되는 거 알겠어?

질문의 난이도를 올리겠음.

자손 2대 콩을 모아보니 400개가 나왔다면 이론상 유전자형이 yy인 콩은 몇 개쯤 될까?

계산할 수 있겠어?

미안하지만 이건 수학 문제야.

과학과 수학은 아~~~주 밀접한 관계인 거 알지?

뭐하란 말이야! 라고 하는 사람도 이해해.

처음이니까 당연하지.

봐, 유전자형이 YY : Yy : yy = 1 : 2 : 1 이렇게 된다고 했지?

그 말은 콩 4개 중에서 YY가 1개, Yy가 2개, yy가 1개 나올 확률이 제일 높다는 뜻이야.

그러면 콩 4개 중에 yy가 1개란 뜻이니까 콩 400개 중에선 몇 개?

그렇취! 100개 정도 나온다는 뜻이지.

물론 이론상이니까 실제로 심어보면 97개가 나올 수도 103개가 나올 수도 있어.

이제 표현형을 보면 자손 1대에선 모두 노란색 콩만 나왔지?

자손 1대의 잡종인 노란색 콩을 자가 수분시켰더니 자손 2대에선 표현형이 어떻게 되었어?

노란색과 초록색이 나왔는데, 노란색 : 초록색이 3 : 1이 나왔지?

그럼 마찬가지로 자손 2대 콩이 모두 400개가 나왔다면 그 중 노란색은 몇 개, 초록색은 몇 개가 나와?

껌이지? 노란색 300개, 초록색 100개.

근데 유전될 때 콩의 색깔뿐만 아니라 다른 형질도 같이 유전되잖아?

콩의 모양, 키, 꽃의 색깔 등등 콩이 가지고 있는 모든 형질을 동시에 유전시켜야 하니까 멘델이 궁금해진 거야.

혹시 콩의 모양과 색깔이 동시에 유전되니까 서로 영향을 끼치진 않을까?

노란색 콩은 무조건 동그란 모양이라든가, 키가 큰 콩은 무조건 초록색이라든가 등등.

그래서 또 실험했지.

7년 동안 계속 완두콩만 심고 까고 세고를 반복한 거야.

과학자는 필요할 경우 똑같은 일을 무한 반복해야 해서 인내심이 필수인 거 알고 있지? ㅎㅎ

그럼 지금부터 멘델이 했던 두 가지 형질을 동시에 유전시키는 실험을 분석해 보도록 하겠습니다~!!

제일 먼저 둥글고 노란 콩과 주름지고 초록색인 콩을 구해. 물론 둘 다 순종인 걸로.

그런 다음 두 콩을 교배하고, 거기서 나온 자손 1대를 자가 수분해서 자손 2대를 수확해 볼 거야.

이 실험에선 형질을 두 가지를 다룰 거라서 생식 세포부터 어려워져.

유전자형이 RrYy라는 콩이 있으면 얘는 어떤 생식 세포를 만들지 먼저 계산해 볼게.

이게 제일 복잡해.

먼저 아빠 콩 유전자가 4개니까 생식 세포를 만들려면 감수분열을 해서 두 개로 줄여야겠지?

그럼 Rr과 Yy로 나누면 될까?

어때?

Rr은 모양 유전자만 두 개이고, Yy는 색깔 유전자만 두 개잖아. 그럼 제대로 된 콩이 나올까?

당연히 아니겠지?

아빠 콩이 모양을 만드는 유전자 하나와 색깔을 만드는 유전자 하나를 골고루 생식 세포에 넣어 줘야 아기 콩이 제대로 된 콩이 될 수 있어.

그래서 생식 세포는 모양 유전자와 색깔 유전자를 하나씩 가져야 하니까 RY, Ry, rY, ry 네 가지를 만들 수 있어.

참고로 모양을 먼저 쓰기로 했으니까 Yr로 쓰지 말고 rY로 써야 해.

자손 1대에서 자가 수분을 한다고 했으니까 아빠 콩이 생식 세포를 4가지 만들면 엄마 콩도 생식 세포를 4가지 만들겠지?

그럼 자손 2대에서 나올 아기 콩은 총 4x4 = 16가지 유전자형이 나올 수 있는 거야.

일단, 어버이와 자손 1대부터 정리해 보면 이렇게 돼.

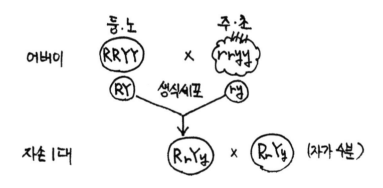

둥글고 노란색 순종과 주름지고 초록색 순종을 교배했더니 둥글고 노란색 잡종만 나왔지?

이제 이 잡종을 자가 수분할 때 생식 세포끼리 결합하는 표를 만들면 이렇게 돼.

생식 세포	RY	Ry	rY	ry
RY	RRYY	RRYy	RrYY	RrYy
Ry	RRYy	RRyy	RrYy	Rryy
rY	RrYY	RrYy	rrYY	rrYy
ry	RrYy	Rryy	rrYy	rryy

유전자형이 꽤 다양하게 나왔지?

표현형은 간단해.

대문자 R이 하나라도 있으면 둥근 모양, 대문자 Y가 하나라도 있으면 노란색이야.

그럼 쌤이 물어 볼게.

표에 있는 자손 2대의 표현형은 총 네 가지가 나오겠지?

둥글고 노란색, 둥글고 초록색, 주름지고 노란색, 주름지고 초록색.

총 몇 대 몇으로 나와? 찾아봐.

16개 중에서 9:3:3:1로 나오지?

그럼 이제 쉬운 문제 내 볼게.

색깔은 생각하지 말고 모양만 둥근 콩:주름진 콩이 몇 대 몇?

반대로 색깔만 노란색:초록색이 몇 대 몇?

둘 다 16개 중에 12:4 = 3:1이 나오지?

앞에서 분리의 법칙에서 봤던 숫자랑 같이 나오지?

이게 무슨 말이냐면 모양과 색깔은 서로 아무 상관이 없다는 거야.

너는 너대로 유전, 나는 나대로 유전.

결국 완두콩의 색깔과 모양이 동시에 유전되더라도 서로 터치하지 않고 독립적으로 유전되더라는 거야.

이걸 **독립의 법칙**이라고 해.

조금 어렵지만 신기하지?

멘델이 했던 이 실험에서 나온 분리의 법칙과 독립의 법칙을 이용해서 사람의 유전을 알아볼 거야.

근데, 완두콩과 달리 사람의 유전은 너무 복잡해.

당연히 실험도 어렵겠지?

너희는 중학생이니까 멘델의 유전 법칙을 활용한 방법만 알면 돼. 간단한 거야.

우선 사람의 유전 형질을 먼저 알아볼게.

'이것도 유전이야?'라고 할 만한 것들도 많아.

우선 쌍꺼풀이나 귓불, 이마 선 등은 유전이라는 걸 알겠지?

보조개, 엄지척을 했을 때 엄지가 직선인지 뒤로 구부러지는지, 혀 말기가 되는지도 유전이 되는 형질이야.

참고로 혀 말기가 안 된다고 연습하는 사람이 있는데(쌤은 이걸 왜 굳이 연습하는지 이해가 안 됨. 과학 시간 말고는 평생 되는지 안 되는지 알 필요가 없음), 물려받은 유전자는 혀 말기가 안 되는 거기 때문에 연습해서 되더라도 유전자는 여전히 혀 말기가 안 되는 유전자야.

포기해.

혀 말기가 안 되는 사람과 결혼하면 네 아기들도 모두 혀 말기가 안 될 거야.

사람이 결혼할 때 아무랑 마구잡이로 하지 않지? 그래서 유전 연구할 때 주로 가계도를 많이 이용해.

가계도는 가족을 나타낸 그림이야. 남자는 네모, 여자는 동그라미로 표현하고 결혼은 가로줄, 자녀는 세로줄로 표시하지.

가계도를 그려 놓고 유전되는 형질을 표시하면 누구한테서 어떤 유전자를 물려받았는지를 알 수 있어.

참고로 학생들이 제일 재미있어하는 혈액형 가계도를 그려 볼게.

혈액형은 유전자가 A, B, O 세 가지야.

완두콩은 노란색과 초록색처럼 대립형질이 예쁘게 두 개라서 쉬웠는데 사람은 이렇게 복잡해져.

그래도 쉽게 이해할 수 있으니까 따라오라구~.

혈액형 유전자는 세 가지이지만 우리는 혈액형 유전자를 아빠, 엄마에게서 몇 개 받는다?

그래, 두 개.

그럼 어떤 유전자를 가질 때 어떤 표현형이 나오는지 알아봐야지.

우선 A와 B 두 개가 우성이야.

그래서 아빠에게서 A, 엄마에게서 B를 물려받으면 둘 다 우성이라서 혈액형이 AB형이 되는 거야.

A와 O를 받으면? A형이지.

O형인 사람은? 유전자형이 OO가 되는 거야.

그럼, A형인 사람은 유전자형이 AA와 AO 둘 중 하나인 거야.

B형인 사람도 마찬가지로 BB거나 BO인 거지.

AB형은 유전자형이 AB밖에 없고, O형도 OO인 경우만 가능하지.

가계도를 그려서 알아볼까?

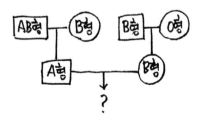

왼쪽 집 아빠는 AB형이니까 유전자형도 AB겠지?

엄마는 B형이니까 BB 아니면 BO잖아.

근데 아들을 보면 A형이야. AA 아니면 AO.

아들이 A형이 나오려면 아빠는 어떤 유전자를 줘야 할까? B를 주면 안 되겠지?

아빠는 무조건 A 유전자를 줘야 해.

그렇다면 엄마는? 엄마가 BB라면 B 유전자만 주니까 역시나 A형인 아들이 나올 수 없겠지?

그래서 결국, 엄마의 유전자형이 BO이고, 아들에게 O 유전자를 물려 줬다는 걸 알 수 있어.

아빠가 A, 엄마가 O를 주면 아들은 AO라는 걸 알게 되지.

어때? 쬐~~끔 재밌지?

이제 오른쪽 집 볼까?

아빠는 B형이니까 유전자형이 BB 아니면 BO.

엄마는 O형이니까 무조건 OO.

딸은 엄마에게서 O를 받으니 B형이 되려면 아빠에게서 B를 받으면 되지?

그럼 딸의 유전자형은 BO가 되는 거야.

잠깐! 그럼 아빠의 유전자형은? BB일까?

지금 이 자료를 가지고는 BB여도 가능하고 BO여도 가능하지?

그래서 정확하게 알아보려면 할아버지와 할머니의 혈액형을 알아야 해.

자, 이제 마지막 문제.

왼쪽 집의 A형인 아들과 오른쪽 집의 B형인 딸이 결혼한다면 어떤 혈액형을 가진 아기가 나올까?

확률상 나올 수 있는 모든 아기의 혈액형을 구해 봐.

이때 완두콩 계산했던 방법을 그대로 쓰면 돼.

일단 생식 세포의 종류를 알아야지.

아들은 유전자형이 AO이므로 생식 세포는 두 종류가 나오겠지?

딸도 BO니까 두 종류의 생식 세포를 만들 수 있어.

그럼 표로 만들어 보면 이렇게 되겠지.

딸 \ 아들	A	O
B	AB	BO
O	AO	OO

어때? 혈액형 네 가지가 다 나오지?

아빠랑 엄마가 A형과 B형인데 아기는 AB형과 O형이 나올 수도 있는 거야.

$$
\begin{array}{c}
AB \mathrel{\top} BO \quad \left(\begin{smallmatrix} BO \\ BB \end{smallmatrix}\right) \mathrel{\top} OO \\
AO \rule{3cm}{0.5pt}\!\downarrow\!\rule{1cm}{0.5pt} BO \\
AA.\ AO.\ BO.\ OO
\end{array}
$$

요즘은 원하면 DNA를 분석할 수 있다는 거 알고 있지?

외국에서 희망자를 뽑아서 DNA를 조사했는데 그중에서 처음 만난 사람끼리 친척 관계인 사람도 있었대. 신기하지?

하여튼 유전자 분석하면 다 나와.

죄짓지 말고 살아!

Ⅲ-7.

재해·재난과 안전
갈수록 사고가 많아지는 것 같아 무서워~

요즘은 SNS가 발달해서 다른 나라에서 벌어지는 재해나 재난도 실시간으로 알 수 있는 시대가 되었지.

신기하기도 하지만 우리한테도 그런 무서운 일이 벌어질까 봐 겁이 나.

가장 최근에는 너희들과 쌤, 아니 지구인 모두가 벌벌 떨었던 코로나가 있었지?

코로나 전과 후로 너무나 많은 것이 달라졌는데, 무서운 건 또 다른 감염병이 언제든 올 수 있다는 거야. 과학자들의 분석이 그래.

옛날엔 전염병이 생겨도 사람들이 멀리까지 잘 이동하지 않아서 많이 퍼지지 않았는데, 요즘은 전 세계 사람이 활발하게 돌아다녀서 전염병 퍼뜨리기가 너무 쉬워졌어.

사람뿐만 아니라 해외직구 등으로 물건을 따라서도 이동할 수 있잖아.

과학자들이 연구를 위해 깊은 밀림으로 들어갔다가 처음 보는 동물에게서 바이러스를 옮아 오는 경우도 있다고 해.

코로나처럼 사람과 동물 사이에 전파되는 세균이나 바이러스에 의한 병을 인수공통 감염병이라고 해. 에볼라 바이러스라고 들어 봤어?

아프리카에 엄청나게 손해를 끼치는 병인데, 사람이 조심하지 않아서 더 확산이 되었다고 해.

에볼라는 모기가 퍼뜨려. 에볼라 바이러스에 감염되어서 사망하면 장례식을 해야 하잖아?

근데 일부 나라에는 장례식 때 사망자에게 키스하는 풍습이 있어. 그래서 질병이 더 확산했다고 해.

이런 감염병을 예방하기 위해선 위생 관리를 잘해야겠지?

사람의 손은 하루 동안 엄청나게 많은 것을 만지기 때문에 사실 우리 손은 정말 더럽다고 해.

코로나 끝났다고 급식실 가기 전 손 잘 안 씻던데 그 손으로 밥 먹으면 참 건강해지겠지?

이거 반어법인지 못 알아듣는 사람은 없겠지?

사람의 눈이 만약 현미경처럼 좋았다면 우린 더러워서 살 수 없을 거야.

손을 들어서 얼굴을 긁으려고 할 때 손에 묻은 세균들이 우글거리는 게 보인다고 생각해 봐.

긁을 수 있을까?

지진이나 화산, 태풍, 가뭄, 홍수 등 자연재해는 인간의 힘으로는 막기 힘들어. 그래도 준비만 잘해 놓으면 무사히 지나갈 수도 있어.

일본의 경우 집 안에 있는 가구들을 벽에 모두 고정해 둔다고 해.

그럼 지진이 일어나도 가구들이 쓰러져서 다치는 일은 없겠지?

쌤도 우리나라에 지진 났을 때 장식장 위에 둔 물건이 떨어져서 깨진 적이 있어.

다행히 다치진 않았지만.

태풍이 올 때도 일기예보를 잘 들으면서 안전하게 대피하면 되는데, 꼭 청개구리 같은 사람들이 바닷가에 우산을 쓰고 구경하러 나갔다가 파도에 휘말려 사라지지.

너희는 제발 그러지 마.

자연재해 중에서 물이 가장 무서운 거 알아?

물은 속력이 빠를 경우 발목까지만 잠겨도 물에 쓸려 가 버려.

계곡에서 캠핑하다가 많은 비로 물이 갑자기 늘어나서 대피할 때 캠핑용품을 모두 챙긴다, 포기하고 몸만 피한다?

새로 산 비싼 캠핑용품과 너희 생명 중 뭣이 더 중해?

어쨌든 과학을 잘 알면 이런 재해와 재난을 현명하게 피할 수 있다는 거야.

공부 좀 해~!

Ⅲ-8.

과학과 나의 미래는
아무 상관 없는데?

진짜로 과학과 아무 상관 없는 사람 있을 것 같아?

"예!"라고 하는 사람은 이 책을 눈으로만 읽은 사람이야.

우리 생활 모두가 과학과 관련되어 있으니 당연히 너희의 미래 직업 과도 모두 연관이 되어 있겠지?

과학과 관련되지 않은 것 같은 직업 하나 찾아볼까?

가까운 데서 찾으면 국어 쌤 어때?

수업하려면 교실 컴퓨터와 빔프로젝터, 스마트 패드를 사용할 줄 알 아야겠지?

시험문제 출제 및 수행평가 점수 관리도 당연히 컴퓨터를 이용해야 하고.

국어 지문에 과학 관련 지문 많이 나오지?

소방관은 화재의 원인을 빨리 알아내고, 각 원인에 알맞은 소화 방법 을 알아야 해. 조각가는 물질의 특성을 알고 알맞은 물질을 이용해 작품을 제작하며, 기자나 작가는 과학 내용을 이해할 수 있어야 과학 관련 기사나 SF소설 등을 쓸 수 있겠지.

물론 이런 일을 하는 데 상식적인 과학만 알아도 충분히 가능해.

쌤이 생각하기엔 중학교 과학만 알아도 살아가는 데 지장이 없어.

문제는 초등학교 과학 내용조차 잊어버리고 사는 어른이 많아서 생활에 불편을 많이 겪고 있지.

과학과 관련된 직업은 너무 많아서 하나하나 말하기도 힘들어.

요즘은 새로운 직업들이 자꾸 나오더라.

너희들도 옛날에 있던 직업을 조사해서 장래 희망을 정하지 말고 새로운 직업을 많이 알아보고 너희에게 맞는 걸 찾아야 해.

그래서 자유학기제도 하고 진로 활동도 많이 하잖아.

외부에서 진로 특강을 해 주시는 선생님들 오면 수업 대충 듣는 사람들 많은데 좀 들어 봐!

다~ 너희에게 도움 되라고 하는 거야!

무인 자동차 엔지니어, 로봇 윤리학자, 사물 인터넷 전문가, 스마트 재난 관리 전문가, 디지털 큐레이터, 스마트 의류 개발자…. 이런 거 들어 봤어?

커리어넷 들어 봤지?

진로와 관련 있는 정보가 많이 있으니까 심심할 때 들어가 봐.

우리 생활은 과학과 무조건 관련 있다.

그러므로 기본적인 과학 지식은 알고 있어야 한다.

못 외우더라도 뭐가 있는지를 알고 검색할 수 있는 수준은 되어야 한다.

알겠어?

칭찬하기

지금 이 페이지를 읽고 있는 당신은 꽉쌤의 기를 팍팍 받아 중학교 과학 시험 무조건 100점에 최소 성취도 A가 보장되었으므로, 친한 친구 열 명에게 차례대로 빌려주고 다 읽었는지 확인해야 합니다.

ㅋㅋㅋㅋㅋ
쫄았냐?
행운의 편지 아냐.
여기까지 온 너희를 마구마구 칭찬하고 싶어!
대단해!
이렇게나 많은 걸 다 읽을 수 있는 사람은 안 봐도 과학 100점이야.
슈퍼 울트라 캡숑 킹갓 퐌타스틱 그레이트 인크레더블!!!
지금 즉시 책을 들고 부모님께 가서 "소자가 이 책을 다 읽었나이다~."라며 큰절을 한번 해 봐.

아마 소정의 칭찬과 상품이 주어질 거야. ㅋㅋ

솔직하게, 이 책을 읽기 시작한 사람 100명 중 여기까지 읽을 사람이 10명이나 있을까?

책을 쓰기 시작한 것도 학생들이 워낙 과학을 어려워하고 과학책 보기를 싫어하기 때문이었거든.

솔직히 과학이 좀 복잡하잖아.

게다가 물리, 화학, 생명과학, 지구과학 네 과목을 한 곳에 집어넣어놔서 어떤 단원은 재밌고, 어떤 단원은 싫고….

25년 동안 학생들이 과학에 대해 어떻게 생각하는지를 봐 오면서 조금이라도 도움이 되어야겠다고 생각하면서 썼어.

그래도 각자에게 맞는 방법들은 다 다르니까 쌤 방식이 맞지 않는 사람도 있다는 거 알고 있어.

학교 과학 쌤이나 인강 쌤 스타일이 맞지 않으면 꽉쌤 책이 도움이 될 수도 있잖아?

자, 칭찬을 끝냈으니 이제 현실로 돌아올까?

이 책 한 번 읽었다고 중학교 과학 마스터한 것 같아?

절대 아냐!

꿈 깨!

그렇지만 전체를 한 번 쭉~ 훑어보는 건 정말 중요한데 요즘 학생들은 부분만 파려고 하고 있어.

시험에 나올 것들만 빨리 외우고 시험 치고 나선 까먹어 버리니까 기억에 남는 게 없어.

과학은 특히 현실과 너무나 밀접한 관련이 있어서 실생활에 써먹어야 하는데 그게 안 되잖아.

사실 말하고 싶은 내용은 너무 많은데 질릴까 봐 줄이느라 고생했어.

이 두꺼운 책을 과연 중학생이 읽을 수 있을까 고민을 하니 더 줄여야 해서 힘들어.

1학년 때 102시간 이상, 2, 3학년 땐 136시간 이상씩 과학 수업을 하면 3년 동안 374시간 이상을 수업하는 내용인데, 책 한 권에 다 집어넣으려니 당연히 내용이 많겠지?

게다가 쌤이 잔소리하고 싶은 게 많아서 쓰다 보니 자꾸만 내용이 많아져 버렸어.

일곱 난쟁이가 과학을 공부했었다면 백설 공주가 사과 속 독에 중독된 게 아니라 목에 걸려서 기도가 막혔다는 걸 알고 하임리히법을 시행해서 왕자가 오기 전에 살렸을 것이고, 로빈슨 크루소가 해류를 정확하게 알고 있었다면 어느 섬에 표류하게 되었는지 알 수 있었을 거야.

원자의 구조에 대해 자세히 알지 못하면 양자역학이 외계어처럼 느껴질 거고, 소화 순환 호흡 배설에 대해 모르면 내가 먹는 약이 어떤 기능을 하는지 의사 쌤이 하는 말도 알아듣지 못할 거야.

식물의 증산 작용을 이해해서 나무 그늘에서 시원하게 쉬어 가고, 중력 덕분에 지구에서 안전하게 살아갈 수 있음을 고마워할 줄 알았으면 해.

여기까지 오느라 수고했어.

잘했어.

체온보다 기온이 높은 어느 날,
콱쌤 쓰고 그림.

참고문헌

중학교 과학 1, 2, 3 교과서 및 지도서 – 비상교육

중학교 과학 1, 2, 3 교과서 및 지도서 – 천재교육

중학교 과학 1, 2, 3 교과서 및 지도서 – 지학사

중학교 과학 1, 2, 3 교과서 및 지도서 – 미래엔

중학교 과학 1, 2, 3 교과서 및 지도서 – 동아출판

참고 사이트

국립생태원 공식 유튜브 채널

https://www.youtube.com/watch?v = EEvBV8mBG9o